高等院校应用型本科智能制造领域"十三五"规划教材

机 械 设 计

主　编　李媛媛　王　萌
副主编　张　晗　李红岩　朱根兴
　　　　　何喜玲　黄　文　李海涛

U0362809

华中科技大学出版社
中国·武汉

内 容 简 介

本教材是为了顺应目前新兴的基于信息化教学的新模式,总结近年来的教学改革与实践,参照当前最新技术标准编写而成的。同时为了适应应用型本科高校的教学理念,本书在传统内容的基础上进行了一些精简和补充,侧重讲解基本概念和标准的实际应用,淡化理论,以实用为主,并加强对例题的分析讨论,引导学生掌握正确运用设计公式、图表、标准规范,以及合理选取参数的能力,体现了应用技术大学教学特色。全书共分为13章:绪论,连接,带传动,链传动,齿轮传动,蜗杆传动,轴,摩擦、磨损及滑动轴承,滚动轴承,联轴器、离合器和制动器,弹簧,机座和箱体简介,减速器和变速器简介。为了便于学生更好地学习、掌握并巩固所学知识,本书大部分章节配有与各章对应的相当数量的习题,可供学生练习与复习之用。

本书可作为高等学校机械类各专业机械设计课程的教材,也可供有关专业的师生和工程技术人员设计时参考。

图书在版编目(CIP)数据

机械设计/李媛媛,王萌主编. —武汉:华中科技大学出版社,2019.8(2024.7 重印)
高等院校应用型本科智能制造领域"十三五"规划教材
ISBN 978-7-5680-5255-9

Ⅰ.①机… Ⅱ.①李… ②王… Ⅲ.①机械设计-高等学校-教材 Ⅳ.①TH122

中国版本图书馆 CIP 数据核字(2019)第 167480 号

机械设计
JIXIE SHEJI

李媛媛 王 萌 主编

策划编辑:余伯仲
责任编辑:邓 薇
封面设计:原色设计
责任监印:周治超
出版发行:华中科技大学出版社(中国·武汉)　　电话:(027)81321913
　　　　　武汉市东湖新技术开发区华工科技园　　邮编:430223
录　排:武汉三月禾文化传播有限公司
印　刷:武汉市洪林印务有限公司
开　本:787mm×1092mm　1/16
印　张:18.5
字　数:469 千字
版　次:2024 年 7 月第 1 版第 4 次印刷
定　价:49.80 元

前　　言

为了适应应用型本科高校对高素质应用型人才培养的要求,在总结近年来工作过程中导向人才教学实践的基础上,来自黑龙江东方学院等多所院校教学一线的教师和行业技术人员编写了本书。

本书在保证学生掌握基本知识、基本理论、基本技能的前提下,不刻意强调理论分析,重点突出工程应用,以提高学生解决实际问题的能力,同时高度重视培养学生的创新意识和创新能力;精选教学内容,适度增加了反映科技发展的新知识、新技术和新理论;从提高学生的创新设计能力出发,比较全面地阐述了机械零件、部件及机构的基本概念、工作原理、设计方法和应用场合;加强了对机械设计的解析方法和机械创新设计的方法的介绍。本书具有以下特点:

(1)紧密结合教学大纲,精简内容,加强基础,反映国内外最新成就,尽量做到少而精,便于学生自学。

(2)全部采用最新的国家标准。

(3)为了便于学生做到理论联系实际、学以致用,本书增加了一些结合实际的案例和习题。

(4)适用面广,本书既适用于多学时讲授,也适用于少学时讲授。由于各章内容独立,各院校可根据专业的不同情况选用。本书可作为高等学校机械类各专业机械设计课程的教材,也可供有关专业的师生和工程技术人员设计时参考。

本书由黑龙江东方学院李媛媛、王萌两位老师任主编;由黑龙江东方学院张晗、李红岩,浙江工业大学之江学院朱根兴、何喜玲,西南交通大学希望学院黄文,中国航发哈尔滨轴承有限公司李海涛任副主编。具体编写分工如下:张晗(第1章、第3章);黄文(第2章);朱根兴(第4章、第13章);王萌(第5章、第10章);李媛媛(第6章、第7章、附录);李海涛(第8章);李红岩(第9章);何喜玲(第11章、第12章)。

本书的编写得到了各参编院校领导的大力支持,在此表示衷心的感谢。

由于编者水平有限,书中定有疏漏和不足之处,欢迎同行和广大读者批评指正。

编　　者

2019 年 7 月

目　　录

第1章 绪 论

机械工业是国家经济发展的主要基础之一,几乎涉及所有的领域和部门。现代机械设计与生命科学、信息技术、材料科学一样,也是 21 世纪的主要研究和发展方向。现代机械设备包括智能机器人、全自动工作机械设备、全自动加工机械设备,以及全自动控制动力机械设备,等等。机械的创新设计几乎是所有机械设备完善、发展的第一步。机械学理论的创新理念、机械设计方法的创新思维显然是现代机械工业发展的前提和基础。

本课程涉及机械设计的基础理论和基本方法,因此属于机械设计的基础知识;主要论述机械设计的基本概念、基本原理,以及机械零件设计的基本方法。

1.1 机械的组成

通常,机械是机器和机构的总称。

机器种类很多,一般机器具有三个特征:①实物的组合;②各组合部分之间具有确定的相对运动;③可以完成机械功或转换机械能与电能。而只具有①②特征的构件组合,通常称为机构。机构是由构件组成的,而且具有一定的相对运动关系。因此,构件是机构运动分析的基本单元。

一般机器可分为两大类:动力机和工作机,提供或转换机械能的机器称为动力机,例如内燃机、燃气轮机、电动机等;利用机械能实现工作功能的机器称为工作机,例如机床、起重机、轧钢机、洗衣机等。

用来进行信息传递和变换的机器称为仪器,例如测量仪、照相机、录像机、电视机、光谱仪等。

机器由动力装置、传动装置、执行装置及其支架基础四个基本部分组成。现代自动化程度高的机器,还包括自动控制系统、监测系统及辅助系统。

机器是由零件组成的。零件具有一定的形状、尺寸和材料实体关系,是机器的组成要素和制造单元。为了便于制造、安装、维修和运输,也可以将一台机器分成若干个相互独立,但又相互关联的零件组合,称为部件。显然部件是由一定数目的机械零件组成的。

机械零件一般可以分为两大类:通用零件和专用零件。可以广泛应用于各种不同类型的机器中的机械零件称为通用零件。仅能在某种类型的机器中使用的机械零件称为专用零件,例如内燃机的曲轴、活塞,汽轮机的叶片,船舶的螺旋桨,机器人的机械手。

为了便于生产、降低成本、适用于标准化选用,多数通用零件具有固定的尺寸和参数。这种零件称为常规通用零件。具有标准代号的零件或部件又称为标准件。在特种工况下使用、满足个别特殊尺寸、参数要求的通用零件,称为特殊通用零件。

1.2　本课程的研究内容及性质

机械设计作为现代机械设备设计基础的入门课程,介绍机械设计的基本知识、基本理论和基本方法,研究机械设计中常用机构的运动分析方法,以及常用通用机械零件的设计方法。

本书具体内容如下。

(1) 研究常用机构的基本设计方法及创新设计方法。常用机构包括:连杆机构、齿轮机构、凸轮机构、间歇机构及轮系。重点介绍常用机构的组成、工作机理、运动特性、动力特性等知识。

(2) 研究通用零部件的基本设计方法。通用零部件主要包括:①连接零件(螺纹连接、普通导键连接、花键连接及销连接、焊连接、胶连接等);②传动零件(齿轮传动、蜗杆-蜗轮传动、带传动、链传动等);③轴系零件(轴、滑动轴承、滚动轴承、联轴器、离合器等);④机架及箱体。

(3) 介绍现代设计方法及创新设计思维。

(4) 介绍国家标准、设计手册的查阅方法。

通过教学、例题讲解、研讨、实验,学生能掌握机械设计的基本理论和方法,具有运用机械设计手册、标准等资料的能力,为从事现代机械设备的设计打好基础。

本课程的特点:设计的创新性、实践性,设计方法的综合性及标准规范通用性。

1.3　本课程的特点及学习方法

本课程和基础理论课程相比较,是一门综合性、实践性很强的设计性课程。因此学生在学习时必须掌握本课程的特点,在学习方法中尽快完成由单科向综合、由抽象向具体、由理论到实践的思维方式的转变。通常,在学习本课程时应注意以下几点:

(1) 要理论联系实际。本课程研究的对象是各种机械设备中的机构和机械零部件,与工程实际联系紧密,因此学生在学习时应利用各种机会深入生产现扬、实验室,注意观察实物和模型,增加对常用机构和通用机械零部件的感性认识。了解机械的工作条件和要求,然后从整台机械设备分析入手,确定出合理的设计方案、设计参数和结构。

(2) 要抓住"设计"这条主线,掌握常用机构及机械零部件的设计规律。本课程的内容看似杂乱无章,但是无论是常用机构,还是通用机械零部件,在设计时都遵循着共同的设计规律,只要抓住"设计"这条主线,就能把本课程的各章内容贯穿起来。

(3) 要努力培养解决工程实际问题的能力。多因素的分析、设计参数多方案的选择、经验公式或经验数据的选用及结构设计,是解决工程实际问题中经常遇到的问题,也是学生在学习本课程中的难点。因此,学生在学习本课程时一定要尽快适应这种情况,按解决工程实际问题的思维方法,努力培养自己的机械设计能力,特别是机械系统方案设计能力和结构设计能力。

(4) 要综合运用先修课程的知识解决机械设计问题。本课程研究的各种机构和各种机械零部件的设计,从分析研究、设计计算,直至完成零部件工作图,要用到多门先修课的知识,因此,学生在学习本课程时必须及时复习先修课的有关内容,做到融会贯通、综合运用。

1.4　机械设计的基本要求和一般设计程序

1.4.1　机械设计的基本要求

为了使机械实现预期的功能、安全有效地工作,设计时应满足以下基本要求。

1. 使用要求

在设计机械时,使所设计的机械能在预定的寿命内可靠地工作,即具有足够的强度、刚度、耐磨性,以及振动稳定性;使机械达到规定的运动、动力和精度要求,而且工作效率高。

2. 经济性要求

设计的机械在满足使用要求的前提下,必须充分考虑其经济性要求,力求降低制造成本。为此,要达到:

(1) 具有良好的工艺性;

(2) 符合标准化的要求;

(3) 合理选择材料;

(4) 合理确定零件的寿命;

(5) 要尽量减少使用和维护费用。

3. 工作安全、操作方便

安全是机械正常工作的保证。操作越简单方便,越能使更多的人更快掌握操作技术,使机械得到广泛的应用。

1.4.2　机械设计的一般程序

机械设计是一项创造性劳动,同时也是对已有成功经验的继承过程。根据实际情况的不同,机械设计可以分成三种类型。

1. 开发性设计

在机械产品的工作原理和具体结构等完全未知的情况下,应用成熟的科学技术或经过实验证明是可行的新技术,开发设计新产品,这是一种完全创新的设计。

2. 适应性设计

在对现有机械产品的工作原理、设计方案不变的前提下,仅做局部变更或增加附加功能,在结构上做相应调整,使产品更能满足使用要求。

3. 变形设计

机械产品的工作原理和功能结构不变,为了适应工艺条件或使用要求,改变产品的具体参数和结构。

机械是多种多样的,其设计过程也不尽相同,但共同遵循的设计规律还是一样的。机械的一般设计程序流程如图 1-1 所示。

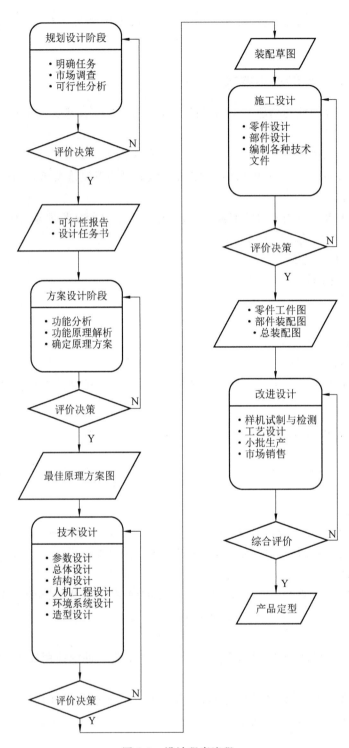

图 1-1 设计程序流程

1.5 机械零件计算准则和一般设计程序

1.5.1 机械零件的工作能力

在进行机械设计时,除要求在预定寿命内实现预定的功能的前提下,还要满足性能好、效率高、成本低、安全可靠、操作方便、维修简单和造型美观等要求。

设计机械零件时,也必须考虑上述要求,也就是要求零件具有工作能力。

零件工作能力:在不发生失效的条件下零件所能安全工作的限度。通常,此限度是对载荷而言,所以习惯上又称之为承载能力。

失效:机械零件由于某种原因不能正常工作时,称为失效。零件的失效形式通常是断裂或疲劳断裂、疲劳点蚀、摩擦磨损、塑性变形和失去振动稳定性以及产生共振等。

1.5.2 机械零件的计算准则

零件工作能力衡量指标称为零件的工作能力准则。它是计算确定零件基本尺寸的主要依据,故称为计算准则。

主要计算准则:强度、刚度、耐磨性、振动稳定性和耐热性。设计机械零件时,根据不同情况选择某一个或某几个准则进行计算。

1. 强度

在理想平稳工作条件下,作用在零件上的载荷为名义载荷;按照这一载荷计算出来的应力称为名义应力。然而,有的机器运转时,在名义载荷作机械零件工作时还有附加载荷,通常用载荷系数 K_A 来估计附加载荷的影响。而名义载荷与载荷系数之积,称为计算载荷。按照这一载荷计算出来的应力称为计算应力。

强度是衡量机械零件工作能力最基本的计算准则。机械零件必须满足强度条件。对于应力产生在零件内部各个剖面上的体积强度,其强度条件为

$$\sigma \leqslant [\sigma] \quad 或 \quad \tau \leqslant [\tau] \tag{1-1}$$

式中:σ, τ——零件的正应力和切应力,可以通过拉、压、扭、剪、弯及其组成的复合强度的数学模型进行计算;

$[\sigma], [\tau]$——零件材料的正应力和切应力的许用值。

对于应力只产生在零件相接触的表面层的接触强度,其强度条件为

$$\sigma_H \leqslant [\sigma_H] \tag{1-2}$$

式中:$\sigma_H, [\sigma_H]$——零件的接触应力及零件材料的许用应力。

接触强度是机械零件抵抗疲劳点蚀破坏的能力。接触应力的计算公式,可由图 1-2 并通过弹性力学的分析而获得,即

$$\sigma_H = \sqrt{\frac{F_n}{b} \cdot \frac{\frac{1}{\rho_1} \pm \frac{1}{\rho_2}}{\pi\left(\frac{1-\mu_1^2}{E_1} - \frac{1-\mu_2^2}{E_2}\right)}} \tag{1-3}$$

式中:σ_H——最大接触应力;

b——接触长度；

F_n——法向外载荷；

ρ_1,ρ_2——相接触两圆柱的曲率半径，$\dfrac{1}{\rho_1}+\dfrac{1}{\rho_2}$用于外接触，$\dfrac{1}{\rho_1}-\dfrac{1}{\rho_2}$用于内接触；

μ_1,μ_2——材料的泊松比；

E_1,E_2——材料的弹性模量。

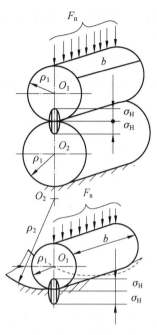

图 1-2　圆柱接触应力

体积强度又简称强度，主要衡量轴类零件的工作能力；接触强度主要衡量点、线接触的齿轮、滚动轴承及凸轮等的工作能力。

2. 刚度

刚度是零件抵抗弹性变形的能力。例如轴类零件要想正常工作，必须有足够的刚度。机械零件的刚度条件为

$$y \leqslant [y];\ \theta \leqslant [\theta];\ \varphi \leqslant [\varphi] \tag{1-4}$$

式中：y,θ,φ——零件工作时的挠度、偏转角和扭转角；

$[y],[\theta],[\varphi]$——零件的许用挠度、偏转角和扭转角，对于不同精度机械中的零件，其值是不同的，可参考有关手册。

3. 耐磨性

机械零件在运转时总会磨损，磨损后的零件改变了原来的结构尺寸，因而降低了机械的精度和效率，减弱了零件的强度，以致零件失效，甚至使机械报废。

世界上各种使机械报废的零件中，约 80% 是由磨损引起的。

在机械设计中，总是力求提高零件的耐磨性，尽量减少零件的磨损。

为了掌握摩擦磨损的理论，人们努力对磨损的各种基本形式（磨料磨损、黏着磨损、接触疲劳磨损，以及腐蚀磨损）进行研究，然而迄今为止尚无统一的理论计算方法，通常采用条件性计算，即

$$p \leqslant [p] \quad \text{或} \quad pv \leqslant [pv] \tag{1-5}$$

式中：p——表面上的压强，MPa；

$[p]$——材料的许用压强，MPa；

v——工作表面线速度，m/s；

$[pv]$——pv 的许用值，MPa·(m/s)；

通过控制压强 p 和 pv 值的办法控制机械零件的磨损。

4. 振动稳定性

机械是运动的，特别是高速运转的机械容易发生振动现象。当机械或机械零件的自振频率与周期性干扰力的频率相近或相等时，就会发生共振。共振不仅影响机械的正常工作，甚至造成机械的损坏，故称这种共振现象为失去振动稳定性。为了避免共振，必须使自振频率远离干扰力的频率。为此，可用增加或减少零件的刚度，或增添弹性元件等办法来解决这个问题。

5. 耐热性

机械零件在高温下工作,会出现蠕变(金属中应力数值不变,但发生缓慢而连续的塑性变形),降低其强度极限和疲劳极限,并且引起热变形、产生附加热应力,以及破坏正常润滑条件等。为此,必须进行蠕变计算和热平衡计算,控制工作温度不超过许用工作温度。

1.5.3　零件的许用应力

1. 应力的分类

(1) 静应力:不随时间变化的应力,如图 1-3(a)所示。

(2) 变应力:随时间变化的应力,如图 1-3(b)(c)(d)所示。其中,具有周期性变化的应力,称为循环变应力,如图 1-3(c)所示;一般非对称循环变应力,如图 1-3(b)所示。

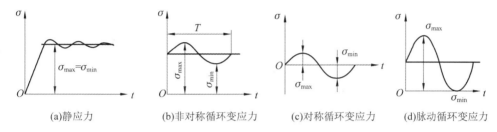

(a)静应力　　　　(b)非对称循环变应力　　　　(c)对称循环变应力　　　　(d)脉动循环变应力

图 1-3　应力类型

循环特性用 r 表示,等于最小、最大应力之比,$r = \dfrac{\sigma_{\min}}{\sigma_{\max}}$。

应力变化的幅度可用平均应力 σ_m 和应力幅 σ_a 表示,即

$$\begin{cases} \sigma_m = (\sigma_{\max} + \sigma_{\min})/2 \\ \sigma_a = (\sigma_{\max} - \sigma_{\min})/2 \end{cases} \tag{1-6}$$

对称循环变应力,因 $\sigma_{\max} = -\sigma_{\min}$,故其循环特性 $r = -1$,平均应力 $\sigma_m = 0$,应力幅 $\sigma_a = \sigma_{\max} = -\sigma_{\min}$。

脉动循环变应力,因最小应力 $\sigma_{\min} = 0$,则循环特性 $r = 0$,其 $\sigma_a = \sigma_m = \sigma_{\max}/2$。

静应力则可看作变应力的特例,$\sigma_{\min} = \sigma_{\max}$,则循环特性 $r = +1$,而 $\sigma_a = 0$,$\sigma_m = \sigma_{\max}$。

2. 零件的许用应力

在静应力作用下,零件的许用应力为材料的极限应力 $\sigma_{\lim}(\tau_{\lim})$ 与安全系数 S 之比,即

$$[\sigma] = \sigma_{\lim}/S \qquad 或 \qquad [\tau] = \tau_{\lim}/S \tag{1-7}$$

零件在静应力作用下的失效主要有两种:断裂和塑性变形。

(1) 对于塑性材料,按不发生塑性变形的条件确定极限应力,故取 $\sigma_{\lim} = \sigma_s$;

(2) 对于脆性材料,应按强度条件确定极限应力,故取 $\sigma_{\lim} = \sigma_b$,则可得正应力的许用应力 $[\sigma]$。

切应力的许用应力:

塑性材料　　　　　　　　　$[\tau] = (0.5 \sim 0.6)[\sigma]$

脆性材料　　　　　　　　　$[\tau] = (0.8 \sim 1.0)[\sigma]$

在变应力作用下,零件会出现疲劳断裂。疲劳断裂是在远低于强度极限的应力作用下的断裂,没有明显的塑性变形,在断口上出现裂纹摩擦形成的光滑区,另一个是最终发生脆性断裂的粗粒区。发生疲劳断裂是损伤积累的结果。

由实验可得到描述应力和循环次数之间关系的疲劳曲线,如图 1-4 所示。

当循环次数 N 大于等于循环基数 N_0 时,材料的应力就不再变化,这个应力称为材料的对称循环疲劳极限 σ_{-1}。

当 $N < N_0$ 时,疲劳曲线方程为

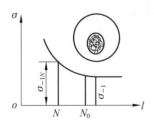

图 1-4　疲劳曲线

$$\sigma_{-1N}^m \cdot N = \sigma_{-1}^m \cdot N_0 = C(常数) \tag{1-8}$$

$$\sigma_{-1N} = \sigma_{-1} \cdot \sqrt[m]{\frac{N_0}{N}} = K_N \cdot \sigma_{-1} \tag{1-9}$$

式中:N_0——循环基数,$N_0 = (1 \sim 10) \times 10^6$;

σ_{-1N}——循环次数 N 对应的疲劳极限;

m——幂指数,对钢材的弯曲疲劳和拉压疲劳,$m = 6 \sim 20$;对中等尺寸的钢制零件弯曲时,取 $m = 9$;

K_N——寿命系数,$K_N = \sqrt[m]{\dfrac{N_0}{N}}$。

变应力的许用应力,是材料的极限应力与安全系数之比,并且要考虑应力集中系数 k_σ、尺寸系数 ε_σ 和表面状态系数 β 的影响:

$$[\sigma_r] = \frac{\varepsilon_\sigma \beta \sigma_{r\lim}}{k_\sigma S} \tag{1-10}$$

式中:$[\sigma_r]$——循环特性为 r 的许用应力;

$\sigma_{r\lim}$——材料弯曲应力极限;对称循环,$r = -1$,$\sigma_{r\lim} = \sigma_{-1}$;脉动循环,$r = 0$,$\sigma_{r\lim} = \sigma_0$;由此可以计算许用应力 $[\sigma_{-1}]$ 和 $[\sigma_0]$ 的值。

当应力的作用次数 $N < N_0$ 时,只要计算出与 N 对应的寿命系数,代入式(1-9),即可得 σ_{-1N}。

零件接触强度的许用应力,为零件材料的接触应力的极限值与安全系数之比,即

$$[\sigma_H] = \frac{\sigma_{H\lim}}{S} \tag{1-11}$$

式中:$[\sigma_H]$——许用接触应力;

$\sigma_{H\lim}$——材料的接触应力极限。

1.5.4　零件的安全系数

安全系数的选取决定着零件结构是笨重,还是小巧,以及其能否保证工作安全。

安全系数的选择,有两种方法。

1. 查表法

详见各章中零件的安全系数选取。对于没有专门表格的零件,其安全系数可以参考下述原则确定。

(1) 静应力作用下,塑性材料可以缓和过大的局部应力,故可取安全系数 $S = 1.2 \sim 1.5$;塑性较差的材料(如 $\sigma_s / \sigma_b > 0.6$)或铸件,可取 $S = 1.5 \sim 2.5$。

(2) 静应力作用下,脆性材料应取较大的安全系数。对于高强度钢或灰铸铁,可取 $S = 3 \sim 4$。

(3) 变应力作用下,一般材料可取 $S = 1.3 \sim 1.7$;材料不够均匀,计算不够精确时,可取 $S = 1.7 \sim 2.5$。

2. 部分安全系数法

部分安全系数,即用几个系数的连乘积表示总的安全系数。

$$S = S_1 \cdot S_2 \cdot S_3 \tag{1-12}$$

式中:S_1——考虑载荷及应力计算的准确性,一般取 S_1=1~1.5,计算准确时取小值;

S_2——考虑材料可靠性系数,对于锻钢件或铸钢件,取 S_2=1.2~1.5;对于铸铁件,取 S_2=1.5~2.5,材料性能可靠时取小值;

S_3——考虑零件重要性系数,一般取 S_3=1~1.5,零件损坏将引起重大事故或难以修复时,应取大值。

1.5.5 机械零件设计的一般步骤

设计机械零件的一般步骤大致可归纳如下:

(1)根据零件在机器中的作用和工作情况,选择其类型并拟订计算简图,确定作用在零件上的载荷。

(2)在理想的平稳条件下,作用在零件上的载荷称为名义载荷,实际上,零件工作时,还可能受到各种附加载荷作用,通常引用载荷系数来考虑附加载荷的影响,名义载荷与载荷系数的乘积称为计算载荷。

(3)根据零件的使用、工艺和经济三方面的要求,选择合适的材料(例如蜗齿的齿圈和芯)。

(4)根据零件的工作能力和计算准则确定其主要尺寸(如轴径),并加以圆整或取标准值。

(5)绘制零件工作图并标注必要的技术条件等。

以上所述为零件设计计算的一般步骤,在实际工作中常有校核计算,先利用类比法等初步拟定零件的结构和尺寸,然后再按工作能力计算准则进行校核计算。

第 2 章　连　　接

连接指通过一定的方式将两种分离型材或零件连接成一个复杂零件或部件的过程。我们所使用的机器都是通过一定的连接方式将一个一个零件连接起来形成的。因此,机械设计人员必须熟悉各种机器中所用的连接方法,以及有关连接零件的结构、类型、性能、使用场合,掌握它们的设计理论或选用方法。

机械连接有两大类:运动连接和固定连接。运动连接是在机器工作时被连接的零(部)件间可以有相对运动的连接,也称为机械运动连接,如各种运动副;固定连接是在机器工作时,被连接的零(部)件间不允许产生相对运动的连接,也称为机械静连接。固定连接是所要讨论的内容,本书中,除了指名为运动连接外,所用到的连接,均指机械静连接。

连接根据其是否可拆卸又分为可拆连接和不可拆连接,可拆连接是不损坏任一零件就可拆开的连接,故多次装拆不影响其使用性能,如螺纹连接、键连接、无键连接及销连接等,其中又以螺纹连接和键连接应用最广;不可拆连接是至少必须损坏某一部分才能拆开的连接,如铆钉连接、焊接、胶接等。过盈连接既可以做成可拆的,也可以做成不可拆的连接,在机器中也常使用。

连接根据其工作原理的不同可分为三类:形锁合连接、摩擦锁合连接及材料锁合连接。形锁合连接是靠被连接件或附加固定零件的形状相互嵌合,使其产生连接作用,如铰制孔用螺栓连接、平键连接等。摩擦锁合连接是靠被连接件的压紧,在接触面间产生摩擦力,阻止被连接件的相对移动,达到连接的目的,如受横向载荷的紧螺栓连接、过盈连接等。材料锁合连接是在被连接件间涂敷附加材料,靠其分子间的分子力将零件连接在一起,如胶接、钎焊等。

根据上述各种连接的使用广泛性,本章将着重讨论螺纹连接和键连接,并对销连接、无键连接、铆钉连接、焊接、胶接的基本结构形式和性能,以及过盈连接的基本原理和设计方法作一概略的介绍,另外,由于螺旋传动也是利用螺纹工作的,所以在本章内对其一并讨论。

在设计被连接零件时,除应考虑强度、刚度及经济性等基本问题外,在某些场合(如用于锅炉、容器等),还必须满足紧密性的要求。当一个连接中包含多个危险截面和工作面时,要以其中最薄弱的部位来决定连接的工作能力。另外,应尽可能将连接件设计成等强度,使连接中各零件充分发挥其承载能力。

2.1　螺　　纹

将一直角三角形绕在一圆柱体上,使三角形的底边与圆柱体底面圆周重合,则三角形的斜边在圆柱体表面上就形成一条螺旋线,如图 2-1 所示。三角形的斜边与底边的夹角 λ,称为螺旋线升角。若取一平面图形,使其平面始终通过圆柱体的轴线并沿着螺旋线运动,则这平面图形在空间形成一个螺旋形体,称为螺纹。

1. 螺纹的分类

螺纹有外螺纹(螺纹在外表面上)和内螺纹(螺纹在内表面上)之分,它们共同组成螺旋副。按其用途分为连接螺纹和传动螺纹。

螺纹根据其母体形状可分为圆柱螺纹和圆锥螺纹两类。圆锥螺纹主要用于管连接,圆柱螺纹用于一般连接和传动。

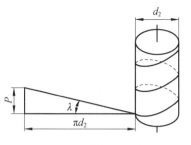

图 2-1　螺旋线的形成

按照在螺纹轴线平面上牙型的不同,螺纹可分为三角形螺纹、矩形螺纹、梯形螺纹和锯齿形螺纹等,如图 2-2 所示。三角形螺纹主要用于连接,矩形、梯形和锯齿形螺纹主要用于传动,其中除矩形螺纹外均已标准化。

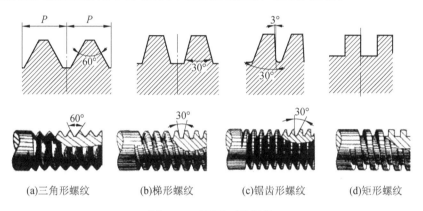

(a)三角形螺纹　　　(b)梯形螺纹　　　(c)锯齿形螺纹　　　(d)矩形螺纹

图 2-2　不同牙型的螺纹

按照螺旋线方向的不同,螺纹可分为左旋螺纹和右旋螺纹,如图 2-3 所示。机械中一般多采用右旋螺纹,左旋螺纹则主要用于一些有特殊要求的场合。

按照螺旋线数目的不同,螺纹又分为单线螺纹、双线螺纹和多线螺纹,如图 2-4 所示。为了便于制造,螺纹线数一般不超过四线。按测量制度的不同,螺纹又有米制和英制之分,我国除管螺纹保留英制外,都采用米制螺纹。

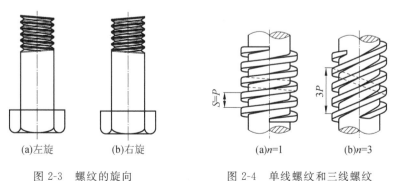

(a)左旋　　　(b)右旋　　　　　　　　(a)$n=1$　　　(b)$n=3$

图 2-3　螺纹的旋向　　　　　　　图 2-4　单线螺纹和三线螺纹

2. 螺纹的主要参数

以广泛应用的圆柱普通螺纹为例,如图 2-5 所示,螺纹的主要几何参数如下:

(1) 大径 d(外径)(D—内螺纹)——螺纹的最大直径,即与外螺纹牙顶重合的假想圆柱面直径,亦称公称直径。

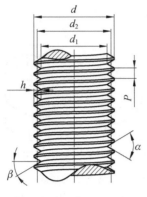

图 2-5　螺纹的几何参数

（2）小径 d_1（内径）（D_1—内螺纹）——螺纹的最小直径，即与外螺纹牙底重合的假想圆柱面直径，在强度计算中作危险剖面的计算直径。

（3）中径 d_2——在轴向剖面内，牙厚与牙间宽相等处的假想圆柱面的直径，近似等于螺纹的平均直径：$d_2 \approx 0.5(d+d_1)$。

（4）螺距 P——相邻两牙对应两点间的轴向距离。

（5）导程（P_h）——同一螺旋线上相邻两牙对应两点间的轴向距离。

（6）线数 n——螺纹螺旋线数目，一般为便于制造，$n \leqslant 4$；螺距、导程、线数之间关系：$P_h = nP$。

（7）螺旋升角 λ——在中径圆柱面上，螺旋线的切线与垂直于螺旋线轴线的平面的夹角。在螺纹的不同直径处，螺纹升角各不相同。

$$\lambda = \arctan \frac{P_h}{\pi d_2} = \arctan \frac{nP}{\pi d_2} \tag{2-1}$$

（8）牙型角 α——螺纹轴向平面内螺纹牙型两侧边的夹角。

（9）牙型斜角 β——螺纹牙型的侧边与螺纹轴线的垂直平面的夹角。对称牙型的 $\beta = \alpha/2$。

3. 螺纹的特点及应用

螺纹的特点及应用如表 2-1 所示。

表 2-1　螺纹的特点及应用

螺纹名称		图例	特点	应用
连接螺纹	普通螺纹	60° 60°	牙型为等边三角形，牙型角 $\alpha = 60°$，内外螺纹旋合留有径向间隙。外螺纹牙根允许有较大的圆角，以减小应力集中。同一公称直径按螺距大小，分为粗牙和细牙。细牙螺纹的牙型与粗牙相似，但螺距小，升角小，自锁性较好，强度高，因牙细不耐磨，容易滑扣	一般连接多用粗牙螺纹；细牙螺纹常用于细小零件，薄壁管件或受冲击、振动和变载荷的连接中，也可作为微调机构的调整螺纹用
	非螺纹密封的管螺纹	55° 55°	牙型为等腰三角形，牙型角 $\alpha = 55°$，牙顶有较大的圆角，内外螺纹旋合后无径向间隙，管螺纹为英制细牙螺纹，尺寸代号为管子的内螺纹大径。若要求连接后具有密封性，可压紧被连接件螺纹副外的密封面，也可在密封面间添加密封物	适用于管接头、旋塞、阀门及其他附件
	用螺纹密封的管螺纹	基面 P 55° φ d d_2 d_1	牙型为等腰三角形，牙型角 $\alpha = 55°$，牙顶有较大的圆角，螺纹分布在锥度为 $1:16$ 的圆锥管壁上。它包括圆锥内螺纹与圆锥外螺纹、圆柱内螺纹与圆柱外螺纹两种连接形式。螺纹旋合后，利用本身的变形就可以保证连接的紧密性，不需要任何填料，密封简单	适用于管子、管接头、旋塞、阀门和其他螺纹连接的附件

螺纹名称		图例	特点	应用
连接螺纹	米制锥螺纹		牙型角 $\alpha=60°$,螺纹牙顶为平顶,螺纹分布在锥度为 $1:16$ 的圆锥管壁上	用于气体或液体管路系统中依靠螺纹密封的连接螺纹
传动螺纹	矩形螺纹		牙型角为正方形,牙型角 $\alpha=0°$。其传动效率较其他螺纹高,但牙根强度弱,螺旋副磨损后,间隙难以修复和补偿,传动精度较低。为了便于铣、磨削加工,可制成 $10°$ 的牙型角	矩形螺纹尚未标准化,推荐尺寸: $d=5d_1/4$,$P=d_1/4$。目前已逐渐被梯形螺纹所替代
传动螺纹	梯形螺纹		牙型为等腰梯形,牙型角 $\alpha=30°$。内外螺纹以锥面贴紧不易松动。与矩形螺纹相比,传动效率低,但工艺性好,牙根强度高,对中性好。如用剖分螺母,还可以调整间隙	梯形螺纹是最常用的传动螺纹
传动螺纹	锯齿形螺纹		牙型为不等腰梯形,工作面的牙侧角为 $3°$,非工作面的牙侧角为 $30°$。外螺纹牙根有较大的圆角,以减小应力集中。内外螺纹旋合后,大径处无间隙,便于对中。这种螺纹兼有矩形螺纹传动效率高、梯形螺纹牙根强度高的特点,但只能用于单向力的螺纹连接或螺旋传动中	螺旋压力机

2.2　螺纹连接的类型和标准连接件

　　螺纹连接是利用螺纹零件构成的可拆连接,是最常见和典型的连接形式,应用十分广泛,下面介绍螺纹连接的结构和性能设计。

　　如图 2-6 所示的两个阀门,由于结构的需要,采用大量的螺纹连接。螺纹连接元件有很多,包括螺栓、螺钉、螺母、垫片、防松元件等,这些元件都已经标准化。螺纹连接类型选择的任务就是根据实际工程条件,确定合适的螺纹连接类型、螺纹连接的布置形式、连接面形状和防松结构等。而螺纹性能设计主要为连接强度与刚度、紧密性(密封性)等,计算确定出螺纹连接件的公称直径。

图 2-6　阀门

1. 螺纹连接的主要类型

1) 螺栓连接

　　螺栓连接是用螺栓和螺母将被连接件连接起来,用于被连接件不太厚、便于加工成通孔的情况。它分为普通螺栓连接和铰制孔(精密)用螺栓连接。

　　(1) 普通螺栓连接——被连接件不太厚,加工成不带螺纹的通孔,带帽头的螺杆穿过通孔与螺母配合使用。装配后孔与杆间有间隙,结构简单,装拆方便,可多次装拆,应用较广,如图 2-7(a)所示。

　　(2) 铰制孔用螺栓连接——装配后孔与杆间无间隙,主要承受横向载荷,也可作定位用,采用基孔制配合连接(例如 H7/m6,H7/n6),如图 2-7(b)所示。

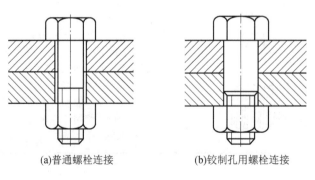

(a)普通螺栓连接　　　　　　(b)铰制孔用螺栓连接

图 2-7　螺栓连接

2）双头螺柱连接

双头螺柱是两端均有螺纹的圆柱形紧固件。它用于被连接件之一较厚的场合，不宜用于螺栓连接、较厚的被连接件强度较差又需要经常拆卸的场合。在厚零件上作出螺纹孔，薄零件上作光孔，螺柱拧入螺纹孔中，用螺母压紧薄件。在拆卸时，只需旋下螺母而不必拆下双头螺柱，可避免大型被连接件上的螺纹孔损坏，如图 2-8 所示。

3）螺钉连接

螺钉连接的常见形式有普通螺钉连接、紧定螺钉连接、沉头螺钉连接和自攻螺钉连接等，适用于被连接件之一较厚（上带螺纹孔），另一被连接件不厚，易制成通孔；不需经常装拆，一端有螺钉头，不需螺母，受载较小的情况。

（1）普通螺钉连接。

普通螺钉连接的结构如图 2-9 所示，在连接时将螺钉直接拧入被连接件的螺纹孔中。与双头螺柱连接相比，普通螺钉连接的结构简单、紧凑；但普通螺钉连接常用于受力不大或不经常拆装的场合。

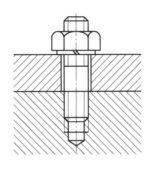 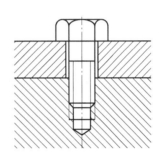

图 2-8 双头螺柱连接　　　　　　图 2-9 普通螺钉连接

（2）紧定螺钉连接。

紧定螺钉连接利用拧入零件螺纹孔中的螺纹末端顶住另一零件的表面或顶入另一零件上的凹坑中，以固定两个零件的相对位置。根据螺钉端部的形状，紧定螺钉连接分为锥端螺钉连接、平端螺钉连接和圆柱端螺钉连接三种形式，如图 2-10 所示。这类连接方式结构简单，有的可任意改变零件在周向和轴向的位置，便于调整，可传递不大的轴向力或扭矩。

 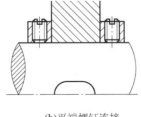 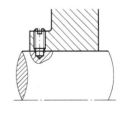

(a)锥端螺钉连接　　　　　　(b)平端螺钉连接　　　　　　(c)圆柱端螺钉连接

图 2-10 紧定螺钉连接

另外，还有几种特殊连接：地脚螺栓连接、吊环螺钉连接和 T 型螺栓连接，如图 2-11 所示。

（3）沉头螺钉连接。

沉头螺钉连接用于强度要求不高，螺纹直径小于 10 mm，螺钉拧入机体的场合，螺钉头全

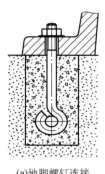

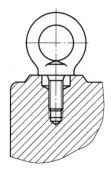

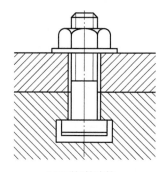

(a)地脚螺钉连接　　　　　　　　(b)吊环螺钉连接　　　　　　　　(c)T型螺栓连接

图 2-11　特殊连接方式

部或局部沉入被连接件。这种结构多用于要求外表面平整、光洁的场合,如仪表面板。沉头螺钉连接如图 2-12 所示。

（4）自攻螺钉连接。

自攻螺钉连接用于连接强度要求不高的场合。被连接件可以是低碳钢、塑料、有色金属制品或硬质木材,但一般应预先制出底孔。若采用带钻头部分的自钻自攻螺钉,则不需预制底孔。

2. 标准螺纹连接件简介

螺纹连接件的结构形式和尺寸都已经标准化,设计时,根据工作条

图 2-12　沉头螺钉连接　件和结构特点,合理地选择螺纹连接件的规格、型号即可。表 2-2 中介绍最常用的标准螺纹连接件的结构形式、主要特点和应用。

表 2-2　标准螺纹连接件的结构形式、主要特点及应用

类型	图例	主要特点及应用
六角头螺栓		种类很多,应用最广,精度分为 A、B、C 三级,通用机械中常用 C 级。螺栓杆部可制出一段螺纹或全螺纹,螺纹可用粗牙或细牙(A、B 级)
双头螺柱		螺柱两端都制有螺纹,两端螺纹可相同或不同,螺柱可带退刀槽或制成腰杆,也可制成全螺纹的螺柱。螺柱的一端常用于旋入被连接件强度较低的螺孔中,旋入后不拆卸,另一端则用于安装螺母以固定其他零件

类型	图例	主要特点及应用
螺钉		螺钉头部形状有圆头、扁圆头、六角头、圆柱头和沉头等。头部的槽有一字、十字和内六角等形式。十字头槽螺钉头部强度高、对中性好、便于自动装配。内六角螺钉能承受较大的扳手力矩,连接强度高,可代替六角头螺栓,用于要求结构紧凑的场合
紧定螺钉		紧定螺钉的末端形状,常用的有锥端、平端和圆柱端。锥端适用于被紧定零件的表面硬度较低或不经常拆卸的场合;圆柱端压入轴上的凹坑中,适用于紧定空心轴上的零件位置
六角螺母		根据螺母厚度不同,分为标准的、薄的两种。薄螺母常用于受剪力的螺栓上或空间尺寸受限制的场合。螺母的制造精度和螺栓相同,分为 A、B、C 三级,分别与相同级别的螺栓配用
圆螺母		圆螺母常与止动垫圈配用,装配时将垫圈内舌插入轴上的槽内,而将垫圈的外舌嵌入圆螺母的槽内,螺母被锁紧。常作为滚动轴承的轴向固定用
垫圈		垫圈是螺纹连接中不可缺少的附件,常放置在螺母和被连接件之间,起保护支承表面的作用。平垫圈按加工精度不同,分为 A 级和 C 级两种。用于同一螺纹直径的垫圈又分为特大、大、普通和小四种规格,特大垫圈主要在铁木结构上使用。斜垫圈只用于倾斜的支承面上

3. 螺纹连接件的常用材料和力学性能等级

制造螺纹连接件的材料品种很多,应用最广的是中碳钢(Q235、35 钢、45 钢)和低碳钢(Q215、10 钢),如无特殊使用要求,可采用低碳钢;对于精密机械或承受中等载荷的螺纹连接,可采用中碳钢;对于承受冲击、振动或变载荷的螺纹连接,可采用低合金钢、合金钢,如 15Cr、40Cr、30CrMnSi 等。一些有特殊用途,如防锈、防腐蚀、防磁、导电、耐高温等要求的螺纹连接件,可采用表面处理(如氧化、镀锌、镀镉等)过的特殊钢或铝合金、铜合金等。

普通垫圈的材料推荐选用 Q235、15 钢、弹簧垫圈用 65Mn 制造,并经热处理和表面处理。

螺栓性能等级是国际通用的标准,相同性能等级的螺栓,不管其材料和产地有何区别,其性能是相同的,设计上只按性能等级选用即可。

钢结构连接用螺栓的性能等级分为 10 个等级,如表 2-3 所示。其中 8.8 级及以上螺栓材质为低碳合金钢或中碳钢并经热处理(淬火、回火),通称为高强度螺栓,其余通称为普通螺栓。标准螺母(1 型)和高螺母(2 型)与外螺纹紧固件性能等级的搭配使用见表 2-4。

表 2-3　螺栓、螺钉、螺柱的性能等级

性能等级	3.6	4.6	4.8	5.6	5.8	6.8	8.8	9.8	10.9	12.9
抗拉强度 σ_{bmin}/MPa	300	400	400	500	500	600	800	900	1000	1200
屈服强度 σ_{smin}/MPa	180	240	320	300	400	480	640	720	900	1080
硬度 HBS_{min}	90	114	124	147	152	181	240	276	304	366
推荐材料	低碳钢	低碳钢或中碳钢					中碳钢或低碳合金钢 淬火并回火(回火温度为 340~450 ℃)		中碳钢、低碳钢或中碳合金钢	合金钢

注　(1)性能等级的标记代号含义:“.”前的数字为公称抗拉强度极限 σ_b 的 1/100,“.”后的数字为屈强比的 10 倍,即$(\sigma_s/\sigma_b)\times10$。

(2)规定性能等级的螺栓,螺母在图样上只标注性能等级,不标注材料牌号。

表 2-4　标准螺母(1 型)和高螺母(2 型)与外螺纹紧固件性能等级的搭配使用(摘自 GB/T 3098.2—2015)

螺母性能等级	搭配使用的螺栓、螺钉或螺柱的最高性能等级
5	5.8
6	6.8
8	8.8
10	10.9
12	12.9

螺母螺纹公差为 6H 的基本偏差大于零的螺母(如热浸镀锌螺母:6AZ、6AX),则可能降低其螺纹脱扣强度。薄螺母(0 型)较标准螺母或高螺母降低了承载能力,故不应设计使用于抗脱扣的场合。

薄螺母作为锁紧螺母使用时,应与一个标准螺母或高螺母一同使用。安装时,应先将薄螺母拧紧到装配零件上,然后再将标准螺母或高螺母拧紧到薄螺母上。

2.3　螺纹连接的预紧

螺纹连接在承受工作载荷之前预先受到的一个拧紧作用力叫预紧力。预紧的目的在于增强连接的可靠性、刚性和紧密性,以及防止受载后被连接件间出现缝隙或发生滑移,同时增大疲劳强度。但过大的预紧力会使螺纹连接件在装配或载荷偶然过载时被拉断。因此,螺纹连接需要一定的预紧力,又不能使连接件过载,对重要的螺纹连接件,在装配时必须要控制好预紧力的大小。预紧力大小的具体数值应根据载荷性质、连接刚度等具体工作条件确定,并在装配图的技术条件中注明。

一般规定,拧紧后螺纹连接件的预紧力不应超过其材料屈服极限 σ_s 的 80%。对于一般连接用的钢制螺栓连接的预紧力 F_0,推荐按下列关系确定。

碳素钢螺栓:

$$F_0 \leqslant (0.6 \sim 0.7)\sigma_s A_1$$

合金钢螺栓:

$$F_0 \leqslant (0.5 \sim 0.6)\sigma_s A_1$$

式中:σ_s——螺栓材料的屈服极限;

A_1——螺栓危险截面的面积,$A_1 = \pi d_1^2 / 4$。

在拧紧螺母时,力矩要克服螺纹副间的摩擦阻力矩 T_1 和螺母环形端面与被连接件(或垫圈)支承面间的摩擦阻力矩 T_2(见图 2-13),即

$$T = T_1 + T_2 \quad (\text{N} \cdot \text{mm}) \tag{2-2}$$

螺纹副间的摩擦阻力矩为

$$T_1 = F_0 \frac{d_2}{2} \tan(\lambda + \varphi_v) \quad (\text{N} \cdot \text{mm}) \tag{2-3}$$

螺母与支承面间的摩擦阻力矩为

$$T_2 = \frac{1}{3} f_c F_0 \left(\frac{D^3 - d_0^3}{D^2 - d_0^2} \right) \quad (\text{N} \cdot \text{mm}) \tag{2-4}$$

式中:d_2——螺纹中径,mm;

λ——螺纹升角,(°);

φ_v—螺纹当量摩擦角,(°);

f_c—螺母与被连接件支承面之间的摩擦系数,无润滑时可取 $f_c = 0.15$;

d_0、D——支承面内外直径,mm(见图 2-13)。

对于 M10~M64 的粗牙普通螺纹,螺旋升角 $\lambda = 1°42' \sim 3°2'$;螺纹中径 $d_2 = 0.9d$,螺旋副的当量摩擦角 $\varphi_v = \arctan 1.15 f$($f$ 为摩擦系数,无润滑时,$f \approx 0.1 \sim 0.2$);螺栓孔直径 $d_0 \approx 1.1d$;螺栓环形支承面的外径 $D \approx 1.5d$;螺母与摩擦面间的摩擦系数 $f_c = 0.15$。将上述参数代入式(2-3)和(2-4)之后,再代入式(2-2),得出拧紧力矩的简化式为

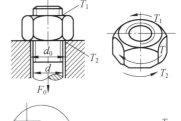
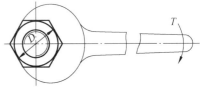

图 2-13 螺纹连接的预紧

$$T \approx 0.2 F_0 d \tag{2-5}$$

式中:d——螺纹的公称直径,mm;

F_0——螺纹的预紧力,N。

由式(2-5)可知,螺栓上预紧力的大小与拧紧力矩呈线性关系,因此通常借助于测力矩扳手(见图 2-14)或定力矩扳手(见图 2-15),利用控制预紧力矩的方法来控制预紧力大小。

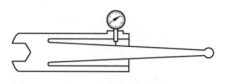

图 2-14　测力矩扳手

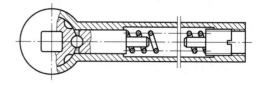

图 2-15　定力矩扳手

这种预紧力矩是通过扭矩工具施加在螺母或螺栓上来实现的。目前扭矩工具有手动、气动、电动三大类,而手动工具广泛使用在装配线上。图 2-16 所示为各种力矩扳手。

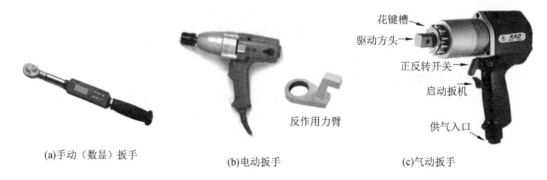

　　(a)手动（数显）扳手　　　　　　　　(b)电动扳手　　　　　　　　(c)气动扳手

图 2-16　各种力矩扳手

对于公称直径为 d 的螺栓,当所要求的预紧力 F_0 已知时,扳手的拧紧力矩 T 可按公式 $T \approx 0.2F_0d$ 估算。一般普通的标准扳手的长度 $L \approx 15d$,若拧紧力为 F,则 $T = FL$,因此有 $F_0 \approx 75F$。例如 $F = 200$ N,则 $F_0 \approx 15000$ N。如果用这个预紧力拧紧 M12 以下的钢制螺栓,就有可能被过载拧断。因此,对于重要的连接,应尽量不采用直径过小(例如小于 M12)的螺栓;必须使用时,应严格控制其拧紧力矩。

对于预紧力控制精度要求高,或大型螺栓连接,也采用测定螺栓伸长量的方法来控制预紧力。

表 2-5 所示为不同强度等级和不同直径的螺栓所需的预紧力 F_0。

表 2-5　不同强度等级和不同直径的螺栓所需的预紧力 F_0

公称直径	强度级别									
	3.6		5.6		6.9		8.8		10.9	
	预紧力/N	最大扭矩/(N·m)	预紧力/N	最大扭矩/(N·m)	预紧力/N	最大扭矩/(N·m)	预紧力/N	最大扭矩/(N·m)	预紧力/N	最大扭矩/(N·m)
M8	5315	8.24	7090	10.79	13680	21.57	16230	25.50	22752	35.30
M10	8473	16.67	11278	21.57	21771	42.17	25792	50.01	36285	70.61
M12	12356	28.44	1654	38.25	31773	73.55	37658	87.28	52956	122.58
M14	16966	45.11	22654	60.8	43640	116.7	51681	138.27	72668	194.17
M16	23340	69.63	31087	93.16	60017	178.48	71197	210.84	100028	299.10
M18	28341	95.13	37854	127.49	72962	245.17	86495	289.30	121603	411.88
M20	36481	135.33	48641	180.44	93850	348.14	111306	411.88	156417	578.50
M22	45601	182.40	60802	245.17	117190	470.72	139255	558.98	195644	784.54

公称直径	强度级别									
	3.6		5.6		6.9		8.8		10.9	
	预紧力/N	最大扭矩/(N·m)	预紧力/N	最大扭矩/(N·m)	预紧力/N	最大扭矩/(N·m)	预紧力/N	最大扭矩/(N·m)	预紧力/N	最大扭矩/(N·m)
M24	52564	230.46	70020	308.91	135333	598.21	160340	710.99	225554	1000.28
M27	69235	343.23	92281	460.92	177992	887.51	210844	1049.32	296163	1480.81
M30	84044	465.82	112287	622.73	215748	1206.23	255955	1421.97	359906	2010.38
M36	123074	813.96	164263	1088.54	316757	2098.64	374616	2481.10	527601	3491.19
M39	148081	1059.12	197115	1412.17	380500	2716.46	451109	3226.41	633513	4530.70
M42	169166	1304.29	225540	1745.59	435418	3363.70	515833	3991.33	725697	5609.44
M48	222612	1980.96	297143	2638	573693	6060.55	679605	6021.32	956154	8473

2.4　螺纹连接的防松

单线普通螺纹的螺旋升角 λ 小于或等于当量摩擦角 φ_v 便满足自锁条件。另外,螺纹连接被拧紧后螺母和螺栓头部支承面间的摩擦力也有阻止螺母旋转松脱的作用。因此,在常温或静载荷的情况下,螺纹连接一般都能满足自锁条件,不会自动松脱。但在冲击、振动或变载荷作用下,或在高温或温度变化较大的情况下,螺纹连接中的预紧力和摩擦力会逐渐减小或可能瞬间消失,导致连接失效。螺纹连接一旦失效,将严重影响机器的正常工作,甚至造成事故。因此,为保证连接安全可靠,设计时必须采取有效的防松措施。

防松的根本问题在于防止螺旋副相对转动。按工作原理的不同,防松方法分为摩擦防松、机械防松、永久防松等。对于重要的连接,特别是在机器内部不易检查的连接,应采用比较可靠的机械防松。

1. 摩擦防松

摩擦防松是应用最广的一种防松方式。在预紧力的作用下,螺纹副之间产生一个不随外力变化的正压力,该正压力产生的摩擦力阻止螺纹副相对转动。这种正压力可通过轴向或同时两向压紧螺纹副来实现,如采用弹性垫圈、双螺母、自锁螺母和尼龙嵌件锁紧螺母等。

摩擦防松方式对于螺母的拆卸比较方便,但在冲击、振动和变载荷的情况下,刚开始螺栓会因松弛导致预紧力下降,随着振动次数的增加,损失的预紧力缓慢地增多,最终预紧力消失导致螺母松脱,螺纹连接失效。

摩擦防松的方法:采用对顶螺母、弹簧垫圈、自锁螺母等。

(1) 对顶螺母:两螺母对顶拧紧,使螺栓在旋合段内受拉而螺母受压,构成螺纹副纵向压紧。图 2-17 表明上下螺母牙纹的不同接触情况及力的传递。上螺母螺纹牙除对顶力 F' 外,还受螺栓传来的力 F,下螺母螺纹牙只受对顶力 F' 的作用,其高度可小些;但为了防止装错和保证下螺母的强度足够把连接拧紧,一般仍取二者高度相等。

(2) 弹簧垫圈:如图 2-18 所示,利用拧紧压平后的弹性力使螺纹副纵向压紧,同时垫圈斜

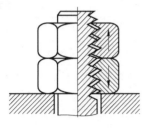

图 2-17　对顶螺母防松

口的尖端抵住螺母与被连接件的支承面也有防松作用。弹簧垫圈结构简单,使用方便,但垫圈的弹力不均,在冲击、振动的工作条件下,其防松效果变差,一般不用于重要连接。

（3）自锁螺母:如图 2-19 所示,螺母一端制成非圆形收口或开缝后径向收口,当螺母拧紧后,收口张开,利用收口的弹力使旋合螺纹间压紧。自锁螺母结构简单,防松可靠,可多次装拆而不降低防松性能。

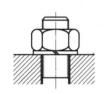

图 2-18　弹簧垫圈

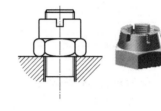

图 2-19　自锁螺母

2. 机械防松

机械防松利用止动元件阻止拧紧的螺纹副相对转动,应用很广。

（1）开口销与六角开槽螺母:如图 2-20 所示,适用于有较大冲击、振动的高速机械中运动部件的连接。

（2）止动垫圈:如图 2-21 所示,结构简单,使用方便,防松可靠。

（3）串联钢丝:如图 2-22 所示,适用于螺钉组连接,但是拆卸不方便,且需注意钢丝的穿入方向。

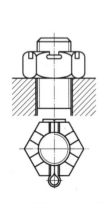
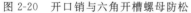
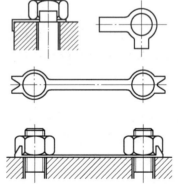

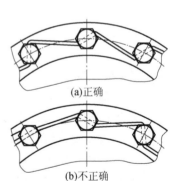

(a)正确

(b)不正确

图 2-20　开口销与六角开槽螺母防松　　　图 2-21　止动垫圈防松　　　图 2-22　串联钢丝防松

3. 永久防松

永久防松,又称破坏螺纹副关系防松,通过把螺纹副转化为非运动副,来排除相对转动的可能性。图 2-23(a)所示是将螺母和螺杆上的螺纹利用焊接的方法固连在一起,使螺母和螺杆不能转动从而防止松脱。图 2-23(b)所示是用冲头将螺纹副的牙型损坏而不能相互转动。图 2-23(c)所示是将厌氧性黏合剂涂于螺纹旋合表面,拧紧螺母后自行固化而防松。

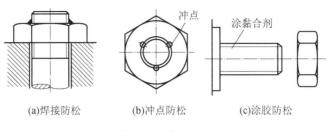

(a)焊接防松   (b)冲点防松   (c)涂胶防松

图 2-23 永久防松

2.5 螺栓组连接的设计和受力分析

在实际工程中,大多数机器的螺纹连接件都是成组使用的,其中以使用螺栓连接最多,称为螺栓组连接。螺栓组连接的设计包括结构设计和受力分析。设计时首先选定螺栓的数目及布置形式,然后确定螺栓的尺寸,对于不重要的螺栓连接,可以用类比法、经验法和参考现有的机械设备进行确定,而不再进行强度校核;但对于重要的螺栓连接,应根据工作载荷、受力状况,找出受力最大的螺栓进行强度校核,满足强度要求后,整组螺栓都选用该螺栓的规格型号。下面以螺栓组连接为例,进行结构设计和受力分析。其结论对双头螺柱组、螺钉组连接也同样适用。

2.5.1 螺栓组连接的结构设计

螺栓组连接的结构设计包括确定螺栓组中的螺栓数目和每个螺栓的位置。应力求使各螺栓受力均匀并且较小,避免螺栓受附加载荷,还应有利于加工和装配。

(1)接合面处的零件形状应尽量简单,最好是圆形、环形、矩形、框形、三角形等,如图2-24所示。同一圆周上的螺栓数目应采用 4、6、8、12 等,以便加工时分度。应使螺栓组的形心与零件接合面的形心重合,最好有两个互相垂直的对称轴,以便于加工和计算,常把接合面中间挖空,以减少接合面加工量和接合面平面度的影响,还可以提高连接刚度。

(2)螺栓的布置应使各螺栓的受力合理。对于铰制孔用螺栓连接,不要在平行于工作载荷的方向上成排地布置八个以上的螺栓,以免载荷分布过于不均。当螺栓连接承受弯矩或扭矩时,应使螺栓的位置适当靠近连接接合面的边缘,以减小螺栓的受力,如图 2-24 所示。如果同时承受轴向载荷和较大的横向载荷,应采用销、套筒、键等抗剪零件来承受横向载荷,以减小螺栓的预紧力及其结构尺寸。

(3)受横向力的螺栓组,沿受力方向布置的螺栓不宜超过 6 个,以免各螺栓受力严重不均匀。

(4)同一螺栓组所用的紧固件的形状、尺寸、材料等应一致,以便于加工和装配。

(5)螺栓排列应有合理的间距、边距。布置螺栓时,各螺栓轴线间以及螺栓轴线和机体壁间的最小距离,应根据扳手所需活动空间的大小来决定,扳手活动空间的尺寸,如图 2-25所示,可查阅有关标准。对于压力容器等紧密性要求较高的重要连接,螺栓的间距 t_0 不得大于表2-6所推荐的数值。

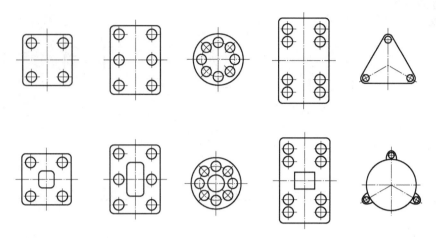

图 2-24　螺栓组连接接合面的形状

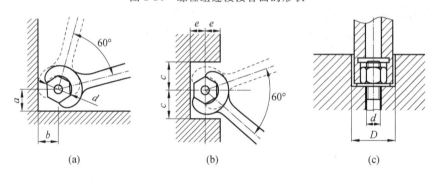

图 2-25　扳手所需活动空间

表 2-6　螺栓间距 t_0

图例	工作压力/MPa	t_0/mm
	$\leqslant 1.6$	$7d$
	$1.6 \sim 4$	$4.5d$
	$4 \sim 10$	$4.5d$
	$10 \sim 16$	$4d$
	$16 \sim 20$	$3.5d$
	$20 \sim 30$	$3d$

注　表中 d 为螺纹公称直径。

　　(6) 避免螺栓承受附加的弯曲载荷。除了要在结构上设法保证载荷不偏心外,还应在工艺上保证被连接件、螺母和螺栓头部的支承面平整,并与螺栓轴线相垂直。对于在铸、锻件等的粗糙表面上安装螺栓时,应制成凸台或沉头座。当支承面为倾斜表面时,应采用斜面垫圈等。螺栓承受附加的弯曲载荷及避免措施分别如图 2-26 和图 2-27 所示。

2.5.2　螺栓组连接的受力分析

　　螺栓组连接的受力分为以下几种情况:① 受横向载荷作用的螺栓组连接;② 受扭矩作用的螺栓组连接;③ 受轴向载荷作用的螺栓组连接;④ 受倾覆力矩作用的螺栓组连接。

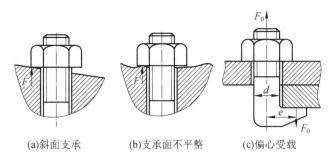

(a)斜面支承　　　(b)支承面不平整　　　(c)偏心受载

图 2-26　螺栓承受附加的弯曲载荷

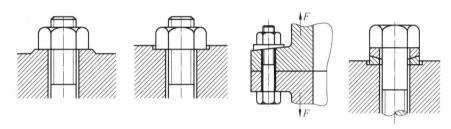

图 2-27　避免螺栓承受附加的弯曲载荷措施

　　进行螺栓组连接受力分析的目的是根据连接的结构和受载情况,求出受力最大的螺栓及其所受的力,以便进行螺栓连接的强度计算。

　　为了简化计算,在分析螺栓组连接的受力时,假设所有螺栓的材料、直径、长度和预紧力均相同;螺栓组的对称中心与连接接合面的形心重合,受载后连接接合面仍保持为平面。下面针对几种典型的受载情况,分别加以讨论。

1. 受横向载荷作用的螺栓组连接

　　图 2-28 所示为由四个螺栓组成的受横向载荷作用的螺栓组连接。横向载荷的作用线与螺栓轴线垂直,并通过螺栓组的对称中心。当采用螺栓杆与孔壁间留有间隙的普通螺栓连接(见图 2-28(a))时,靠连接预紧后在接合面间产生的摩擦力来抵抗横向载荷;当采用铰制孔用螺栓连接(见图 2-28(b))时,靠螺栓杆受剪切和挤压来抵抗横向载荷。虽然两者的传力方式不同,但计算时可近似地认为,在横向总载荷 F_Σ 的作用下,各螺栓所承担的工作载荷是均等的。

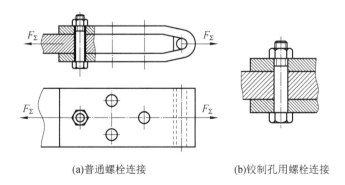

(a)普通螺栓连接　　　　　　　(b)铰制孔用螺栓连接

图 2-28　受横向载荷作用的螺栓组连接

（1）对于铰制孔用螺栓连接,每个螺栓所受的横向工作剪力为

$$F = \frac{F_\Sigma}{Z} \tag{2-6}$$

式中：Z——连接螺栓数目。

（2）对于普通螺栓连接，应保证连接预紧后，接合面间所产生的最大摩擦力必须大于或等于横向载荷。

假设各螺栓所需要的预紧力均为 F_0，螺栓数目为 Z，则其平衡条件为

$$f F_0 Z m \geqslant K_s F_\Sigma \quad \text{或} \quad F_0 \geqslant \frac{K_s F_\Sigma}{f Z m} \tag{2-7}$$

式中：f——接合面间的摩擦系数，见表 2-7；

m——接合面数（图 2-28 中，$m=2$）；

K_s——防滑系数，$K_s=1.1\sim1.3$。

表 2-7　接合面间的摩擦系数

被连接件	接合面的表面状态	摩擦系数 f
钢或铸铁零件	干燥的加工表面	0.10～0.16
	有油的加工表面	0.06～0.10
钢结构	轧制表面,钢丝刷清理浮锈	0.30～0.35
	涂富锌底漆	0.35～0.40
钢铁对砖料,混凝土或木材	喷砂处理	0.45～0.55
	干燥表面	0.40～0.45

2. 受扭矩作用的螺栓组连接

如图 2-29 所示，扭矩 T 作用在连接接合面内，在扭矩 T 的作用下，底板将绕通过螺栓组对称中心 O 并与接合面相垂直的轴线转动。为了防止底板转动，可以采用普通螺栓连接，也可以采用铰制孔用螺栓连接。其传力方式和受横向载荷作用的螺栓组连接相同。

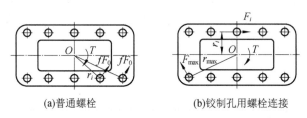

(a)普通螺栓　　　　　(b)铰制孔用螺栓连接

图 2-29　受扭矩作用的螺栓组连接

1）采用普通螺栓连接

采用普通螺栓时，靠连接拧紧后在接合面间产生的摩擦力矩来抵抗扭矩 T。假设各螺栓的预紧程度相同，即各螺栓的预紧力均为 F_0，则各螺栓连接处产生的摩擦力均相等，为 $f F_0$。并假设此摩擦力集中作用在螺栓中心处。为阻止接合面发生相对转动，各摩擦力应与各螺栓的轴线到螺栓组对称中心的距离乘积之和有如下关系：

$$f F_0 r_1 + f F_0 r_2 + \cdots + f F_0 r_z \geqslant K_s T \tag{2-8}$$

由式（2-8）可得各螺栓所需的预紧力为

$$F_0 \geqslant \frac{K_s T}{f(r_1 + r_2 + \cdots + r_Z)} = \frac{K_s T}{f \sum\limits_{i=1}^{Z} r_i} \tag{2-9}$$

式中：f——接合面间的摩擦系数，见表 2-7；

r_i——第 i 个螺栓的轴线到螺栓组对称中心线的距离；

Z——连接螺栓的数目；

K_s——防滑系数，$K_s = 1.1 \sim 1.3$。

2）采用铰制孔用螺栓连接

采用铰制孔用螺栓时，在扭矩 T 的作用下，螺栓受到剪切和挤压作用，各螺栓所受的横向剪力与该螺栓轴线到螺栓组对称中心 O 的连线垂直。假设底板为刚体，受载后接合面仍保持为平面，则各螺栓在扭矩 T 的作用下，剪切变形量与其距螺栓组对称中心 O 的距离成正比。由于螺栓的剪切刚度相同（螺栓材料、直径均相同），因此距离对称中心 O 越远的螺栓，剪切变形量越大，其承受的工作剪力也越大。由螺栓受剪变形协调条件得：

$$\frac{F_1}{r_1} = \frac{F_2}{r_2} = \cdots = \frac{F_{max}}{r_{max}} \tag{2-10}$$

由底板力矩平衡条件得：

$$T = F_1 r_1 + F_2 r_2 + \cdots + F_Z r_Z \tag{2-11}$$

联立式(2-10)、式(2-11)可得受力最大螺栓的工作剪力：

$$F_{max} = \frac{T \cdot r_{max}}{r_1^2 + r_2^2 + \cdots + r_Z^2} = \frac{T \cdot r_{max}}{\sum\limits_{i=1}^{Z} r_i^2} \ (\text{N}) \tag{2-12}$$

3. 受轴向载荷作用的螺栓组连接

这种螺栓连接一般采用普通螺栓。图 2-30 所示为汽缸盖螺栓组连接，外载荷通过螺栓组中心，其方向与各螺栓轴线平行。由于螺栓均匀布置，图 2-30 所示每个螺栓所受的轴向工作载荷 F 相等，即

$$F = \frac{F_\Sigma}{Z} \tag{2-13}$$

式中：Z——连接螺栓的数目。

各螺栓除承受轴向工作载荷 F 外，还受预紧力 F_0 的作用。各螺栓工作时所受的总拉力并不等于工作载荷 F 与预紧力 F_0 之和，而等于工作载荷 F 与残余预紧力 F' 之和。其具体计算将在后面分析。

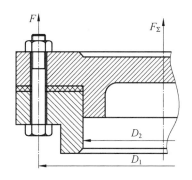

图 2-30 受轴向载荷作用的螺栓组连接

4. 受倾覆力矩作用的螺栓组连接

如图 2-31(a)所示,倾覆力矩 M 作用在通过 $x-x$ 轴且垂直于连接接合面的对称面内。被连接件承受倾覆力矩前,由于拧紧产生预紧力 F_0,故有均匀的压缩,如图 2-31(b)所示。当受到倾覆力矩作用后,在轴线 $O-O$ 左侧,被连接件接触面与地基被放松,螺栓被进一步拉伸;在右侧,螺栓被放松,被连接件接触面与地基被进一步挤压,底板的受力情况如图 2-31(b)所示。

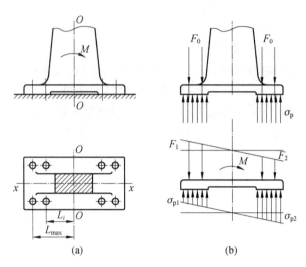

图 2-31　受倾覆力矩作用的螺栓组连接

上述过程,可用单个螺栓、被连接件的受力变形图来表示,如图 2-32 所示。为简便起见,被连接件与地基间的相互作用力以作用在各螺栓中心的集中力表示。斜线 O_bA、O_mA 分别表示螺栓、被连接件的受力变形线。在倾覆力矩 M 作用之前,螺栓和地基均受预紧力 F_0 的作用,其工作点都处于 A 点。当施加倾覆力矩 M(相应的各螺栓工作载荷为 F)后,在轴线 $O-O$ 左侧,螺栓伸长,拉力增加,地基的压力减小,螺栓和被连接件工作点分别移至 B_1 与 C_1 点。被连接件受到的作用力为螺栓的残余预紧力 F_1,螺栓受到的总拉力 F_2 减去螺栓的残余预紧力 F_1 等于螺栓的工作载荷 F,也即被连接件底板受到的作用力,方向向下。

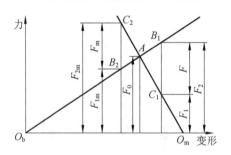

图 2-32　单个螺栓、被连接件的受力变形图

在轴线 $O-O$ 右侧,螺栓和被连接件工作点分别移至 B_2 与 C_2 点,被连接件受到的挤压力增加到 F_{2m},而螺栓的受力减小到 F_{1m}。被连接件受到的作用力等于挤压力 F_{2m} 减去螺栓的残余预紧力 F_{1m}。作用在 $O-O$ 两侧底板上的两个总合力对 $O-O$ 形成一个力矩,这个力矩与外载荷倾覆力矩 M 平衡,即

$$M = \sum_{i=1}^{Z} F_i L_i \tag{2-14}$$

由于各螺栓的材料、直径、长度等相同，各螺栓的拉伸刚度相等，因此螺栓受到的力和其到回转中心的距离成正比，即

$$F_i = F_{max} \frac{L_i}{L_{max}} \tag{2-15}$$

则

$$M = F_{max} \sum_{i=1}^{Z} \frac{L_i^2}{L_{max}} \tag{2-16}$$

于是螺栓所受的最大工作载荷为

$$F_{max} = \frac{M L_{max}}{\sum_{i=1}^{Z} L_i^2} \tag{2-17}$$

式中：Z——连接螺栓的数目；

L_i——各螺栓轴线到底板中心线 O—O 的距离；

L_{max}——L_i 中最大值。

为了防止接合面受压最大处被压溃或受压最小处出现间隙，受载后地基接合面压力应该满足最大值不超过允许值，最小值不小于零，即有：

$$\sigma_{pmax} = \sigma_p + \Delta\sigma_{pmax} \leqslant [\sigma_p] \tag{2-18}$$

$$\sigma_{pmin} = \sigma_p - \Delta\sigma_{pmax} > 0 \tag{2-19}$$

其中，$\sigma_p = \frac{ZF_0}{A}$，代表地基接合面在受载前由于预紧力而产生的挤压应力，A 为接合面的有效面积；$[\sigma_p]$ 为地基接合面的许用挤压应力；σ_{pmax} 代表由于加载面的地基接合面上产生的附加挤压应力的最大值。对于刚度大的地基，螺栓刚度相对来说比较小，可用下式近似计算 $\Delta\sigma_{pmax}$ 为

$$\Delta\sigma_{pmax} = \frac{M}{W} \tag{2-20}$$

式中：W——接合面的有效抗弯截面系数。

根据式(2-18)至式(2-20)可知，螺栓组接合面强度条件为

$$\sigma_{pmax} \approx \frac{ZF_0}{A} + \frac{M}{W} \leqslant [\sigma_p] \tag{2-21}$$

$$\sigma_{pmin} \approx \frac{ZF_0}{A} - \frac{M}{W} > 0 \tag{2-22}$$

连接接合面材料的许用挤压应力 $[\sigma_p]$ 可查表 2-8 得到。

表 2-8 连接接合面材料的许用挤压应力 $[\sigma_p]$

材料	钢	铸铁	混凝土	砖（水泥浆缝）	木材
$[\sigma_p]$/MPa	$0.8\sigma_s$	$(0.4\sim0.5)\sigma_b$	$2.0\sim3.0$	$1.5\sim2.0$	$2.0\sim4.0$

2.6　单个螺栓连接强度计算

2.6.1　受拉螺栓连接的强度计算

1. 螺栓连接的失效形式及防止措施

螺栓连接中,单个螺栓所受的载荷形式不外乎轴向力、横向力或轴向力、横向力的合力,其失效形式为在过载的横向力作用下剪断、压溃而失效,或在过载的轴向力作用下拉断而失效。根据破坏的性质,约 90% 是疲劳破坏。疲劳失效常位于螺母的支承面、螺纹尾部或螺栓头与杆的过渡圆角处,如图 2-33 所示。

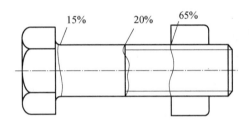

图 2-33　受拉螺栓连接的疲劳断裂部位及失效比例

在高温下,螺栓承载能力会随时间推移而降低,此时,螺栓承载的应力并未超过材料的弹性极限。产生这种结果的原因是蠕变。蠕变指金属材料在恒定温度和恒定应力的长期作用下,随着时间的延长材料缓慢地发生塑性变形。蠕变可以在小于材料的屈服极限的应力下发生。在低温下,蠕变并不明显,只有达到一定的温度(材料熔化温度的 3/10)才变得显著。蠕变会导致高温下的螺栓连接失效。提高预紧力可消除蠕变的影响,或者在条件允许的情况下,对螺栓再预紧。

微动磨损是导致螺纹连接失效的又一种原因。微动磨损是由一承受重载荷的表面,在另一表面上做很小移动造成的。微小的移动阻止形成或破坏保护氧化膜,而没有氧化膜阻隔,金属面间易直接接触,从而发生微观区域局部黏附,最后造成极小的金属粒子从表面落下来。随着磨损量的增大,螺栓连接松动而失效。承载振动的螺栓连接最易产生微动磨损。将螺栓孔中的间隙减小到最低限度,并采用适当拉紧的高强度螺栓来阻止相互接触面之间的相对运动,就能防止微动磨损。

腐蚀是当金属暴露于活性环境介质中而发生的一种表面耗损。由于大气中存在水蒸气、杂质颗粒物等,温度、湿度不断变化,在这样的环境中,螺栓连接就会相应地形成大气腐蚀、电解质溶液中腐蚀、缝隙腐蚀,以及应力腐蚀破裂和轻脆等损伤。采取适当的保护措施,如覆盖金属保护层、涂以油漆等,可以减缓腐蚀的发生。

2. 螺栓连接的强度计算

螺栓连接强度计算的目的,主要是根据连接的结构形式、材料性质和载荷状态等条件,分析螺栓的受力和失效形式,然后按相应的计算准则计算螺纹小径 d_1,再按照标准选定螺纹公称直径 d。螺栓其余部分尺寸及螺母、垫圈等,一般都可根据公称直径 d 直接从标准中选定,因为制定标准时,已经考虑了螺栓、螺母的各部分及垫圈等的强度和制造、装配等要求。

　　需要说明的是,螺栓连接、螺钉连接和双头螺柱连接的失效形式和计算方法基本相同,所以,本节对螺栓连接计算的讨论,其结论对螺钉连接和双头螺柱连接也基本适用。

　　1) 受轴向载荷作用松螺栓连接的强度校核与设计

　　受轴向载荷作用松螺栓连接的基本形式如图 2-34 所示。松螺栓连接的特点是装配时不拧紧螺母,在承受工作载荷前,连接并不受力。这种连接只能承受静载荷,故应用不广。当承受轴向工作载荷 F 时,螺栓连接的强度校核与设计按下列公式进行计算。

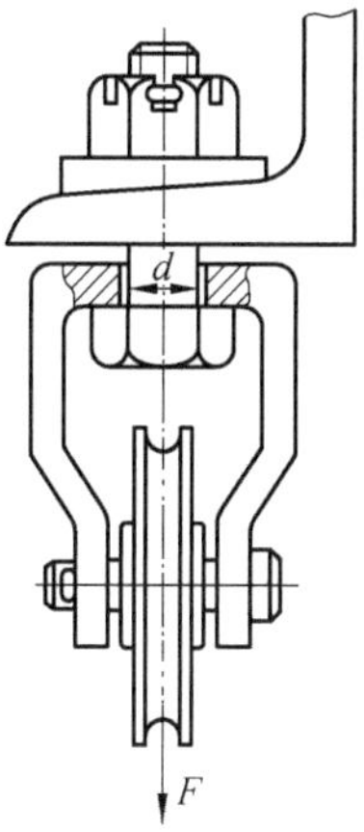

　　校核计算公式:

$$\sigma = \frac{F}{\frac{\pi}{4} d_1^2} \leqslant [\sigma] \quad (\text{MPa}) \qquad (2\text{-}23)$$

　　设计计算公式:

$$d_1 \geqslant \sqrt{\frac{4F}{\pi [\sigma]}} \quad (\text{mm}) \qquad (2\text{-}24)$$

图 2-34　受轴向载荷作用
松螺栓连接

　　许用应力计算公式:

$$[\sigma] = \frac{\sigma_s}{S_s} \qquad (2\text{-}25)$$

式中: F——轴向载荷,N;

　　d_1——螺栓小径,mm,通过查表获得比计算值大且靠近的标准值,然后确定螺栓公称直径;

　　$[\sigma]$——许用拉应力,N/mm²(MPa),见表 2-9;

　　σ_s——螺栓屈服强度,MPa,由螺纹连接机械性能等级决定;

　　S_s——安全系数,见表 2-10。

表 2-9　螺栓连接的许用应力

紧螺栓连接的受载情况		许用应力
受轴向载荷、横向载荷作用的普通螺栓连接		$[\sigma] = \dfrac{\sigma_s}{S}$
受横向载荷作用的铰制孔用螺栓连接	静载荷	$[\tau] = \dfrac{\sigma_s}{S_\tau}$ $[\sigma_p] = \dfrac{\sigma_s}{S_p}$(被连接件为钢) $[\sigma_p] = \dfrac{\sigma_b}{S_p}$(被连接件为铸铁)
	变载荷	$[\tau] = \dfrac{\sigma_s}{S_\tau}$ $[\sigma_p]$——按静载荷的降低 20%～30%

注　(1) σ_s 是材料屈服点,MPa; σ_b 是材料的强度极限,MPa。
　　(2) S、S_τ、S_p 为安全系数,按表查取。

表 2-10　螺栓连接的安全系数 S

受载类型			静载荷			变载荷		
松螺栓连接			1.2～1.7					
紧螺栓连接	受轴向及横向载荷作用的普通螺栓连接	不控制预紧力的计算		M6～M16	M16～M30	M30～M60	M6～M16	M16～M30	M30～M60
			碳钢	4～3	3～2	2～1.3	10～6.5	6.5	6.5～10
			合金钢	5～4	4～2.5	2.5	7.5～5	5	5～7.5
		控制预紧力的计算	1.2～1.5			1.2～1.5 (S_a＝2.5～4,S_a 为极限应力幅计算中的安全系数)		
	铰制孔用螺栓连接		钢:S_τ＝2.5,S_p＝1.25 铸铁:S_p＝2.0～3.5			钢:S_τ＝3.5～5.0,S_p＝1.5 铸铁:S_p＝2.5～3.0		

2)紧螺栓连接的强度校核与设计

(1)仅受预紧力的紧螺栓连接。

紧螺栓连接装配时,螺母需要拧紧,在拧紧力矩的作用下,螺栓除了受预紧力 F_0 的拉伸而产生拉伸应力,还受螺纹摩擦力矩 T_1 的扭转而产生扭转切应力,从而处于拉伸和扭转的复合应力状态。

螺栓危险截面上产生的拉应力:

$$\sigma = \frac{F_0}{\frac{\pi}{4}d_1^2} \tag{2-26}$$

式中:F_0——螺栓受到的预紧力;

d_1——螺纹小径。

螺栓危险截面上的扭转切应力:

$$\tau = \frac{T_1}{W_T} = \frac{F_0\tan(\lambda + \varphi)\frac{d_2}{2}}{\frac{\pi}{16}d_1^2} = \frac{\tan\lambda + \tan\varphi}{1 - \tan\lambda\tan\varphi}\frac{2d_2}{d_1}\frac{F_0}{\frac{\pi}{4}d_1^2} \tag{2-27}$$

对于 M10～M64 的普通钢制螺栓,取 $\tan\varphi \approx 0.17$,$d_2/d_1 = 1.04\sim1.08$,$\tan\lambda \approx 0.05$,由此可得

$$\tau = 0.5\sigma \tag{2-28}$$

由于螺栓是塑性材料,且受拉伸和扭转复合应力,故可按第四强度理论来计算应力:

$$\sigma_{ca} = \sqrt{\sigma^2 + 3\tau^2} \approx \sqrt{\sigma^2 + 3\times(0.5\sigma)^2} \approx 1.3\sigma \tag{2-29}$$

式中:σ_{ca}——计算应力,MPa。

由此可见,对于 M10～M64 的普通钢制螺栓连接,在拧紧时虽同时承受拉伸和扭转的联合作用,但在计算时可以只按拉伸强度计算,并将所受的拉力(预紧力)增大 30% 来考虑扭转的影响。

螺栓危险截面的拉伸强度条件:

$$\sigma_{ca} = \frac{1.3F_0}{\frac{\pi d_1^2}{4}} \leqslant [\sigma] \quad (\text{MPa}) \tag{2-30}$$

设计公式为

$$d_1 \geqslant \sqrt{\frac{4 \times 1.3 F_0}{\pi \times [\sigma]}} \quad \text{(mm)} \tag{2-31}$$

式中:F_0——螺栓所受的预紧力,N;

$[\sigma]$——紧螺栓连接的许用应力,MPa,见表 2-9。

(2)受预紧力和轴向工作拉力的紧螺栓连接。

这种紧螺栓连接承受轴向拉伸工作载荷后,由于螺栓和被连接件的弹性变形,螺栓所受的总拉力并不等于预紧力 F_0 和工作拉力 F 之和。根据理论分析,螺栓的总拉力除和预紧力 F_0、工作拉力 F 有关外,还受到螺栓刚度 C_b 及被连接件刚度 C_m 等因素的影响。因此,螺栓的总拉力可通过分析螺栓受力和变形关系来确定。

图 2-35 表示单个紧螺栓连接在承受轴向拉伸载荷前后的受力及变形情况。

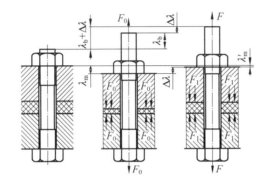

(a)螺母未拧紧　(b)螺母已拧紧　(c)承受工作载荷

图 2-35　单个紧螺栓连接受力变形

其中,图 2-35(a)所示为螺母刚接触被连接件、尚为拧紧的情况。此时螺栓、被连接件均不受力和变形。

图 2-35(b)所示是螺母在预紧力 F_0 的作用下已拧紧,但尚未受到工作载荷作用,此时螺栓的伸长量为 λ_b。同时,被连接件在预紧力 F_0 的作用下被压缩,压缩量为 λ_m。

图 2-35(c)所示是承受工作载荷的情况。此时若螺栓和被连接件的材料在弹性变形范围内,则两者的受力与变形的关系符合胡克定律。当螺栓承受工作载荷后,因所受的拉力由 F_0 增至 F_2 而继续伸长,其伸长量增加 $\Delta\lambda$,总伸长量为 $\Delta\lambda + \lambda_b$。与此同时,原来被压缩的被连接件,因螺栓伸长而放松,其压缩力由 F_0 减至 F_1,F_1 称为残余预紧力;根据连接的变形协调条件,被连接件压缩量等于螺栓拉伸变形的增加量 $\Delta\lambda$,即加载后被连接件的压缩量为 $\lambda'_m = \lambda_m - \Delta\lambda$。

上述的螺栓和被连接件的受力与变形关系如图 2-36 所示,图中纵坐标表示作用力,横坐标表示力作用下的变形。其中,图 2-36(a)、图 2-36(b)分别表示螺栓、被连接件的受力和变形关系。由图可知,在连接尚未承受工作拉力 F 时,螺栓的拉力和被连接件的压缩力都等于预紧力 F_0。为分析上的方便,可将图 2-36(a)、图 2-36(b)合并成图 2-36(c)。

由图 2-36(c)可知,螺栓在工作载荷作用下的总拉力 F_2 等于残余预紧力 F_1 与工作拉力 F 之和,即

$$F_2 = F_1 + F \tag{2-32}$$

为保证连接的紧密性,以及防止连接受载后接合面间产生缝隙,应使 $F_1 > 0$。对于有密

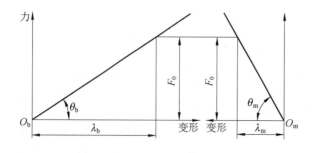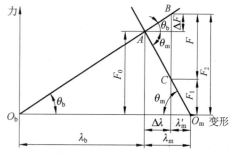

(a)螺栓受预紧力F_0的作用   (b)被连接件受预紧力F_0的作用   (c)螺栓和被连接件受工作载荷F的作用

图 2-36   单个螺栓和被连接体的受力与变形关系

封性要求的连接,$F_1=(1.5\sim1.8)F$;对于一般连接,工作载荷稳定时,$F_1=(0.2\sim0.6)F$;工作载荷不稳定时,$F_1=(0.6\sim1.0)F$;对于地脚螺栓连接,$F_1>F$。

螺栓的预紧力 F_0 与残余预紧力 F_1、总拉力 F_2 的关系,由图 2-36 中的几何关系可推出。

$$\frac{F_0}{\lambda_b}=\tan\theta_b=C_b \tag{2-33}$$

$$\frac{F_0}{\lambda_m}=\tan\theta_m=C_m \tag{2-34}$$

式中:C_b、C_m 分别表示螺栓和被连接件的刚度,均为定值。

由图 2-36(c)得

$$F_0=F_1+(F-\Delta F) \tag{2-35}$$

按图 2-36 中的几何关系得:

$$\frac{\Delta F}{F-\Delta F}=\frac{\Delta\lambda\tan\theta_b}{\Delta\lambda\tan\theta_m}=\frac{C_b}{C_m}\ \text{或}\ \Delta F=\frac{C_b}{C_b+C_m}F \tag{2-36}$$

将式(2-36)代入式(2-35),得螺栓的预紧力为

$$F_0=F_1+\left(1-\frac{C_b}{C_b+C_m}\right)F=F_1+\frac{C_m}{C_b+C_m}F \tag{2-37}$$

螺栓的总拉力为

$$F_2=F_0+\Delta F \tag{2-38}$$

$$F_2=F_0+\frac{C_b}{C_b+C_m}F \tag{2-39}$$

式中:$\dfrac{C_b}{C_b+C_m}$ 称为螺栓的相对刚度,其大小与螺栓和被连接件的结构尺寸、材料,以及垫片、工作载荷的作用位置等因素有关,其值在 0~1 内变动。若被连接件的刚度很大,而螺栓的刚度很小(如细长的或中空螺栓),则螺栓的相对刚度趋于零。此时,工作载荷作用后,螺栓所受总拉力增加很少。反过来,当螺栓的相对刚度较大时,则工作载荷作用后,螺栓所受总拉力将增加很大。为了降低螺栓的受力,提高螺栓连接的承载能力,应使 $\dfrac{C_b}{C_b+C_m}$ 尽量小些。$\dfrac{C_b}{C_b+C_m}$ 的值可通过计算或实验确定。一般设计时,可根据垫片材料不同使用下列推荐数据:

金属垫片(或无垫片),0.2~0.3;

皮革垫片,0.7;

铜皮石棉垫片,0.8;

橡胶垫片,0.9。

设计时,可先根据连接的受载情况,求出螺栓的工作拉力 F,再根据连接的工作要求选取 F_1,然后按式计算螺栓的总拉力 F_2。求得 F_2 后即可进行螺栓强度计算。考虑到螺栓在总拉力 F_2 的作用下可能需要补充拧紧,故将总拉力增加 30% 以考虑扭转切应力的影响。于是,螺栓危险截面的拉伸强度条件为

$$\sigma_{ca} = \frac{1.3F_2}{\frac{\pi}{4}d_1^2} \leqslant [\sigma] \tag{2-40}$$

设计公式:

$$d_1 \geqslant \sqrt{\frac{4 \times 1.3F_2}{\pi[\sigma]}} \tag{2-41}$$

对于受轴向变载荷作用的重要连接(如内燃机汽缸盖螺栓连接等),除按式(2-40)或式(2-41)做静强度计算外,还应根据下述方法对螺栓进行疲劳强度校核。

如图 2-37 所示,当工作载荷在 $0 \sim F$ 内变化时,螺栓所受的总拉力将在 $F_0 \sim F_2$ 内变化。如果不考虑螺纹摩擦力矩的扭转作用,则螺栓危险截面的最大拉应力为

$$\sigma_{max} = \frac{F_2}{\frac{\pi}{4}d_1^2} \tag{2-42}$$

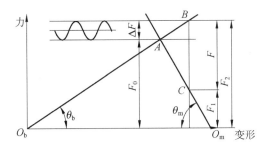

图 2-37 受轴向变载荷作用的螺栓连接

最小应力为

$$\sigma_{min} = \frac{F_0}{\frac{\pi}{4}d_1^2} \tag{2-43}$$

应力幅为

$$\sigma_a = \frac{\sigma_{max} - \sigma_{min}}{2} = \frac{C_b}{C_b + C_m} \frac{2F}{\pi d_1^2} \tag{2-44}$$

一般工作情况下,只需按下式进行疲劳强度校核:

$$\sigma_a = \frac{C_b}{C_b + C_m} \frac{2F}{\pi d_1^2} \leqslant [\sigma_a] \tag{2-45}$$

式中:$[\sigma_a] = \frac{\varepsilon\sigma_{-1}}{S_a K_\sigma}$。其中,不控制预紧力时 $S_a = 2.5 \sim 5$,控制预紧力时 $S_a = 1.5 \sim 2.5$;ε 为尺寸系数,见表 2-11;K_σ 为抗压疲劳强度综合影响系数,见表 2-12。如忽略加工方法的影响,则 $K_\sigma = k_\sigma/\varepsilon$,此处 k_σ 为有效应力集中系数,见表 2-13。

对重要连接,还需按下式做精确校核计算(安全系数法):

$$S_{ca} = \frac{2\sigma_{-1tc} + (K_\sigma - \varphi_\sigma)}{(K_\sigma + \varphi_\sigma)(2\sigma_a + \sigma_{min})} \geqslant S \qquad (2\text{-}46)$$

式中：σ_{-1tc}——螺栓材料的对称循环抗压疲劳极限，MPa，见表 2-13；

φ_σ——试件的材料常数，即循环应力中平均应力的折算系数，对于碳素钢，$\varphi_\sigma = 0.1 \sim 0.2$，对于合金钢，$\varphi_\sigma = 0.2 \sim 0.3$；

S——安全系数，见表 2-10。

表 2-11　尺寸系数 ε

d	$\leqslant 12$	16	20	24	32	40	48	56	64	72	80
ε	1	0.88	0.81	0.75	0.67	0.65	0.59	0.56	0.53	0.51	0.49

表 2-12　抗压疲劳强度综合影响系数 K_σ

抗拉强度 σ_b	400	600	800	1000
K_σ	3	3.9	4.8	5.2

表 2-13　螺栓材料的对称循环抗压疲劳极限

材料	抗压疲劳极限/MPa		材料	抗压疲劳极限/MPa	
	σ_{-1}	σ_{-1tc}		σ_{-1}	σ_{-1tc}
10	$160\sim220$	$120\sim150$	45	$250\sim340$	$190\sim250$
Q215	$170\sim220$	$120\sim160$	40Cr	$320\sim440$	$240\sim340$
35	$220\sim300$	$170\sim220$			

2.6.2　受剪螺栓连接的强度计算

1. 受横向载荷作用的普通螺栓连接

图 2-38 所示为受横向载荷作用的普通螺栓连接，由预紧力在接合面间产生的摩擦力来抵抗工作载荷。这时，螺栓只承受预紧力的作用，而预紧力 F_0 的大小，需保证接合面不产生相对滑移来确定。

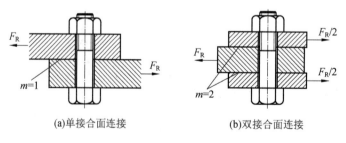

(a)单接合面连接　　　(b)双接合面连接

图 2-38　受横向载荷作用的普通螺栓连接

$$F_0 fmZ \geqslant K_f F \Rightarrow F_0 \geqslant \frac{K_f F}{fmZ} \qquad (2\text{-}47)$$

式中：Z——连接螺栓的数目；

m——接合面数目；

　　f——接合面间摩擦系数,对于钢或铸铁的干燥加工表面,可取 $f=0.1\sim0.15$;

　　K_f——可靠性系数,亦称防滑系数,通常取 $K=1.1\sim1.3$。

　　当 $f=0.2$,$K_f=1.2$,$Z=1$,$m=1$ 时,$F_0\geqslant6F$。

　　由此可知,这种靠摩擦力来承受横向工作载荷的螺栓连接,需要很大的预紧力,会使螺栓的结构尺寸很大。此外,在振动、冲击或变载荷作用下,会引起摩擦力的变动,使连接的可靠性降低,可能出现松脱。为了避免上述缺陷,可采用减振零件来承受横向载荷,如图 2-39 所示。这种具有减振零件的紧螺栓连接,不再承受工作载荷,因此,预紧力不必很大;但这种连接增加了结构和工艺上的复杂性。

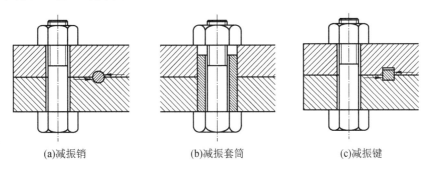

(a)减振销　　　　　　　　(b)减振套筒　　　　　　　　(c)减振键

图 2-39　受横向载荷作用的减振零件

2. 铰制孔用螺栓

　　铰制孔用螺栓连接的螺栓杆与螺栓孔之间为过渡配合或过盈配合,螺栓杆与螺栓孔之间一般无间隙,如图 2-40 所示。螺栓杆受横向工作载荷时,接触表面受挤压作用,在连接的接合面处,螺栓杆受剪切作用。因此,铰制孔用螺栓连接的主要失效形式是螺栓与螺栓孔壁的接触面被压溃和螺栓杆被剪断。所以,设计时应分别按挤压和抗剪强度条件进行计算。铰制孔用螺栓连接一般均需拧紧,但由预紧力产生的拉应力对连接强度的影响可以不计。

　　螺栓杆或孔壁的挤压强度条件为

$$\sigma_p=\frac{F}{d_0L_{\min}}\leqslant[\sigma_p]\qquad(2\text{-}48)$$

　　螺栓杆的抗剪强度条件:

$$\tau=\frac{F}{\frac{\pi}{4}d_0^2}\leqslant[\tau]\qquad(2\text{-}49)$$

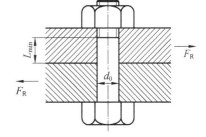

图 2-40　受横向载荷作用的铰制孔用螺栓连接

式中:F——螺栓所受工作剪力,N;

　　　d_0——螺栓杆剪切面直径,mm;

　　　$L_{\min}$——螺栓杆与孔壁挤压面的最小高度,mm,设计时应使 $L_{\min}\geqslant1.25d_0$;

　　　$[\tau]$——螺栓的许用切应力,MPa;

　　　$[\sigma_p]$——螺栓杆或孔壁中的低强度材料的许用挤压力,MPa。

2.7　提高螺栓连接强度的措施

　　大多数情况下,受拉螺栓连接的强度取决于螺栓的强度。影响螺栓强度的因素很多,如材料、结构、尺寸参数、制造和装配工艺,等等。下面介绍一些提高螺栓强度的常见措施。

1. 改善螺纹牙上的载荷分布

采用普通螺母连接时,由于螺母与螺栓的变形性质不同,螺杆受拉,螺母受压,螺母与螺栓的刚度不同,变形不协调等因素;因此轴向载荷在旋合螺纹各圈间的分布是不均匀的,如图2-41所示,从螺母支承面算起,第一圈受载最大,以后各圈递减。理论分析和试验证明,旋合圈数越多,载荷分布不均的程度也越显著,到第10圈以后,螺纹几乎不受载荷。所以,采用圈数多的厚螺母,并不能提高连接强度,如图2-42所示。

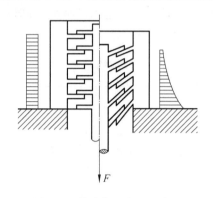

图 2-41　旋合螺纹变形示意图　　　　　　图 2-42　旋合螺纹间的载荷分布

改善螺纹牙上载荷分布不均匀现象的措施:

(1)采用均载螺母(悬置螺母、环槽或内斜螺母等)使螺母受拉或改变螺母牙受载位置。均载螺母结构如图2-43所示。

(2)采用钢丝螺套,利用其弹性来均载,如图2-44所示。

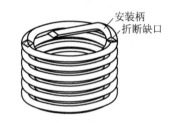

(a)悬置螺母　　(b)环槽螺母　　(c)内斜螺母　　(d)内斜与环槽螺母

图 2-43　均载螺母结构　　　　　　　　　图 2-44　钢丝螺套的均载结构

2. 减小应力集中

螺栓上的螺纹、螺栓头和螺栓杆的过渡处,以及螺栓横截面积发生变化的部位都会产生应力集中,其中螺纹牙根的应力集中对螺栓的疲劳强度影响很大。为了减少应力集中,可采用较大的过渡圆角,或将螺纹收尾改为退刀槽等卸载结构,如图2-45所示。

3. 避免或减小附加应力

设计、制造或安装上的疏忽,有可能使螺栓受到附加弯曲应力(见图2-46),这对螺栓疲劳强度的影响很大,应设法避免。例如,在铸件或锻件等未加工表面上安装螺栓时,常采用凸台或沉头座等结构,经切削加工后可获得平整的支承面。

4. 降低应力幅

螺栓的最大应力一定时,应力幅越小,疲劳强度越高。在工作载荷和剩余预紧力不变的情况下,减小螺栓刚度或增大被连接件的刚度都能达到减小应力幅的目的,但预紧力则应增大。

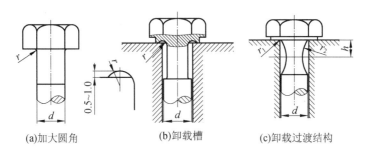

(a)加大圆角   (b)卸载槽   (c)卸载过渡结构

图 2-45 减小应力集中的措施

$r = 0.2d$; $r_1 = 0.15d$; $r_2 = 1.0d$; $h = 0.5d$

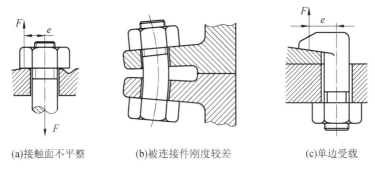

(a)接触面不平整   (b)被连接件刚度较差   (c)单边受载

图 2-46 附加应力的产生

（1）减小螺栓刚度的措施：适当增加螺栓的长度；部分减小螺栓杆直径或做成中空的结构即柔性螺栓，或在螺母下安装弹性元件，如图 2-47 所示。在螺母下面安装弹性元件，也能起到柔性螺栓的效果。柔性螺栓受力时变形量大，吸收能量作用强，也适于承受冲击和振动载荷。

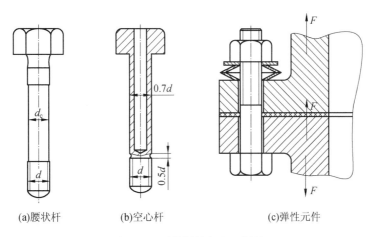

(a)腰状杆   (b)空心杆   (c)弹性元件

图 2-47 腰状螺栓与空心螺栓

（2）增大被连接件的刚度，可以不用垫片或用刚度大的垫片，如图 2-48 所示。对于有密封要求的连接，可以用刚度较大的金属垫片加密封环的方式实现密封。

图 2-49(a)(b)所示分别为降低螺栓刚度、增大被连接件刚度的交变应力幅变化情况。图 2-49(c)所示为在保持螺栓总拉力、工作载荷和残余预紧力不变的情况下，同时降低螺栓刚度和增大被连接件刚度的交变应力幅变化情况。

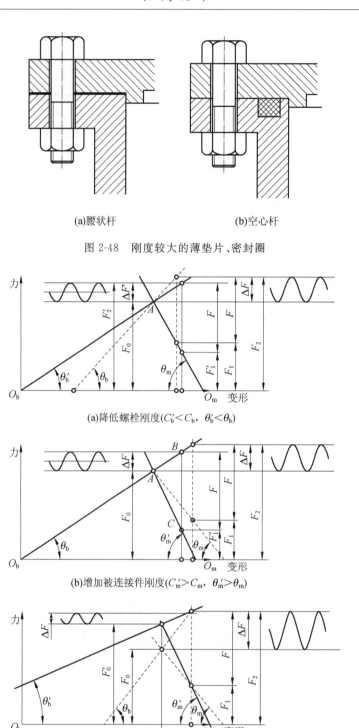

(a)腰状杆　　　　　　　　　　　　(b)空心杆

图 2-48　刚度较大的薄垫片、密封圈

(a)降低螺栓刚度($C_b' < C_b$，$\theta_b' < \theta_b$)

(b)增加被连接件刚度($C_m' > C_m$，$\theta_m' > \theta_m$)

(c)同时采用多种措施($F_0' > F_0$，$C_b' < C_b$，$C_m' > C_m$)

图 2-49　提高螺栓连接变应力强度的交变应力幅度变化情况

【**例 2-1**】　图 2-50 所示为一固定在钢制立柱上的铸铁托架,已知总载荷 $F = 4800$ N,其作用线与垂直线的夹角 $\alpha = 50°$,底板高 $h = 340$ mm,宽 $b = 150$ mm,试设计此螺栓组连接。

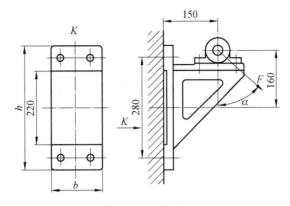

图 2-50　铸铁托架

【解】 1.螺栓组结构设计

采用如图 2-50 所示的结构,螺栓数 $Z=4$,对称布置。

2.螺栓受力分析

(1) 在总载荷 F_Σ(即 F)的作用下,螺栓组连接承受以下各力和倾覆力矩的作用。

轴向力(F_Σ 的水平分力 $F_{\Sigma h}$,作用于螺栓组中心,水平向右):

$$F_{\Sigma h}=F_\Sigma \sin\alpha=4800\ \text{N}\times\sin 50°=3677\ \text{N}$$

横向力(F_Σ 的垂直分力 $F_{\Sigma v}$,作用于接合面,垂直向下):

$$F_{\Sigma v}=F_\Sigma \cos\alpha=4800\ \text{N}\times\cos 50°=3085\ \text{N}$$

倾覆力矩(顺时针方向):

$$M=F_{\Sigma h}\times 160\ \text{mm}+F_{\Sigma v}\times 150\ \text{mm}=3677\text{N}\times 160\ \text{mm}+3085\ \text{N}\times 150\ \text{mm}$$
$$=1051070\ \text{N}\cdot\text{mm}$$

在轴向力 $F_{\Sigma h}$ 的作用下,各螺栓所受的工作拉力为

$$F_a=\frac{F_{\Sigma h}}{z}=\frac{3677}{4}\ \text{N}=919\ \text{N}$$

在倾覆力矩 M 的作用下,图 2-50 中上面两螺栓受到加载作用,而下面两螺栓受到减载作用,故上面的螺栓受力较大,所受的载荷按式(2-17)确定:

$$F_{\max}=\frac{ML_{\max}}{\sum\limits_{i=1}^{z}l_i^2}=\frac{1051070\times 140}{2\times(140^2+140^2)}\ \text{N}=1877\ \text{N}$$

故上面的螺栓所受的轴向工作载荷为

$$F=F_a+F_{\max}=919\ \text{N}+1877\ \text{N}=2796\ \text{N}$$

(2) 在横向力 $F_{\Sigma v}$ 的作用下,底板连接接合面可能产生滑移,根据底板接合面不滑移的条件:

$$f\left(ZF_0-\frac{C_m}{C_b+C_m}F_{\Sigma h}\right)\geqslant K_s F_{\Sigma v}$$

由表 2-8 查得接合面的摩擦系数 $f=0.16$,并取 $\dfrac{C_b}{C_b+C_m}=0.2$,则 $\dfrac{C_m}{C_b+C_m}=1-\dfrac{C_b}{C_b+C_m}=$ 0.8,取防滑系数 $K_s=1.2$,则各螺栓所需要的预紧力为

$$F_0\geqslant\frac{1}{Z}\left(\frac{K_s F_{\Sigma v}}{f}+\frac{C_m}{C_b+C_m}F_{\Sigma h}\right)=\frac{1}{4}\times\left(\frac{1.2\times 3085}{0.16}+0.8\times 3677\right)\text{N}=6520\ \text{N}$$

（3）上面每个螺栓所受的总拉力 F_Σ 按式(2-39)求得：

$$F_\Sigma = F_0 + \frac{C_b}{C_b + C_m}F = 6520\ \text{N} + 0.2 \times 2796\ \text{N} = 7079\ \text{N}$$

3. 确定螺栓直径

选择螺栓材料为 Q235、性能等级为 4.6 的螺栓，由表 2-3 查得材料屈服极限 $\sigma_s = 240$ MPa，由表 2-10 查得安全系数 $S = 1.5$，故螺栓材料的许用应力为

$$[\sigma] = \frac{\sigma_s}{S} = \frac{240}{1.5}\ \text{MPa} = 160\ \text{MPa}$$

根据式(2-31)求得螺栓危险截面的直径(螺纹小径 d_1)为

$$d_1 \geqslant \sqrt{\frac{4 \times 1.3 F_\Sigma}{\pi[\sigma]}} = \sqrt{\frac{4 \times 1.3 \times 7079}{\pi \times 160}}\ \text{mm} = 8.6\ \text{mm}$$

按粗牙普通螺纹标准(GB/T 196—2003)，选用螺纹公称直径 $d = 12$ mm(螺纹小径 $d_1 = 10.106$ mm>8.6 mm)。

4. 校核螺栓组连接接合面的工作能力

（1）连接接合面下端的挤压应力不超过许用值，以防止接合面压碎。参考式(2-21)，有

$$\sigma_{pmax} \approx \frac{1}{A}\left(ZF_0 - \frac{C_m}{C_b + C_m}F_{\Sigma h}\right) + \frac{M}{W}$$

$$= \frac{1}{15 \times (34-22)} \times (4 \times 6520 - 0.8 \times 3677) + \frac{105107}{\dfrac{15}{12} \times \dfrac{34}{2} \times (34^3 - 22^3)}$$

$$= 128.547\ \text{N/cm}^2 + 49.883\ \text{N/cm}^2 = 178.43\ \text{N/cm}^2 = 1.78\ \text{MPa}$$

由表 2-9 查得$[\sigma_p] = 0.5\sigma_s = 0.5 \times 250$ MPa $= 125$ MPa$\gg 1.78$ MPa，故连接接合面下端不致压碎。

（2）连接接合面上端应保持一定的残余预紧力，以防止托架受力时接合面间产生间隙，即 $\sigma_{pmin} > 0$，参考式(2-22)，有

$$\sigma_{pmin} \approx \frac{1}{A}\left(ZF_0 - \frac{C_m}{C_b + C_m}F_{\Sigma h}\right) - \frac{M}{W}$$

$$= \frac{1}{15 \times (34-22)} \times (4 \times 6520 - 0.8 \times 3677) - \frac{105107}{\dfrac{15}{12} \times \dfrac{34}{2} \times (34^3 - 22^3)}$$

$$= 128.547\ \text{N/cm}^2 - 49.883\ \text{N/cm}^2 = 78.66\ \text{N/cm}^2 = 0.79\ \text{MPa} > 0$$

故接合面上端受压最小处不会产生间隙。

5. 校核螺栓所需的预紧力是否合适

对碳素钢螺栓，要求

$$F_0 \leqslant (0.6 \sim 0.7)\sigma_s A_1$$

已知 $\sigma_s = 240$ MPa，$A_1 = \frac{\pi}{4}d_1^2 = \frac{\pi}{4} \times 10.106^2$ mm^2，取预紧力下限，即

$$0.6\sigma_s A_1 = (0.6 \times 240 \times 80.214)\ \text{N} = 11550.8\ \text{N}$$

要求的预紧力 $F_0 = 6520$ N<11550.8 N，故满足要求。

确定螺栓的公称直径后，螺栓的类型、长度、精度以及相应的螺母、垫圈等结构尺寸，可根据底板厚度、螺栓在立柱上的固定方法及防松装置等全面考虑后定出，此处从略。

2.8　螺旋传动

2.8.1　螺旋传动的类型和应用

螺旋传动是利用螺杆和螺母组成的螺旋副来实现传动要求的。它主要用于将回转运动转变为直线运动或将直线运动转变为回转运动,同时传递运动或动力。螺旋传动按其螺旋副的摩擦性质不同,可分为滑动螺旋、滚动螺旋和静压螺旋,本节主要对滑动螺旋传动的功能、结构和设计进行说明。

根据用途,螺旋传动可分为传力螺旋、传导螺旋和调整螺旋。

1. 传力螺旋机构

它以传递动力为主,要求以较小的扭矩产生较大的轴向力。工作速度不高,要求具有自锁性,广泛用于各种起重或加压装置。常用的传力螺旋机构有螺旋千斤顶、螺旋压力机等,如图 2-51 所示。

2. 传导螺旋机构

它以传递运动为主,要求具有较高的传递精度,有时也承受较大的轴向力。用于连续工作且工作速度较高的场合。图 2-52 所示的金属切削机床的进给机构就是典型的传导螺旋机构。

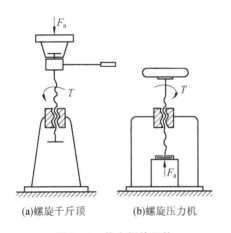

(a)螺旋千斤顶　　(b)螺旋压力机

图 2-51　传力螺旋机构

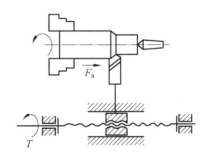

图 2-52　传导螺旋机构

3. 调整螺旋机构

它用以调整并固定零件或部件的相对位置,如机床、仪器及测试装置中的微调机构。调整螺旋不经常转动,且都在空载下调整,如图 2-53 和图 2-54 所示的镗刀的微调机构和千分尺的测量机构。

滑动螺旋传动结构简单,制造容易,传力大,易自锁,应用很广,但是相对运动为滑动摩擦,摩擦力大,传动效率较低(一般为 30％～40％),磨损后出现间隙,降低了传动精度;滚动螺旋和静压螺旋的摩擦阻力小,传动效率高

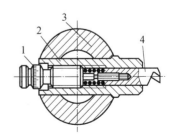

图 2-53　镗刀的微调机构

1—螺杆;2—螺母;3—镗杆;4—镗刀

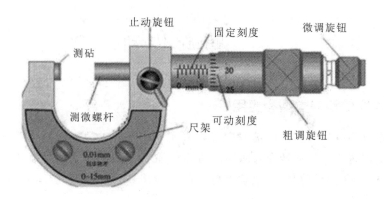

图 2-54　千分尺示意图

（一般为 90％以上），但结构复杂，制造成本高，多用于高精度、高效率的结构。滚动螺旋是用滚珠的滚动摩擦代替滑动摩擦，大大地降低了摩擦力，提高了效率；静压螺旋是利用外部提供的压力油将螺杆和螺母分开，有效地减少了摩擦，提高了效率，并增加了螺旋传动的刚度和减振性能。

2.8.2　滑动螺旋的设计计算

1. 滑动螺旋的结构设计

滑动螺旋的结构主要指螺杆、螺母的固定方式和支承的结构形式。

1）螺杆结构

螺杆通常采用的牙形为矩形、梯形、锯齿形的右旋螺纹，如图 2-55 所示。矩形螺纹的特点是传动效率高，但牙根强度低；梯形螺纹的牙根强度较高，但传递的效率低；锯齿形螺旋传递的效率较高，牙根的强度也较好，但只能单向工作。

螺杆的结构有整体式和接长式。

(a)矩形β=0°　　　(b)梯形β=15°　　　(c)锯齿形β=30°、3°

图 2-55　螺杆的结构

2）螺母结构

（1）整体式螺母——结构简单，但磨损后精度较差，如图 2-56(a)所示。

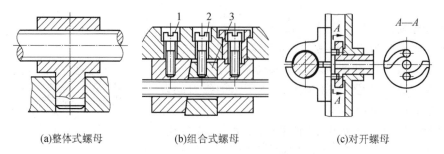

(a)整体式螺母　　　(b)组合式螺母　　　(c)对开螺母

图 2-56　螺母的结构形式

1—固定螺钉；2—调节螺钉；3—调节楔块

（2）组合式螺母——适用于双向传动，可提高传动精度，消除空回误差，磨损后可补偿间隙，如图 2-56(b)所示。

（3）对开螺母——根据需要调整螺旋丝杠与螺母的旋合，如图 2-56(c)所示。

3）螺纹副的支承结构

当螺杆短而粗且垂直布置时，可用螺母支承，如千斤顶和压力机，如图 2-51 所示。

当螺杆长且水平布置时，在螺杆两端支承，必要时中间附加支承，以提高螺杆的工作刚度，如图 2-52 所示的车床上丝杆。

2. 螺纹副耐磨性计算

滑动螺旋的磨损与螺纹工作面上的压力、滑动速度、螺纹表面粗糙度，以及润滑状态等因素有关。其中最主要的是螺纹工作面上的压力，压力越大螺旋副间越容易形成过渡磨损。因此，滑动螺旋的耐磨性计算，主要是限制螺纹工作面上的压力 p，使其小于材料的许用压力 $[p]$。

如图 2-57 所示，假设作用于螺杆的轴向力为 $F(\text{N})$，螺纹的承压面积（指螺纹工作表面投影到垂直于轴向力的平面上的面积）为 $A(\text{mm}^2)$，螺纹中径为 $d_2(\text{mm})$，螺纹工作高度为 $H(\text{mm})$，螺纹螺距为 $P(\text{mm})$，螺母高度为 $h(\text{mm})$，螺纹工件圈数为 $z = H/P$；则螺纹工作面上的耐磨性条件为

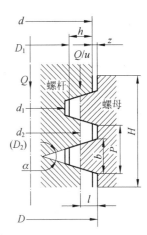

图 2-57 螺旋副的受力

$$p = \frac{F}{A} = \frac{F}{\pi d_2 hz} = \frac{FP}{\pi d_2 hH} \leqslant [p] \quad (\text{MPa}) \qquad (2\text{-}50)$$

式(2-50)可作为校核计算用。令 $\varphi = H/d_2$，则 $H = \varphi d_2$，代入式(2-50)并整理后，可得设计公式：

$$d_2 \geqslant \sqrt{\frac{FP}{\pi h\varphi[p]}} \quad (\text{mm}) \qquad (2\text{-}51)$$

对于梯形螺纹和矩形螺纹，因 $h = 0.5P$，有

$$d_2 \geqslant 0.8\sqrt{\frac{F}{\varphi[p]}} \quad (\text{mm}) \qquad (2\text{-}52)$$

对于锯齿形螺纹，因 $h = 0.75P$，有

$$d_2 \geqslant 0.65\sqrt{\frac{F}{\varphi[p]}} \quad (\text{mm}) \qquad (2\text{-}53)$$

式中：$[p]$ 为材料的许用压力，MPa，见表 2-14；φ 值一般取 1.2～3.5。对于整体螺母，由于磨损后不能调整间隙，为使受力分布比较均匀，螺纹工作圈数不宜过多，故取 $\varphi = 1.2~2.5$；对于剖分螺母和兼作支承的螺母，可取 $\varphi = 2.5~3.5$；只有传动精度较高，载荷较大，要求寿命较长时，才允许取 $\varphi = 4$。

根据公式算得螺纹中径 d_2 后，应按国家标准选取相应的公称直径 d 及螺距 P。螺纹工作圈数不宜超过 10 圈。

表 2-14　滑动螺旋副材料的许用压力[p]

螺杆-螺母的材料	滑动速度/(m/s)	许用压力[p]/MPa
钢-青铜	低速	18～25
	≤3.0	11～18
	6～12	7～10
	>15	1～2
淬火钢-青铜	6～12	10～13
钢-铸铁	<2.4	13～18
	6～12	4～7

注　表中数值适用于 $\varphi=2.5\sim4$ 的情况。当 $\varphi<2.5$ 时,[p]值可提高 20%;若为剖分螺母时,则[p]值应降低 15%～20%。

螺纹几何参数确定后,对于有自锁性要求的螺旋副,还应校验螺旋副是否满足自锁条件,即

$$\lambda \leqslant \varphi_v = \arctan f_v = \arctan \frac{f}{\cos\beta} \tag{2-54}$$

式中:λ——螺纹升角;

　　f_v——螺旋副的当量摩擦系数;

　　f——摩擦系数,见表 2-15。

表 2-15　滑动螺旋副的摩擦系数 f

螺杆-螺母的材料	摩擦系数 f
钢-青铜	0.08～0.10
淬火钢-青铜	0.06～0.08
钢-钢	0.11～0.17
钢-铸铁	0.12～0.15

注　启动时取大值,运转中取小值。

3. 螺杆牙的强度计算

受力较大的螺杆需进行强度计算。螺杆工作时承受轴向压力(或拉力)F 和扭矩 T 的作用。螺杆危险截面上既有压缩(或拉伸)应力,又有切应力。因此,校核螺杆强度时,应根据第四强度理论求出危险截面的计算应力 σ_{ca},其强度条件为

$$\sigma_{ca} = \sqrt{\sigma^2 + 3\tau^2} = \sqrt{\left(\frac{F}{A}\right)^2 + 3\left(\frac{T}{W_T}\right)^2} \leqslant [\sigma]$$

$$或\ \sigma_{ca} = \frac{1}{A}\sqrt{F^2 + 3\left(\frac{4T}{d_1}\right)^2} \leqslant [\sigma] \tag{2-55}$$

式中:A——螺杆螺纹段的危险截面面积,mm^2,$A = \frac{\pi}{4}d_1^2$;

　　W_T——螺杆螺纹段的抗扭截面系数,mm^3,$W_T = \frac{\pi d_1^3}{16} = A\frac{d_1}{4}$;

　　d_1——螺杆螺纹小径,mm;

T——螺杆所受的扭矩,$\mathrm{N \cdot mm}$,$T = F\tan(\lambda + \varphi_\mathrm{v})\dfrac{d_2}{2}$;

$[\sigma]$——螺杆材料的许用应力,MPa,见表 2-16。

表 2-16 滑动螺旋材料的许用应力

螺旋副的材料		许用应力/MPa		
		$[\sigma]$	$[\sigma_\mathrm{b}]$	$[\tau]$
螺杆	钢	$\sigma_\mathrm{s}/(3\sim5)$		
螺母	青铜		$40\sim60$	$30\sim40$
	铸铁		$40\sim55$	40
	耐磨铸铁		$50\sim60$	40
	钢		$(1.0\sim1.2)[\sigma]$	$0.6[\sigma]$

注 (1)σ_s 为材料屈服极限;
　　(2)载荷稳定时,许用应力取大值。

4. 螺母螺纹牙的强度计算

螺纹牙多发生剪切和挤压破坏,一般螺母的材料强度低于螺杆,故只需校核螺母螺纹牙的强度。

如图 2-58 所示,如果将一圈螺纹沿螺母的螺纹大径 D 处展开,则可看作宽度为 πD 的悬臂梁。假设螺母每圈螺纹所承受的平均压力为 F/Z,并作用在以螺纹中径 D_2 为直径的圆周上,则螺纹牙危险截面 a—a 的抗剪强度条件为

$$\tau = \frac{F}{\pi D b Z} \leqslant [\tau] \tag{2-56}$$

螺纹牙危险截面 a—a 的弯曲强度条件为

$$\sigma_\mathrm{b} = \frac{6Fl}{\pi D b^2 Z} \leqslant [\sigma_\mathrm{b}] \tag{2-57}$$

式中:b——螺纹牙根部的厚度,mm,对于矩形螺纹,$b = 0.5P$,对于梯形螺纹,$b = 0.65P$,对于30°锯齿形螺纹,$b = 0.75P$,P 为螺纹螺距;

　　　　l——弯曲力臂,mm,参看图 2-58,$l = (D - D_2)/2$;

　　　　$[\tau]$——螺母材料的许用切应力,MPa,见表 2-16;

　　　　$[\sigma_\mathrm{b}]$——螺母材料的许用弯曲应力,MPa,见表 2-16。

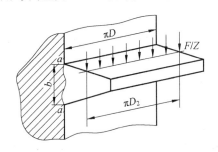

图 2-58 螺母螺纹圈的受力

当螺杆和螺母的材料相同时,由于螺杆的小径 d_1 小于螺母螺纹的大径 D,故应校核螺杆螺纹牙的强度。此时,式(2-57)中的 D 应改为 d_1。

5. 螺母外径与凸缘的强度计算

在螺旋起重器螺母的设计计算中,除了进行耐磨性计算与螺纹牙的强度计算外,还要进行螺母下段与螺母凸缘的强度计算。如图 2-59 所示的螺母结构形式,工作时,在螺母凸缘与底座的接触面上产生挤压应力,凸缘根部受到弯曲及剪切作用。螺母下段悬置,承受拉力和螺纹牙上的摩擦力矩作用。

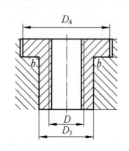

图 2-59　螺旋起重器的螺母结构

设悬置部分承受全部外载荷 F,并将 F 增加 $20\%\sim30\%$ 来代替螺纹牙上摩擦力矩的作用,则螺母悬置部分危险截面 $b—b$ 内的最大拉伸应力为

$$\sigma = \frac{(1.2\sim1.3)F}{\frac{\pi}{4}(D_3^2-D^2)} \leqslant [\sigma] \tag{2-58}$$

式中:$[\sigma]$——螺母材料的许用拉伸应力,$[\sigma]=0.83[\sigma_b]$,$[\sigma_b]$ 为螺母材料的许用弯曲应力,见表 2-16。

螺母凸缘的强度计算包括如下两部分。

(1) 凸缘与底座接触表面的挤压强度计算:

$$\sigma_p = \frac{F}{\frac{\pi}{4}(D_4^2-D_3^2)} \leqslant [\sigma_p] \tag{2-59}$$

式中:$[\sigma_p]$——螺母材料的许用挤压应力。

(2) 凸缘根部的弯曲强度计算:

$$\sigma_b = \frac{M}{W} = \frac{F\cdot\frac{1}{4}(D_4-D_3)}{\frac{\pi}{6}D_3a^2} = \frac{3F(D_4-D_3)}{2\pi D_3a^2} \tag{2-60}$$

式中:各尺寸符号的意义见图 2-59。

凸缘根部被剪断的情况极少发生,故强度计算从略。

6. 螺杆的稳定性计算

对于长径比大的受压螺杆,当轴向压力 F 大于某一临界值时,螺杆就会突然发生侧向弯曲而丧失其稳定性。因此,在正常情况下,螺杆承受的轴向力 F 必须小于临界载荷 F_c,则螺杆的稳定性条件为

$$S_c = F_c/F \geqslant [S] \tag{2-61}$$

式中:S_c——螺杆稳定性的计算安全系数;

$[S]$——螺杆稳定性的许用安全系数,对于传力螺旋(如起重螺杆等),$[S]=3.5\sim5.0$,对于传导螺旋,$[S]=2.5\sim4.0$,对于精密螺杆或水平螺杆,$[S]>4$;

F_c——螺杆的临界载荷,N。

根据螺杆的柔度 λ 值的大小选用不同的公式计算。$\lambda=\mu l/i$,此处,μ 为螺杆的长度系数,见表 2-17;l 为螺杆的工作长度,mm,若螺杆两端支承时,取两支点间的距离作为工作长度 l;若螺杆一端以螺母支承时,则以螺母中部到另一端支点的距离作为工作长度 l;i 为螺杆危险截面的惯性半径,mm,若螺杆危险截面面积 $A=\frac{\pi}{4}d_1^2$,则 $i=\sqrt{\frac{I}{A}}=\frac{d_1}{4}$。

当 $\lambda\geqslant100$ 时,临界载荷 F_c 可按欧拉公式计算,即

$$F_c = \frac{\pi^2 EI}{(\mu l)^2} \qquad (2\text{-}62)$$

式中：E——螺杆材料的抗压弹性模量，$E = 2.06 \times 10^5$ MPa；

$\quad\quad I$——螺杆危险截面的惯性矩，$I = \dfrac{\pi d_1^4}{64}$，$mm^4$。

当 $40 \leqslant \lambda < 100$ 时，对于未淬火钢，其强度极限 $\sigma_b \geqslant 380$ MPa 的普通碳素钢，如 Q235、Q275 等，取

$$F_c = \frac{340}{1 + 0.00013 \left(\dfrac{\mu l}{i} \right)^2} \frac{\pi d_1^2}{4} \quad (mm^4) \qquad (2\text{-}63)$$

对于淬火钢，强度极限 $\sigma_b > 480$ MPa 的优质碳素钢，如 35～50 号钢等，取

$$F_c = \frac{490}{1 + 0.0002 \left(\dfrac{\mu l}{i} \right)^2} \frac{\pi d_1^2}{4} \quad (mm^4) \qquad (2\text{-}64)$$

当 $\lambda < 40$ 时，可以不用进行稳定性校核。若上述计算结果不满足稳定性条件，应适当增加螺杆的小径 d_1。

表 2-17　螺杆的长度系数 μ

端部支撑情况	长度系数 μ	端部支撑情况	长度系数 μ
两端固定	0.50	两端不完全固定	0.75
一端固定，一端不完全固定	0.60	两端铰支	1.00
一端铰支，一端不完全固定	0.70	一端固定，一端自由	2.00

注　判断螺杆端部支承情况的方法：

(1) 若采用滑动支承，则以轴承长度 l_0 与直径 d_0 的比值来确定。$l_0/d_0 < 1.5$ 时，为铰支承；$l_0/d_0 = 1.5 \sim 3.0$ 时，为不完全固定；$l_0/d_0 > 3.0$ 时，为固定支承。

(2) 若以整体螺母作为支承，仍按(1)中方法确定。此时取 $l_0 = H$（H 为螺母高度）。

(3) 若以剖分螺母作为支承，为不完全固定支承。

(4) 若采用滚动支承已有径向约束，可作为铰支承；有径向和轴向约束时，可作为固定支承。

2.9　键　连　接

2.9.1　键连接的类型与构造

键是标准件，常用于轴上零件和轴的连接，具有定位和传力的作用。对轴上零件的定位包括周向定位，径向定位，轴向定位。周向定位是键最基本的定位功能，即连接轴和轴上零件（如齿轮、皮带轮等）以传递扭矩和旋转运动；某些键还可以用于轴上零件的轴向定位和轴向滑动时的导向。键连接的类型包括平键连接、半圆键连接、楔键连接和切向键连接。键连接设计的主要问题：根据各类键的结构特点，使用要求或工作条件选用适当的类型和尺寸；必要时进行强度校核；确定键和键槽的公差和表面粗糙度。选择键时还需考虑的主要问题包括：① 传动力的大小；② 定位精度的高低，特别是径向定位精度；③ 对轴的强度削弱程度的大小；④ 加工、装配的便利性；⑤ 制造成本等。

1. 平键

平键分为普通平键、薄型平键、导向平键和滑键,其中普通平键应用最广。平键的工作面为两侧面,工作时靠键的两侧面与键槽的互相挤压传递扭矩。上表面与轮毂槽底之间留有间隙,在连接时不会出现径向力,可以保证轴与轮毂的径向定位精度不受到影响,定位精度较高。

普通平键与薄型平键用于静连接,其端部形状可制成圆头(A 型)、方头(B 型)或单圆头(C 型),如图 2-60 所示。圆头键的轴槽用指型铣刀加工,键在槽中固定良好;方头键的轴槽用盘形铣刀加工,键卧于槽中(必要时用螺钉紧固);单圆头键常用于轴端。薄型平键与普通平键的区别在于前者的厚度是后者的 60%～70%。所以,薄型平键传递扭矩能力较低,常用于薄型结构、空心轴及一些径向尺寸受限制的场合。为了增加传力能力,可以采用多个平键。在用多个平键进行连接时,平键的通常布置方式:双键作 180°对称布置,三键作 120°均匀布置。但在计算承载能力时,由于载荷分布的不均匀,承载能力不能成倍增加,则可按总承载能力的 60%～80%计算,用的键越多取值越小。

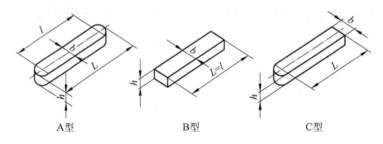

图 2-60　普通平键

普通平键的标记方法如图 2-61 所示,其规格尺寸如表 2-18 所示。

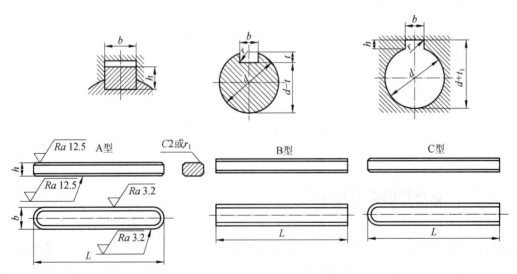

平键的标记:键"头部类型""键宽 b"×"键长 L""国标号"。

标记示例:A 型　$b=16$ mm,$h=10$ mm,$L=100$ mm,则键 A16×10×100　GB/T 1096—2003;

　　　　　B 型　$b=16$ mm,$h=10$ mm,$L=100$ mm,则键 B16×10×100　GB/T 1096—2003;

　　　　　C 型　$b=16$ mm,$h=10$ mm,$L=100$ mm,则键 C16×10×100　GB/T 1096—2003。

图 2-61　普通平键的标记方法

表 2-18　普通平键的规格尺寸　　　　　　　　　　（单位:mm）

轴的直径 d	键的尺寸				键槽尺寸		
	b	h	C 或 r	L	t	t₁	半径 r
自 6～8	2	2	0.16～0.25	6～20	1.2	1	0.08～0.16
>8～10	3	3		6～36	1.8	1.4	
>10～12	4	4		8～45	2.5	1.8	0.16～0.25
>12～17	5	5	0.25～0.4	10～56	3.0	2.3	
>17～22	6	6		14～70	3.5	2.8	
>22～30	8	7		18～90	4.0	3.3	
>30～38	10	8	0.4～0.6	22～110	5.0	3.3	0.25～0.4
>38～44	12	8		28～140	5.0	3.3	
>44～50	14	9		36～160	5.5	3.8	0.4～0.6
>50～58	16	10	0.6～0.8	45～180	6.0	4.3	
>58～65	18	11		50～200	7.0	4.4	
65～75	20	12		56～220	7.5	4.9	
>75～85	22	40		63～250	9.0	5.5	

键长 L 系列:6,8,10,12,14,16,18,20,22,25,28,32,36,40,45,50,56,63,70,80,90,100,110,125,140,160,180,200,220,250。

注　在工作图中,轴槽深用 d−t 或 t 标注,毂槽深用 d+t 标注。

　　导向平键和滑键都用于动连接,按端部形状,导向平键分为圆头(A 型)、方头(B 型)两种。导向平键一般用螺钉固定在平槽中,如图 2-62(a)所示,与轮毂的键槽采用间隙配合,轮毂可沿导向平键轴向移动。为了导向平键装拆方便,在键的中间设有起键螺孔。导向平键适用于轮毂移动距离不大的场合。当轮毂轴向移动距离较大时,如仍采用导向平键,则不但因键长度增大使得加工困难,而且耗材也较多,此时可采用滑键。滑键固定在轮毂上,在轴上应铣出长键槽,滑键随轮毂一起沿轴上的键槽移动,滑键结构依固定方式而定,图 2-62(b)给出了两种典型的结构。

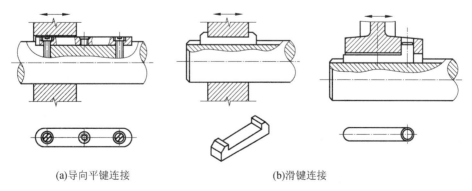

(a)导向平键连接　　　　　　　　　　(b)滑键连接

图 2-62　导向平键连接和滑键连接

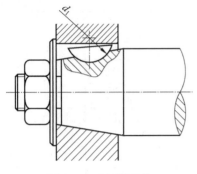

图 2-63　半圆键连接

2. 半圆键

半圆键(见图 2-63)的工作原理与平键相同,两侧面为工作面,工作时靠键与键槽侧面的挤压传递扭矩。轴上键槽用尺寸与半圆键相同的半圆键槽铣刀铣出。与平键相比,半圆键制造简单,由于键可以在键槽中绕键的几何中心摆动,因此具有较好的导向性,装拆方便;其缺点是轴上键槽较深,对轴的强度削弱较大,应力集中也较大。半圆键常用于载荷较小的连接或锥形轴端与轮毂的连接(见图 2-63)。为了减少键槽对轴的削弱,在需要采用多个半圆键以获得较大承载力时,这些半圆键应该分布在同一母线上。

半圆键的公称尺寸为键的宽度、高度和半径,根据轴的直径确定。宽度 $b=6$ mm、高度 $h=10$ mm、直径 $D=25$ mm 的半圆键的标记方式:键 $6\times10\times25$ GB/T 1099.1—2003。

半圆键与平键的工作原理类似,可以保证轴与轮毂的径向定位精度不受到影响,定位精度较高。

3. 楔键

楔键用于静连接,工作面为楔键的上、下表面(见图 2-64)。楔键与其相配合的轮毂键槽底部均有 1∶100 的斜度。在装配时将键打入轴和毂槽后,两接触表面将产生很大的预紧力 F_0,由于斜度很小,因此能保证有效的自锁。楔键在工作时主要靠摩擦力 $F=f\cdot F_0$(f 为接触面间的摩擦系数)传递扭矩 T,并能承受单向轴向力。当过载而导致轴与轮毂发生相对转动时,楔键两侧面能像平键侧面那样参加工作,不过这一特点只在单向受载荷且无冲击力时才能被利用。

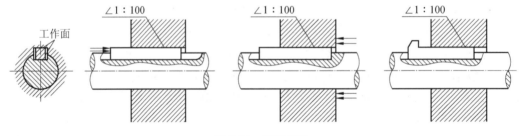

图 2-64　楔键连接

4. 切向键连接

切向键连接如图 2-65 所示,由一对斜度为 1∶100 的楔键沿斜面拼合后相互平行的两个窄面组成。切向键的工作面就是拼合后相互平行的两个窄面。其中一个面必须在通过轴心线的平面内。装配时,把一对楔键分别从轮毂两端打入,共同楔紧在轮毂之间,通过挤压力上下两个窄面来传递扭矩。采用一组切向键只能传递单向扭矩,若要传递双向扭矩,必须用两组切向键,为保证轴的强度,两组切向键应间隔 120°～130°。切向键连接适用于载荷较大、对中性要求不严的场合,如大型带轮、矿山设备等。

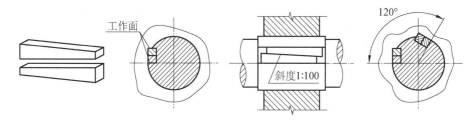

图 2-65　切向键连接

2.9.2　平键连接的设计计算

1. 键的选择

键是标准件,在设计时,只需要对键的类型和尺寸进行选择。

1)类型选择

键的类型应根据键连接的使用要求、工作条件和结构特征来选择。例如:有对中性要求的键连接,一般选用普通平键,其对中性由轴和轮毂的配合来保证;键是否需要轴向固定;键在轴上的位置(端部或是中间);键传递载荷的大小;以及连接的轴上零件是否需要在轴上滑动等。

2)尺寸选择

键的公称尺寸是其横截面尺寸(宽度 b×高度 h)与长度 L。键的截面尺寸应根据轴的直径在表 2-19 中查取,其长度应根据毂槽长(稍短于毂槽长)由表 2-19 中选取确定。导向平键应按轮毂的长度及滑动距离而定。

表 2-19　普通平键和普通楔键的主要尺寸(摘自 GB/T 1095—2003 和 GB/T 1563—2017)

(单位:mm)

轴的直径 d	6~8	8~10	10~12	12~17	17~22	22~30	30~38	38~44
键宽 b×键高 h	2×2	3×3	4×4	5×5	6×6	8×7	10×8	12×8
轴的直径 d	44~50	50~58	58~65	65~75	75~85	85~95	95~110	110~130
键宽 b×键高 h	14×9	16×10	18×11	20×12	22×14	25×14	28×16	32×18
键的长度系列 L	6,8,10,12,14,16,18,20,22,25,28,32,36,40,45,50,56,63,70,80,90,100,110,125,140,180,200,220,250							

2. 键连接强度计算

1)平键连接的强度计算

普通平键在工作时,是通过键、轴上键槽及轮毂键槽的工作面来传递扭矩的,因此工作面承受挤压应力,其受力情况如图 2-66 所示。平键连接的可能失效形式:较弱零件工作面被压溃(静连接)、磨损(动连接)、键被剪断(一般极少出现)。因此,假设载荷在工作面上均匀分布,对于普通平键连接,只需进行挤压强度计算;而对于导向平键或滑键连接,则需进行耐磨性的条件性计算。

普通平键连接的挤压强度条件为

$$\sigma_{\mathrm{p}} = \frac{2T}{lkd} \leqslant [\sigma_{\mathrm{p}}] \qquad (2\text{-}65)$$

导向平键和滑键连接的磨损条件为

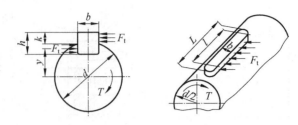

图 2-66　平键连接受力情况

$$p = \frac{2T}{lkd} \leqslant [p] \qquad (2\text{-}66)$$

式中：T——轴传递的扭矩，$T = F_t y \approx F_t \dfrac{d}{2}$，N·mm；

　　　　k——键与轮毂的接触高度，$k \approx 0.5h$，h 为键高，mm；

　　　　l——键的工作长度，mm，圆头平键 $l = L - b$，平头平键 $l = L$，半圆头平键 $l = L - b/2$，此处 L 为键的公称长度，mm，b 为键的宽度，mm；

　　　　d——轴的直径，mm；

　　　　$[\sigma_p]$——键、轴、轮毂三者中材料强度最弱的许用挤压应力，MPa，见表 2-20；

　　　　$[p]$——键、轴、轮毂三者中材料强度最弱的许用压强，MPa，见表 2-20。

键的材料采用抗拉强度不低于 600 MPa 的钢，通常为 45 钢。

表 2-20　材料的单位许用挤压应力和许用应力　　　　　　　　（单位：MPa）

项目	连接方式	零件材料	载荷性质		
			静载荷	轻微冲击	冲击
$[\sigma_p]$	静连接	钢	120~150	100~120	60~90
		铸铁	70~80	50~60	30~45
$[p]$	动连接	钢	50	40	30

注　(1) 应按连接材料力学性能最弱的零件选取；
　　(2) 如与键有相对滑动的连接件表面经过淬火，则动连接的许用压强 $[p]$ 可提高 2~3 倍。

2）半圆键连接、楔键连接、切向键连接

半圆键连接、楔键连接、切向键连接的简化强度计算见表 2-21。

表 2-21　半圆键连接、楔键连接、切向键连接的简化强度计算

键的类型	计算内容	强度校核公式/MPa	说明
半圆键	连接工作面挤压	$\sigma_p = \dfrac{2T}{lkd} \leqslant [\sigma_p]$	T—传递的扭矩（N·mm）； d—轴的直径（mm）； l—键的工作长度（mm）；
楔键	连接工作面挤压	$\sigma_p = \dfrac{12T}{bl(b\mu d + b)} \leqslant [\sigma_p]$	k—键与轮毂的接触高度（mm），$k = 0.4h$； b—键的宽度（mm）；
切向键	连接工作面挤压	$\sigma_p = \dfrac{T}{(0.5\mu + 0.45)dl(t - c)} \leqslant [\sigma_p]$	t—切向键的工作宽度（mm）； c—切向键倒角的宽度（mm）； μ—摩擦系数，钢和铸铁为 0.11~0.17

当单键连接强度不能满足要求时，可以采用双键，也可以在条件允许的情况下增加键的

长度来满足要求,但键长不宜超过 $1.8d$。普通平键采用双键时要相隔 $180°$ 布置;采用两个半圆键时,应布置在同一条母线上;两个楔键的夹角一般为 $90°\sim120°$;两个切向键的夹角一般为 $120°\sim130°$。但采用双键进行强度计算时,不能按两个键进行计算,一般按 1.5 个键进行计算,因为两个键受力是不均匀的。

2.10 花 键 连 接

1. 花键连接的特点和类型

花键连接是由周向均布多个键齿的花键轴(外花键)与带有相应数目键齿槽的轮毂孔(内花键)相配合而成,如图 2-67 所示。花键连接相当于多个平键连接的组合,齿侧面为工作面,传递扭矩或运动。花键连接的特点:① 连接受力较为均匀,可承受较大的载荷;② 齿根处应力集中较小,齿槽浅对轴与毂的强度削弱较少;③ 轴上零件与轴的对中性好即定心精度高、导向性较好;④ 可用磨削的方法提高加工精度及连接质量;⑤ 有时需用专门设备加工,成本较高。

花键连接可用于静连接或动连接。按齿形不同,可分为矩形花键和渐开线花键两类,均已标准化,如图 2-68 所示。

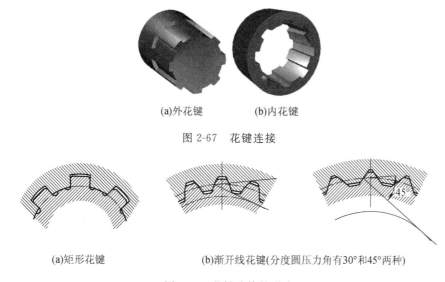

(a)外花键   (b)内花键

图 2-67 花键连接

(a)矩形花键   (b)渐开线花键(分度圆压力角有30°和45°两种)

图 2-68 花键连接的形式

1) 矩形花键

矩形花键的齿形尺寸有轻系列和中系列两个系列。轻系列多用于静连接或轻载连接;中系列多用于中等载荷的连接。矩形花键的定心方式为小径定心,即外花键和内花键的小径为配合面,如图 2-68(a)所示,特点是定心精度高,稳定性好。矩形花键连接应用较为广泛,如应用于飞机、汽车、机床、农业机械等传动装置中。

2) 渐开线花键

渐开线花键的齿廓为渐开线,分度圆压力角有 $30°$ 和 $45°$ 两种(见图 2-68(b)),齿顶高分别为 $0.5m$ 和 $0.4m(m$ 为模数)。与渐开线齿轮相比,渐开线花键齿较短,齿根较宽,不发生根切的最小齿数较少。

　　渐开线花键的定心方式为齿形定心。当齿受载时,齿上的径向力能起到自动定心作用。渐开线花键工艺性较好,制造精度也较高,花键齿的根部强度高,应力集中小,易于定心。

　　渐开线花键可用于静连接也可用于动连接,常用于定心精度高、载荷大或经常需要滑移的连接。花键连接的选用:首先根据被连接件的结构特点、使用要求和工作条件,选择花键的类型和尺寸;然后进行强度校核计算。

2. 花键连接的强度计算

　　花键连接的受力情况如图 2-69 所示。静连接主要失效形式是工作面被压溃,通常按工作面上的挤压应力进行强度计算;动连接主要失效形式是工作面磨损,则按工作面上的压强进行强度计算。

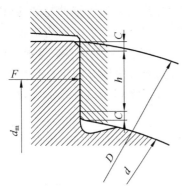

图 2-69　花键连接的受力情况

　　假定载荷均匀分布在键的工作面上,每个齿工作面上压力的合力 F 作用在平均直径 d_m 处(见图 2-69),此时传递的扭矩为 $2mzfdT$,考虑实际载荷在各花键齿上分配不均的影响,引入系数 φ,则花键连接的强度条件为

$$静连接:\sigma_p = \frac{2T \times 10^3}{\varphi zhld_m} \leqslant [\sigma_p] \qquad (2\text{-}67)$$

$$动连接:p = \frac{2T \times 10^3}{\varphi zhld_m} \leqslant [p] \qquad (2\text{-}68)$$

式中:φ——载荷分配不均系数,通常取 $\varphi = 0.7 \sim 0.8$,齿数多时取偏小值;

　　　z——花键齿数;

　　　l——齿的工作长度,mm;

　　　h——齿侧面工作高度,mm,矩形花键,$h = \frac{D-d}{2} - 2C$,D 为外花键的大径,d 为内花键的小径,C 为倒角尺寸,mm,渐开线花键,$\alpha = 30°$,$h = m$;$\alpha = 45°$,$h = 0.8m$,m 为模数;

　　　d_m——花键的平均直径,mm,矩形花键,$d_m = (D+d)/2$,渐开线花键,$d_m = d$,d 为分度圆直径,mm;

　　　$[\sigma_p]$——花键连接的许用挤压应力,MPa;

　　　$[p]$——花键连接的许用压强,MPa。

2.11　销　连　接

1. 销连接的类型及应用

　　根据销在连接中所起的作用,销分为定位销、连接销和安全销。定位销主要用来固定零件之间的相对位置,如图 2-70 所示;连接销主要用于轴与毂的连接或其他连接,如图 2-71 所示,可传递不大的载荷;安全销是用于安全装置中的过载剪断元件,以保护设备中的其他元件,如图 2-72 所示。

　　根据形状特征,销分为圆柱销、圆锥销、槽销、销轴和开口销等多种类型,均已标准化。

　　圆柱销(见图 2-70(a))依靠少量过盈固定在孔中,对销孔的尺寸、形状、表面粗糙度等要求较高,销孔在装配前须铰削。通常被连接件的两孔应同时钻铰,孔壁的粗糙度不大于 $Ra0.6~\mu m$。圆柱销的直径偏差有 u8、m6、h8 和 h11 四种,装配时,在销上涂上润滑油,用铜棒将销打入孔中。这种销在反复拆装后会降低定位精度和可靠性。

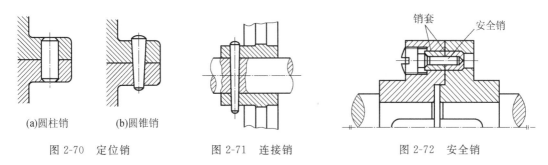

(a)圆柱销 (b)圆锥销

图 2-70 定位销   图 2-71 连接销   图 2-72 安全销

圆锥销(见图 2-70(b))的锥度为 1:50,安装方便,定位精度比圆柱销高,多次拆装后对定位精度影响较小,应用广泛。圆锥销装配时,被连接件的两孔也应同时钻铰,但必须控制好孔径,钻孔时按圆锥销小头直径选用钻头,用 1:50 锥度的铰刀铰孔。铰孔时用试装法控制孔径,以圆锥销自由插入全长的 80%~85% 为宜;然后用软锤敲入。敲入后销的大头可被连接件表面平齐,或露出不超过倒棱值。对于盲孔或拆卸困难的场合,可采用端部带螺纹的圆锥销(见图 2-73)。开尾圆锥销(见图 2-74)装配后可将尾口分开,防止松脱,适用于有冲击、振动的场合。

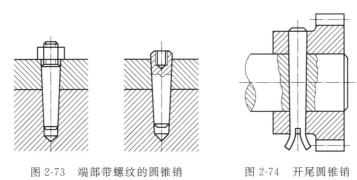

图 2-73 端部带螺纹的圆锥销   图 2-74 开尾圆锥销

拆卸带内螺纹的圆柱销和圆锥时,可用拔销器拔出,有螺尾的圆锥销可用螺母旋出,通孔中的圆锥可以从小头向外敲出。

槽销(见图 2-75)是用弹簧钢滚压或模锻而成的,上有三条凹槽,将槽销打入销孔后,由于材料的弹性使销挤紧在销孔中,不易松脱,因此其能承受振动和动载荷。安装槽销的孔不必铰制,加工方便,制造简单,可多次拆装,多用于传递载荷。

销轴用于两零件的铰接处,构成铰链连接(见图 2-76)。销轴常用开口销锁定,工作可靠,拆卸方便。

开口销如图 2-77 所示,装配时将尾部分开,以防脱出。开口销除与销轴配用外,还常用于螺纹连接的防松装置中。

2. 销连接的选用

销连接的选用包括类型和尺寸的选择。销连接的类型主要根据其使用功能来确定。销连接的尺寸主要根据其使用工况或传递的载荷进行选用。

定位销以定位为主要功能,通常不承受载荷或承受很小的载荷,故选用具有定位功能的销连接即可,数目一般为两个,直径大小根据结构确定。连接销要选用具有连接功能的销,其直径应根据连接的强度确定。安全销主要根据其保护零件不损坏而又能正常工作所需的强度要求进行选用。安全销在被剪断的位置一般需加工一环形槽,以保证在该处剪断。

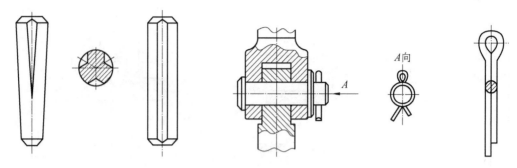

图 2-75　槽销　　　　　　　　图 2-76　销轴连接　　　　　　图 2-77　开口销

销的常用材料为 35 钢、45 钢(开口销为低碳钢),45 钢的许用切应力$[\tau]=80$ MPa,许用挤压应力可查表。

3. 销连接的强度计算

定位销通常不受载荷或受很小的载荷,故不做强度校核计算,其直径根据结构或经验确定。连接销承受横向载荷时,销受切应力和挤压应力,其失效形式主要是销被剪断、销或被连接件工作表面被压溃。所以,计算准则为抗剪强度和抗压强度条件。计算公式见表 2-22。

表 2-22　销连接的强度条件及计算

类型	受力情况	计算内容	计算公式
圆柱销		销的抗剪强度	$\tau=\dfrac{4F_t}{\pi d^2 Z}\leqslant[\tau]$
		销或被连接零件工作面的抗压强度	$\sigma_p=\dfrac{4T}{Ddl}\leqslant[\sigma_p]$
		销的抗剪强度	$\tau=\dfrac{2T}{Ddl}\leqslant[\tau]$
圆锥销		销的抗剪强度	$\tau=\dfrac{4T}{\pi d^2 Z}\leqslant[\tau]$
说明	F_t——横向力(N); T——扭矩(N·mm); Z——销的数量; d——销的直径(mm),对于圆锥销为平均直径; D——轴的直径(mm)	$[\tau]$——销的许用切应力(MPa); $[\sigma]$——销的许用挤压应力(MPa); l——销的长度(mm)	

【例 2-2】 已知某蜗轮传递的功率 $P=5$ kW,转速 $n=90$ r/min,载荷有轻微冲击;轴径 $d=60$ mm,轮毂长 $L'=100$ mm;轮毂材料为铸铁,轴材料为 45 号钢。试设计此蜗轮与轴的键连接。

【解】 (1)选择键的类型。考虑到蜗轮工作时有较高的对中性要求,故选用普通平键;蜗轮安装在轴的中段(即在两轴颈之间),可选用 A 型平键。

(2)确定键的尺寸。由轴的直径 $d=60$ mm,从机械设计手册查得键的截面尺寸为 $b \times h = 18 \times 11$,即键宽 $b=18$ mm,键高 $h=11$ mm,由轮毂长 $L'=100$ mm,取较为接近的标准键长 $L=90$ mm。

(3)计算工作扭矩。

$$T = \frac{9.55 \times 10^3 P}{n} = \frac{9.55 \times 10^6 \times 5}{90} \text{ N} \cdot \text{mm} = 5.31 \times 10^5 \text{ N} \cdot \text{mm}$$

(4)校核挤压应力。轴和键为钢制,则连接中较弱的为铸铁轮毂,按照载荷有轻微冲击,查得铸铁的许用挤压应力 $[\sigma_p]=50 \sim 60$ MPa。

键的工作长度为

$$l = L - b = 90 \text{ mm} - 18 \text{ mm} = 72 \text{ mm}$$

挤压面的高度为

$$k = \frac{h}{2} = \frac{11}{2} \text{ mm} = 5.5 \text{ mm}$$

挤压应力为

$$\sigma_p = \frac{2T}{kld} = \frac{2 \times 5.31 \times 10^5}{5.5 \times 72 \times 60} \text{ MPa} = 44.66 \text{ MPa} < [\sigma_p]$$

由设计结果可见,此设计合理。

【例 2-3】 已知某齿轮用一个 A 型平键(键尺寸 $b \times h \times l = 16 \times 10 \times 80$)与轴相连接,轴的直径 $d=50$ mm,轴、键和轮毂材料的许用挤压应力 $[\sigma_p]$ 分别为 120 MPa、100 MPa、80 MPa。试求此键连接所能传递的最大扭矩 T(N·m)。若需传递扭矩为 900 N·m,则此连接应作何改进?

【解】 A 型平键的工作长度为

$$l = L - b = 80 \text{ mm} - 16 \text{ mm} = 64 \text{ mm}$$

键与轮毂键槽的接触高度为

$$k = 0.5h = 5 \text{ mm}$$

按最弱的轮毂材料计算,即许用挤压应力为

$$[\sigma_p] = 80 \text{ MPa}$$

由挤压强度校核式,可传递的最大扭矩为

$$T_{max} = \frac{kld[\sigma_p]}{2} \times 10^{-3} = \frac{5 \times 64 \times 50 \times 80 \times 10^{-3}}{2} \text{ N} \cdot \text{m} = 640 \text{ N} \cdot \text{m}$$

若需传递的扭矩为 900 N·m,则此扭矩已超过此单键连接所能传递的最大扭矩,但小于采用双键连接的传动能力 $1.5T_{max}$,故最简单的改进措施是采用同尺寸的两个平键连接,两键在圆周上间隔 180°布置。

2.12 其他形式的连接

2.12.1 无键连接

轴与毂的连接凡是不用键或花键连接的统称为无键连接。下面介绍型面连接和胀紧连接。

1. 型面连接

型面连接是用非圆截面的柱面体或锥面体的轴与相同轮毂的毂孔配合以传递运动和扭矩的可拆卸连接,如图 2-78 所示。型面连接的特点是对中性好,拆装方便,没有应力集中源,可传递较大的扭矩。随着加工技术的发展,型面加工也不再困难,所以,型面连接得到了大力的发展。

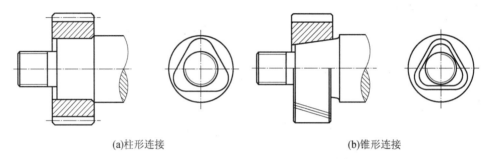

(a)柱形连接　　　　　　　　　　　　　　　　(b)锥形连接

图 2-78　型面连接

型面连接常用型面形状有带切口的圆形、方形、六边形、等距曲线等,如图 2-79 所示。

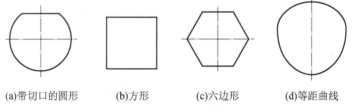

(a)带切口的圆形　　　(b)方形　　　(c)六边形　　　(d)等距曲线

图 2-79　型面连接常用型面形状

2. 胀紧连接

胀紧连接是在毂孔与轴之间装入胀紧连接套(简称胀套),可装一个(指一组)或几个,同时,在轴向力的作用下,胀紧轴与毂之间产生一定的压紧力,由压紧力所产生摩擦力来传递扭矩和轴向力的一种静连接。其与过盈连接的工作原理相似。胀紧连接的特点:对中精度高;安装、调整、拆卸方便;强度高,连接稳定可靠;可以承受多重负荷;在超载时可以保护设备不受损坏,尤其适用于传递重型负荷。胀紧连接广泛应用于重型机械、包装机械、数控机床、自动化生产线设备等。

根据胀紧结构形式的不同,国家标准 GB/T 5867—1986 规定了 5 种型号,分别为 Z1～Z5。下面简要介绍 Z1、Z2 型胀套的胀紧连接。

1)Z1 型胀套的胀紧连接

Z1 型胀套是一个外环带锥度,另一个是内环带锥度,且锥度相同的一种无键连接装置,其原理是通过高强度螺栓拉力作用,在内环与轴之间、外环与轮毂之间产生巨大抱紧力。当承受负荷时,靠胀套与机件、轴的接合压力及相伴产生的摩擦力传递扭矩、轴向力或二者的复合载荷。其结构形式如图 2-80 所示。

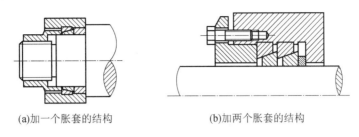

(a)加一个胀套的结构   (b)加两个胀套的结构

图 2-80 Z1 型胀套胀紧连接

2) Z2 型胀套的胀紧连接

Z2 型胀套在锁紧螺栓的作用下,两锥形体相互靠近,锥面对内、外锥套产生挤压作用,使内锥套收缩、外锥套扩张,对各自接触部分产生挤压力,达到连接的作用,如图 2-81 所示。

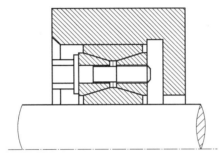

图 2-81 Z2 型胀套胀紧连接

2.12.2 过盈连接

过盈连接是利用零件间的过盈配合在包容件和被包容件之间产生正压力,并通过摩擦力来承受外载荷的一种连接方式。

1. 过盈连接的类型、特点及应用

过盈连接根据其接合面的形状分为圆柱面和圆锥面过盈连接,圆柱面过盈连接的过盈量大小在一定程度上决定其承受外载荷的能力。这种连接结构简单,加工方便,常用于有一定定心要求,但不经常拆卸的重型机械、船舶、机车、通用机械等的轴与毂、轮圈与轮芯,以及滚动轴承与轴或座孔的连接等。圆锥面过盈连接的过盈量是在外力的作用下产生的,外力越大,产生的正压力越大,工作时产生的摩擦力也越大。这种连接压合距离短,装拆方便,且装拆时不易擦伤;用于载荷大,需反复拆装的场合,特别是大型零件的连接,如轧钢机械。总之,过盈连接结构简单、对中性好、承载能力大、承受冲击性能好、对轴削弱少,但配合面加工精度要求高。

2. 过盈连接的工作原理及装配方法

过盈连接装配后包容件和被包容件在径向产生弹性变形,弹性变形使配合面间产生很大的压力,工作时就靠随外载荷相伴而生的摩擦力来传递运动和动力。

当配合面为圆柱面时,可采用压入法、温差法或液压法装配。

压入法是在常温下利用压力机将被包容件直接压入包容件内,如图 2-82(a)所示。特点是工艺简单、操作方便,但配合表面在装配时被擦伤,使过盈量比理论值小,承载能力下降。压入法适用于过盈量不大或尺寸较小的场合。

温差法是利用金属热胀冷缩的性质,即将包容件加热尺寸变大或将被包容件冷却尺寸变小,在出现间隙的情况下进行装配,在回到常温时即出现过盈。特点是配合面不损伤,过盈量为理论值。

液压法是将高压油压入配合表面,胀大包容件内径或缩小被包容件外径,同时加上轴向载荷使两个连接件相对移动到预定位置,然后排出高压油从而实现装配。液压法装配要求零件配合面的精度较高,需在包容件和被包容件表面制造出油沟。同时还需有高压油泵等专用设备,如图 2-82(b)所示。

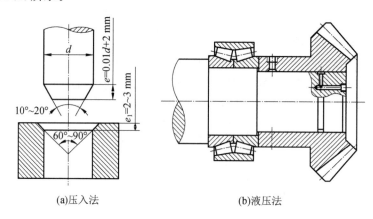

(a)压入法　　　　　　　　　　　　(b)液压法

图 2-82　过盈连接的装配方法

3. 过盈连接的设计计算

过盈连接主要用以承受轴向力、传递扭矩,或者同时承受以上两种载荷。为了保证过盈连接的工作能力,须作以下两方面的分析计算:

(1)在已知载荷的条件下,计算配合面间所需产生的压力和产生这个压力所需的最小过盈量;

(2)在选定的标准过盈配合下,校核连接零件在最大过盈量时的强度。

1)配合面所需的径向压强 p

(1)传递轴向载荷 F 时。

当连接传递轴向载荷 F 时,如图 2-83 所示,应保证连接在此载荷下不产生轴向滑移。即应保证:轴向摩擦阻力 $F_f \geqslant$ 外载荷 F。这时有以下关系:

$$F \leqslant F_f = Apf = \pi dl p f \Rightarrow p \geqslant \frac{F}{\pi dl f} \tag{2-69}$$

式中:p——径向压强;

　　d——配合面的公称直径;

　　l——配合面的长度;

　　f——配合面间的摩擦系数。

(2)传递扭矩 T 时。

当连接传递扭矩 T 时,如图 2-84 所示,应保证连接在此扭矩下不产生周向滑移。即应保证:轴向摩擦阻力矩 $M_f \geqslant$ 扭矩 T。这时有以下关系:

$$T \leqslant M_f = \pi dl p f \frac{d}{2} \Rightarrow p \geqslant \frac{2T}{\pi d^2 l f} \tag{2-70}$$

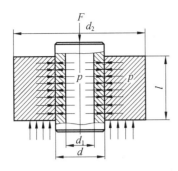

图 2-83 承受轴向载荷的过盈连接

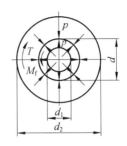

图 2-84 承受扭矩的过盈连接

(3)同时承受轴向载荷 F 和扭矩 T 时。

径向压强 p 满足：

$$\sqrt{F^2 + (2T/d)^2} \leqslant F_f = \pi dl p f \Rightarrow p \geqslant \frac{\sqrt{F^2 + (2T/d)^2}}{\pi dl f} \qquad (2-71)$$

2)过盈连接的最小过盈量 $\delta_{\min}$

根据材料力学有关知识，在径向压强为 p 时的最小过盈量为

$$\Delta_{\min} = pd \left(\frac{C_1}{E_1} + \frac{C_2}{E_2} \right) \times 10^3 \qquad (2-72)$$

式中：$\Delta_{\min}$——最小过盈量，μm；

E_1、E_2——被包容件和包容件材料的弹性模量，MPa；

C_1——被包容件的刚性系数，$C_1 = \dfrac{d^2 + d_1^2}{d^2 - d_1^2} - \mu_1$；

C_2——包容件的刚性系数，$C_2 = \dfrac{d_2^2 + d^2}{d_2^2 - d^2} + \mu_2$。$d_1$、$d_2$ 分别为被包容件的内径和包容件的

外径，mm；μ_1、μ_2 分别为被包容件和包容件材料的泊松比。

当采用温差法装配时，最小有效过盈量 $\delta_{\min} = \Delta_{\min}$，其中，$\delta_{\min}$ 为实际需要的最小过盈量，$\Delta_{\min}$ 为理论计算需要的最小过盈量。

当采用压入法装配时，考虑配合表面的微观峰尖将被擦去或压平一部分，这时最小有效过盈量应为

$$\delta_{\min} = \Delta_{\min} + 0.8(Rz_1 + Rz_2) \qquad (2-73)$$

式中：Rz_1、Rz_2——被包容件和包容件配合表面上微观不平度十点高度，μm，见表 2-23。

表 2-23 表面粗糙度与表面微观不平度十点高度的关系 （单位：μm）

表面粗糙度 Ra	3.2	1.6	0.8	0.4	0.2	0.1	0.05	0.025	0.012
表面微观不平度十点高度 Rz	10	6.3	3.2	1.6	0.8	0.4	0.2	0.1	0.05

应该指出：实践证明，不平度较小的两表面相配合时贴合的情况较好，从而可提高连接的紧固性。

4. 过盈连接的强度计算

过盈连接装配后，被包容件受挤压面而产生周向和径向的压应力；包容件受膨胀而产生拉应力。根据厚壁圆筒应力分析，连接零件中的应力大小及分布情况如图 2-85 所示。

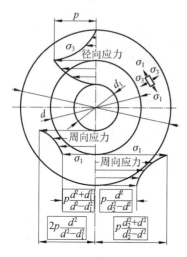

图 2-85　过盈连接中的应力大小及分布情况

连接件为塑性材料时,检查承受最大应力的表层是否处于弹性变形范围内。被包容件和包容件的最大应力分别为

对于被包容件：

$$p_{1\max} \leqslant \frac{d^2 - d_1^2}{2d^2}\sigma_{s1} \qquad (2\text{-}74)$$

对于包容件：

$$p_{2\max} \leqslant \frac{d_2^2 - d^2}{\sqrt{2d_2^2 + d^2}}\sigma_{s2} \qquad (2\text{-}75)$$

式中：σ_{s1}、σ_{s2}——被包容件和包容件材料的屈服极限。

5. 过盈连接的最大压入、压出力

当采用过盈连接的装配和拆卸时,可按式(2-69)进行计算。

最大压入力：

$$F_i = f\pi dl\, p_{\max} \qquad (2\text{-}76)$$

最大压出力：

$$F_o = (1.3 \sim 1.5)F_i = (1.3 \sim 1.5)f\pi dl\, p_{\max} \qquad (2\text{-}77)$$

6. 包容件加热温度及被包容件的冷却温度

过盈连接采用温差法装配时,为保证装配安全方便,应使装配时配合面间留有必要的间隙。采用加热包容件的方法,加热温度 t_2 可按下式计算：

$$t_2 \geqslant \frac{\delta_{\max} + \Delta_0}{\alpha_2 d \times 10^3} + t_0 \qquad (2\text{-}78)$$

采用冷却被包容件的方法,冷却温度 t_1 可按下式计算：

$$t_1 \leqslant \frac{\delta_{\max} + \Delta_0}{\alpha_1 d \times 10^3} + t_0 \qquad (2\text{-}79)$$

式中：$\delta_{\max}$——所选择的标准配合在装配前的最大过盈量,μm；

Δ_0——装配时为了避免配合面相互擦伤所需的最小间隙,μm；

d——配合的公称直径,mm；

α_1、α_2——被包容件和包容件材料的线膨胀系数,查有关手册；

t_0——装配环境温度,℃。

【例 2-4】　一过盈连接的组合齿轮,齿圈材料为 45 钢,轮芯为铸铁 HT250；已知其传递的扭矩 $T = 7 \times 10^6 \text{N} \cdot \text{mm}$,结构尺寸如图 2-86 所示,配合孔的表面微观不平度十点高度为 $Rz_2 = 10\ \mu m$,配合轴的表面粗糙度为 $Rz_1 = 6.3\ \mu m$,装配后不再拆开,装配时配合面用润滑油润滑,试确定其过盈量和需要的压入力。

【解】　(1) 确定传递扭矩 T 所需压强 p。

在 $T = 7 \times 10^6 \text{N} \cdot \text{mm}$ 的作用下,连接应具有的径向压强 p,根据式(2-70),取 $f = 0.08$,得

$$p \geqslant \frac{2T}{f\pi d^2 l} = \frac{2 \times 7 \times 10^6}{0.08\pi \times 480^2 \times 110}\text{MPa} = 2.19\ \text{MPa}$$

(2) 确定最小有效过盈量,选定配合种类。

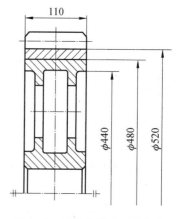

图 2-86　过盈连接的组合齿轮

① 求满足径向压强 p 值所需的最小过盈量。

先计算式中的刚性系数 C_1、C_2，已知 $\mu_1 = 0.25$，$\mu_2 = 0.3$，$E_1 = 1.3 \times 10^5$ MPa，$E_2 = 2.1 \times 10^5$ MPa，得

$$C_1 = \frac{d^2 + d_1^2}{d^2 - d_1^2} - \mu_1 = \frac{480^2 + 440^2}{480^2 - 440^2} - 0.25 = 11.27$$

$$C_2 = \frac{d_2^2 + d^2}{d_2^2 - d^2} + \mu_2 = \frac{520^2 + 480^2}{520^2 - 480^2} + 0.3 = 12.82$$

将以上各值代入式(2-72)，得

$$\Delta_{\min} = pd\left(\frac{C_1}{E_1} + \frac{C_2}{E_2}\right) \times 10^3 = 2.19 \times 480 \times \left(\frac{11.27}{1.3 \times 10^5} + \frac{12.82}{2.1 \times 10^5}\right) \times 10^3 \ \mu m = 155 \ \mu m$$

② 选择标准配合，确定标准过盈量。

根据式(2-73)确定最小有效过盈量。配合孔的表面微观不平度十点高度 $Rz_2 = 10 \ \mu m$，轴的表面微观不平度十点高度为 $Rz_1 = 6.3 \ \mu m$。则

$$\delta_{\min} = \Delta_{\min} + 0.8(Rz_1 + Rz_2) = 155 \ \mu m + 0.8 \times (6.3 + 10) \mu m = 170 \ \mu m$$

现考虑齿轮传递的扭矩较大，由公差配合表选择 H7/n6 配合，其孔公差为 $\phi 480_0^{+0.063}$；轴公差为 $\phi 480_{+0.252}^{+0.292}$。此标准配合可能产生的最大过盈量 $\delta'_{\max} = (292 - 0)\mu m = 292 \ \mu m$；最小过盈量为 $\delta'_{\min} = (252 - 63)\mu m = 189 \ \mu m > \delta_{\min} = 170 \ \mu m$，合适。

（3）计算过盈连接的强度。

因所选标准配合的强度可以产生足够的径向压强，故连接强度已保证；现只需校核连接零件本身的强度。已知所选配合的最大过盈量为 $292 \ \mu m$，但因采用压入法装配，考虑配合表面微观峰尖被擦去 $2\mu = 0.8(Rz_1 + Rz_2)$，故装配后可能产生的最大径向压强 $p_{\max}$ 按式(2-74)和式(2-75)求得，为

$$p_{\max} = \frac{\delta_{\max} - 0.8(Rz_1 + Rz_2)}{d\left(\frac{C_1}{E_1} + \frac{C_2}{E_2}\right) \times 10^3} = \frac{292 - 0.8 \times (6.3 + 10)}{480 \times \left(\frac{11.27}{1.3 \times 10^5} + \frac{12.82}{2.1 \times 10^5}\right) \times 10^3} \ MPa = 3.95 \ MPa$$

被包容件轮芯材料为 HT250，具有很高的抗压强度，不需进行校核，因此只校核包容件的强度，再由手册查取包容件齿圈材料 45 钢的屈服极限 $\sigma_{s2} = 280$ MPa，由式(2-75)求得

$$\frac{d_2^2 - d_1^2}{\sqrt{3d_2^2 + d^4}} \sigma_{s2} = \frac{520^2 - 480^2}{\sqrt{3 \times 520^2 + 480^4}} \times 280 \ MPa = 21.56 \ MPa$$

因 $p_{\max} = 3.95$ MPa $\ll 21.56$ MPa，即齿圈强度足够，故连接零件本身强度均已足够。

（4）计算所需压入力。

取摩擦系数的最大值为 $f = 0.10$，根据式(2-76)，求得压入力为

$$F_1 = f\pi dl p_{\max} = 0.10 \times 3.14 \times 480 \times 110 \times 3.95 \ N = 65488 \ N$$

由上述计算可知，装配此组合齿轮可选用压力为 73.5 kN 的压力机。

2.12.3 铆接

1. 铆缝的种类、特性及应用

铆接即铆钉连接，是利用铆钉将两个或两个以上零件连接成不可拆卸的静连接，如图2-87所示。铆接主要由连接件铆钉和被连接件组成。铆钉插入被连接件的孔内，利用端模制出另一端的铆头从而实现连接。

铆接的主要特点是工艺简单，连接可靠，抗振和耐冲击性能好。铆钉材料应具有高塑性，

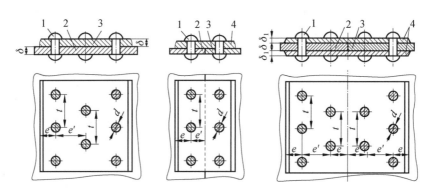

图 2-87　典型铆接结构

1—铆钉；2,3—被连接件；4—垫板

便于铆钉头成型。铆钉分为实心和空心两大类，实心铆钉多用于受力大的金属零件的连接；空心铆钉用于受力较小的薄板或非金属零件的连接。

　　按铆接的方法分类，有冷铆接、热铆接和混合铆接三种。冷铆接是在常温下直接镦出铆合头，胀满铆钉孔，铆钉和铆孔之间无间隙，一般直径在 12 mm 以下。热铆接是将铆钉加热到一定温度，铆头塑性提高易镦成型而冷却后铆钉杆收缩，接合强度加大。但热铆接时孔径应放大 0.5～1 mm。铆钉不参与传力，由被连接件接触面间的摩擦力承担。混合铆在铆接时，把铆头端部加热易于成型，主要避免铆接细长铆钉时铆钉杆部弯曲。铆钉按形状分为平头、半圆头、沉头、半圆沉头、平锥头铆钉，如图 2-88 所示；按材料分为钢铆钉、铜铆钉、铝铆钉等。

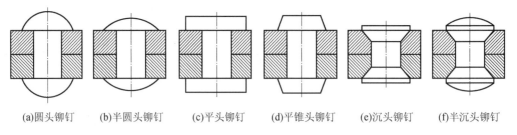

(a)圆头铆钉　　(b)半圆头铆钉　　(c)平头铆钉　　(d)平锥头铆钉　　(e)沉头铆钉　　(f)半沉头铆钉

图 2-88　常用铆钉

　　铆接按铆接的形式分单盖板式、双盖板、两块板、一块板折边、单角钢式、双角钢式，如图 2-89 所示；按排列方式分为单排、双排并列、多排并列、交错式等，如图 2-89 所示；按铆接结构特点分为活动铆接、强固铆接、紧密铆接、强密铆接。活动铆的接合部位可以相互转动（如剪刀、钢丝钳、划规等工具）。强固铆接用于足够的强度、承受强大作用力的场合，如桥梁、车辆。紧密铆接用于低压容器要求不渗漏，可承受较小的均匀的压力。强密铆接用于承受很大的压力，要求铆接非常紧密并保证不渗漏的场合，如用于蒸汽锅炉等。

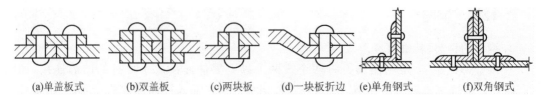

(a)单盖板式　　(b)双盖板　　(c)两块板　　(d)一块板折边　　(e)单角钢式　　(f)双角钢式

图 2-89　铆接形式

2. 铆钉的失效形式及设计

铆钉所承受横向外力(力矩)在被连接件接触面摩擦力(力矩)范围之内时,载荷是通过摩擦力(力矩)来传递的。当横向外力(力矩)增大到超出接触面间摩擦力(力矩)时,铆钉受到弯曲、挤压和剪切作用。铆接的破坏形式主要有铆钉被剪断、被连接件被剪坏、钉孔接触面被压溃、板沿钉孔被拉断和板边被撕裂等,如图 2-90 所示。

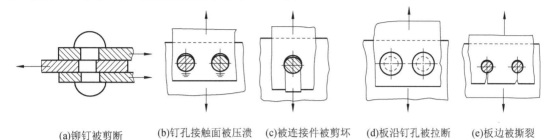

(a)铆钉被剪断　　(b)钉孔接触面被压溃　(c)被连接件被剪坏　(d)板沿钉孔被拉断　(e)板边被撕裂

图 2-90　铆接的受力及破坏形式

设计铆接时,通常是根据承载情况及具体要求,选出合适的铆钉规格及铆缝类型、铆缝的结构等;然后分析受力和可能的破坏形式,进行必要的强度校核。

铆接受力分析时假设:① 一组铆钉中的各个铆钉受力均等;② 危险截面上的拉应力或切应力、工作面上的挤压应力是均匀分布的;③ 被铆件贴合面上无摩擦力;铆缝不受弯矩作用。故可以按材料力学的基本公式进行强度校核。

1) 铆钉直径 d 的确定

铆钉直径的大小与被连接板的厚度有关。当被连接板厚度相同时,铆钉直径 d 等于板厚 δ 的 1.8 倍,即 $d = 1.8\delta$(取整数)。

2) 铆钉长度的确定

铆钉所需长度等于铆接件总厚度加上铆合头所需长度。

半圆头铆钉杆长度:

$$L = \sum \delta + (1.25 \sim 1.5)d \qquad (2-80)$$

沉头铆钉杆长度 :

$$L = \sum \delta + (0.8 \sim 1.2)d \qquad (2-81)$$

式中:$\sum \delta$——被连接板总厚度;

d——铆钉直径。

3)底孔直径的确定

铆接时,底孔直径大小应随着连接要求不同而变化。如:孔径过小,使铆钉插入困难;过大则铆合后的工件易松。一般粗装配时,$d_{底孔} = d + (0.2 \sim 0.5)\text{mm}$;一般精装配时,$d_{底孔} = d + (0.1 \sim 0.2)\text{mm}$。

4)铆距与边距的确定

单排铆距即铆钉中心距,等于铆钉直径的三倍(即 $t = 3d$);双排铆距 $t = 4d$。铆钉中心到板料边缘间的距离 a 约为 $1.5d$,即 $a = 1.5d$。如图 2-91 所示。

5)铆缝的设计计算

(1)按被铆件的拉伸条件。

$$\sigma = \frac{F_1}{(t-d)\delta} \leqslant [\sigma] \qquad (2-82)$$

（2）按被铆件孔壁的挤压条件。

$$\sigma_F = \frac{F_2}{d\delta} \leqslant [\sigma_p] \tag{2-83}$$

（3）按铆钉的剪切条件。

$$\tau = \frac{4F_3}{\pi d^2} \leqslant [\tau] \tag{2-84}$$

这段铆缝所能承受的载荷 F 应取 F_1、F_2、F_3 中的最小者。单排铆缝受力分析示意图如图 2-92 所示。

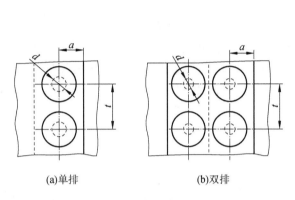

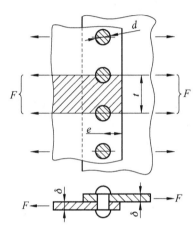

（a）单排　　　　　　（b）双排

图 2-91　铆距与边距

图 2-92　单排铆缝受力分析示意图

2.12.4　焊接

焊接是利用局部加热（或加压）的方法使被连接件接头处的材料熔融而构成的不可拆卸连接。

焊接的特点：焊接接头强度高，焊接结构的尺寸和形状可以满足大范围的要求，容易制造封闭的中空零件以及严密性的零件，工艺简单而且生产周期短，因连接而增加的质量小，焊接件成品率较高等。但焊接容易产生变形和内应力，接头性能不均匀，应力集中等，易导致结构疲劳破坏或裂纹。焊接件代替铸件可以节约大量金属。常见的铸造机座、机壳、大齿轮等零件，已逐步改为焊接件。下面只概略介绍电弧焊的基本知识和强度计算。

1. 电弧焊缝的基本形式

焊接件经焊接后形成的结合部分称为焊缝。电弧焊缝主要有对接焊缝、角焊缝等，如图 2-93 所示。对接焊缝用于连接位于同一平面内的被焊件，角焊缝用于连接不同平面内的被焊件。角焊缝有搭接、正接等形式。搭接根据受力方向的不同分为端焊缝——垂直于载荷方向的角焊缝；侧焊缝——平行于载荷方向的角焊缝；联合焊缝——同时包含端焊缝和侧焊缝。

2. 焊缝的强度计算

焊缝强度的主要影响因素有焊接材料，焊接工艺和焊接结构。

1）对接焊缝的强度计算

对接焊缝受力情况如图 2-94 所示。

零件受拉时的焊缝强度条件为

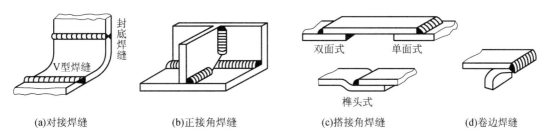

(a)对接焊缝　　　　(b)正接角焊缝　　　　(c)搭接角焊缝　　　　(d)卷边焊缝

图 2-93　电弧焊缝常用形式

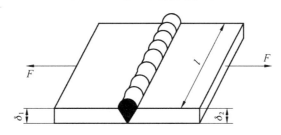

图 2-94　对接焊缝受力情况

$$\sigma_1 = \frac{F}{L\delta} \leqslant [\sigma_1] \qquad (2-85)$$

零件受压时的焊缝强度条件为

$$\sigma_p = \frac{F}{L\delta} \leqslant [\sigma_p] \qquad (2-86)$$

式中：F——焊缝所受的拉力或压力，N；

　　　L——焊缝的长度，mm；

　　　δ——焊接件中较薄板的厚度，mm；

　　　σ_1、σ_p——焊缝所承受的工作拉应力或工作压应力，MPa；

　　　$[\sigma_1]$——焊缝的许用拉应力，MPa；

　　　$[\sigma_p]$——焊缝的许用压应力，MPa。

对接焊缝的抗解强度计算：

$$\tau = \frac{F_s}{L\delta} \leqslant [\tau] \qquad (2-87)$$

式中：F_s——切力，N；

　　　δ——焊接件中较薄板的厚度，mm；

　　　τ——焊缝所承受的切应力，MPa；

　　　$[\tau]$——焊缝的许用切应力，MPa。

2）搭接焊缝的强度计算

搭接焊缝三种主要形式的受力情况如图 2-95 所示。搭接焊缝受力时的应力情况很复杂，其强度进行条件性计算。

（1）端焊缝的抗解强度计算。

端焊缝的抗解强度为

$$\tau = \frac{F}{0.7KL} \leqslant [\tau] \qquad (2-88)$$

（2）侧焊缝的抗解强度计算。

侧焊缝的抗解强度为

$$\tau = \frac{F}{1.4KL} \leqslant [\tau] \tag{2-89}$$

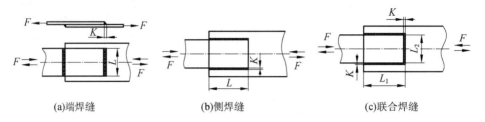

(a)端焊缝　　　　　　　　(b)侧焊缝　　　　　　　　(c)联合焊缝

图 2-95　搭接焊缝受力情况

（3）联合焊缝的抗解强度计算。

联合焊缝的抗解强度为

$$\tau = \frac{F}{0.7K\sum L} \leqslant [\tau] \tag{2-90}$$

式中：$\sum L$——焊缝的总长度。

2.12.5　胶接

胶接是利用胶黏剂把两种性质相同或不同的物质牢固地黏合在一起的连接方法。胶接用于木材由来已久。由于新型胶黏剂的发展，胶接已用于金属（包括金属与非金属材料组成的复合结构）的连接。目前，胶接在机床、汽车、拖拉机、造船、化工、仪表、航空航天等工业部门中的应用日渐广泛，其应用实例如图 2-96 所示。

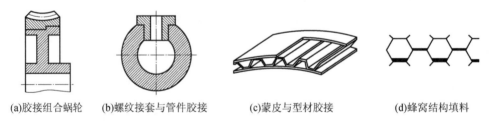

(a)胶接组合蜗轮　　(b)螺纹接套与管件胶接　　(c)蒙皮与型材胶接　　(d)蜂窝结构填料

图 2-96　胶接的应用实例

与铆接和焊接相比，胶接的主要优点：① 质量较小；② 不会引起被连接部位的金相组织变化；③ 应力分布均匀；④ 应用范围广，可用于金属和非金属等；⑤ 设备简单，操作方便、无噪声；⑥ 密封性能优于铆接；⑦ 具有透明、防锈、绝缘和防腐性。胶接的主要缺点：① 不适用于温度较高的场合；② 抗剥离、抗弯曲及抗冲击振动性能差；③ 耐老化及耐介质（如酸、碱等）性能差；④ 胶接件的缺陷有时不易发现；⑤ 有的胶黏剂的操作较为复杂。

1. 胶黏剂的种类

（1）结构胶黏剂。

结构胶黏剂在常温下的抗剪强度一般不低于 8 MPa，经受一般高、低温或化学反应的作用，其性能不降低。例如：酚醛-缩醛-有机硅胶黏剂、环氧-酚醛胶黏剂和环氧-有机硅胶黏剂等。这些也是目前在机械结构中最为常用的胶黏剂。

（2）非结构胶黏剂。

非结构胶黏剂正常使用时有一定的胶接强度，但在受到高温或重载时，性能迅速下降。例如：聚氨酯胶黏剂和酚醛-氯丁橡胶胶黏剂等。

（3）其他胶黏剂。

其他胶黏剂即具有特殊用途的胶黏剂。特殊用途主要指防锈、绝缘、导电、透明、超高温、超低温、耐酸、耐碱等。例如：环氧导电胶黏剂和环氧超低温胶黏剂等。

胶黏剂的主要性能体现在胶接强度（耐热性、耐介质性、耐老化性）、固化条件（温度、压力、时间）、工艺性能（涂布性、流动性、有效储藏时间）等方面。其选择原则：根据胶接体的使用条件和环境，从胶接强度、工作温度、固化条件等多个方面综合分析后选择。

2. 胶接的基本工艺过程

（1）胶接表面处理：包括预清理、脱脂、打磨和化学处理，以及清除油污及氧化层，改善表面粗糙度等；此外，还可采用电镀、等离子处理、热喷涂等方法来改善被黏物表面的胶接性能或耐蚀性。

（2）胶黏剂的配制：应以合适的比例配制。

（3）涂胶：喷涂、刷涂、滚涂、浸渍、贴膜等。

（4）清理：清除多余的胶黏剂。

（5）固化：按要求（温度、压力、时间等）完成固化。

（6）检验：通过 X 光、超声波探伤、放射性同位素或激光全息摄影等无声检验，判定有无缺陷。

胶接头的基本形式：原则上应少用对接，尽量采用搭接或槽接，以增大胶接面积，提高接头的承载能力。

本 章 习 题

一、填空题

2-1　按牙型，螺纹可分 ＿＿＿＿＿、＿＿＿＿＿、＿＿＿＿＿、＿＿＿＿＿四种。

2-2　三角形螺纹的牙型角 $\alpha=$ ＿＿＿＿，适用于 ＿＿＿＿；而梯形螺纹的牙型角 $\alpha=$ ＿＿＿＿，适用于 ＿＿＿＿。

2-3　螺旋副的自锁条件是 ＿＿＿＿。

2-4　螺纹连接防松的根本问题在于防止 ＿＿＿＿。螺纹连接的防松方法有 ＿＿＿＿、＿＿＿＿、＿＿＿＿。其对应的防松装置有 ＿＿＿＿、＿＿＿＿和 ＿＿＿＿。

2-5　仅承受预紧力的紧螺栓连接进行强度计算时，螺栓的危险截面上有载荷联合作用。因此，在截面上有 ＿＿＿＿应力和 ＿＿＿＿应力。

2-6　用 4 个铰制孔用螺栓连接两个半凸缘联轴器，螺栓均布在直径为 200 mm 的圆周上，轴上扭矩为 100 N·m，则每个螺栓所受的横向力为 ＿＿＿＿N。

2-7　平键分为 ＿＿＿＿、＿＿＿＿、＿＿＿＿和 ＿＿＿＿四种。

2-8　一般情况下，平键用于静连接，其失效是工作面 ＿＿＿＿；用于动连接，则失效于工作面_____。楔键的工作面是_____。

2-9　双向工作的轴应选用_____组切向键(每组由两个斜键组成)。

2-10　普通平键连接当采用双键时,两键在周向应相隔_____(度)布置;用双楔键连接时,两键在周向应相隔_____(度)布置;半圆键连接采用双键时,则布置在_____。

2-11　锥形薄壁零件的轴毂静连接宜选用_____形花键。

2-12　花键连接按齿形不同可分为_____和_____两种。

二、选择题

2-13　平键是(由 A、B 中选 1)_____,其剖面尺寸一般是根据(由 C、D、E、F 中选 1)_____按标准选取的。

A.标准件　　　　　　B.非标准件　　　　　　C.传递扭矩大小

D.轴的直径　　　　　E.轮毂长度　　　　　　F.轴的材料

2-14　在下列轴与轮毂的连接中,定心精度最高的是_____。

A.平键连接　　　　　B.半圆键连接　　　　C.楔键连接　　　　　D.花键连接

2-15　平键长度主要根据_____选择,然后按失效形式校核强度。

A.传递扭矩大小　　　B.轴的直径　　　　　C.轮毂长度　　　　　D.传递功率大小

2-16　设平键连接原来传递的最大扭矩为 T,现欲增为 $1.5T$,则应_____。

A.安装一对平键　　　　　　　　　　　　B.将轴直径增大到 1.5 倍

C.将键宽增大到 1.5 倍　　　　　　　　　D.将键高增大到 1.5 倍

2-17　设计键连接的几项主要内容:① 按轮毂长度选择键长度;② 按使用要求选择键的类型;③ 按轴的直径查标准选择键的剖面尺寸;④ 对键进行必要的强度校核。具体设计时一般顺序是_____。

A. ②→①→③→④　　　　　　　　　　B. ②→③→①→④

C. ①→③→②→④　　　　　　　　　　D. ③→④→②→①

2-18　为了楔键装拆的方便,在_____上制出_____的斜度。

A.轴上键槽的底面　　B.轮毂上键槽的底面　C.键的侧面

D.1∶100　　　　　　E.1∶50　　　　　　F.1∶10

2-19　半圆键连接的主要优点是_____,其键槽多采用_____加工。

A.键对轴的削弱较小　　　　　　　　　　B.工艺性好、键槽加工方便

C.指状铣刀(指形铣刀)　　　　　　　　　D.圆盘铣刀

2-20　矩形花键连接常采用的定心方式是_____。

A.按大径定心　　　　　　　　　　　　　B.按侧面(齿宽)定心

C.按小径定心　　　　　　　　　　　　　D.按大径和小径共同定心

2-21　两级圆柱齿轮减速器的中间轴上有两个扭矩方向相反的齿轮,这两个齿轮宜装在_____。

A.同一母线上的两个键上　　　　　　　　B.同一个键上

C.周向间隔 180 °的两个键上　　　　　　D.周向间隔 120 °的两个键上

2-22　(1)机床刀架手轮轮毂与丝杠轴端之间宜用_____;(2)锥轴伸与小带轮连接宜选用_____;

(3)间歇工作的滑移齿轮与轴连接宜选用_____;(4)汽车的高速、中载传动轴宜选用

_____。

A．渐开线花键连接　　　B．导向键连接　　　　　　C.半圆键连接　　　　　　　D.钩头楔键连接

2-23　由相同的材料组合,在相同轴径、相同的毂长和工作条件下,下列的键或花键连接能传递扭矩最小的是_____。

A．A 型平键　　　　　B．30°压力角渐开线花键　　　　　　C．B 型平键

D．矩形花键　　　　　E．45°压力角渐开线花键

三、判断题

2-24　普通平键的定心精度高于花键的定心精度。(　　　)

2-25　切向键是由两个斜度为 1∶100 的单边倾斜楔键组成的。(　　　)

2-26　45°渐开线花键应用于薄壁零件的轴毂连接。(　　　)

2-27　导向平键的失效形式主要是剪断。(　　　)

2-28　滑键的主要失效形式不是磨损而是键槽侧面的压溃。(　　　)

2-29　在一轴上开有双平键键槽(成 180°布置),若此轴的直径等于一花键轴的外径(大径),则后者对轴的削弱比较严重。(　　　)

2-30　楔键因具有斜度所以能传递双向轴向力。(　　　)

2-31　楔键连接不可以用于高速转动零件的连接。(　　　)

2-32　切向键适用于高速轻载的轴毂连接。(　　　)

2-33　平键连接中轴槽与键的配合分为松的和紧的,对于前者因工作面压强小,所以承载能力在相同条件下就大一些。(　　　)

2-34　45°渐开线花键只按齿侧定心。(　　　)

四、结构设计题

2-35　如图所示,分别用箭头指出工作面,并在图下方标出键的名称。

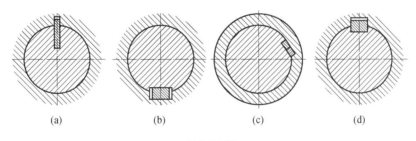

(a)　　　　　　　(b)　　　　　　　(c)　　　　　　　(d)

题 2-35 图

2-36　在图中画出轴的转动方向(轴主动)。

2-37　图中,轴径 $d=58$ mm,分别在图上注出有关尺寸及其极限偏差。

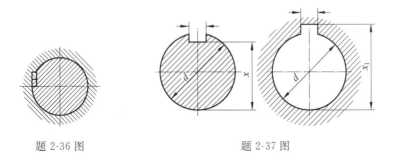

题 2-36 图　　　　　　　　　　　　　　题 2-37 图

附:键槽尺寸及其极限偏差见表。

题 2-37 表　　　　　　　　　　　　　　　　　　　　　（单位:mm）

公称 直径 d	公称尺寸 $b \times h$	轴上键宽 极限偏差	轴上键深 t 及 其极限偏差	毂上键宽 极限偏差	毂上键深 t_1 及 其极限偏差
>50～58	16×10	$B = 16_0^{+0.043}$	$t = 6_0^{+0.2}$	$b = 16_{+0.050}^{+0.120}$	$t_1 = 4.3_0^{+0.20}$

直径偏差:毂 $H7_0^{+0.030}$,轴 $h7_{-0.030}^0$。

2-38　指出图中的错误结构,并画出正确的结构图。

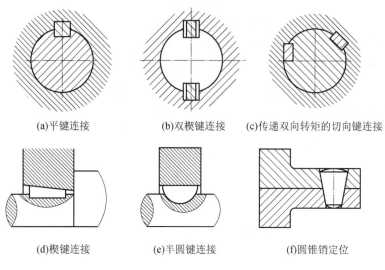

(a)平键连接　　　　(b)双楔键连接　　(c)传递双向转矩的切向键连接

(d)楔键连接　　　　(e)半圆键连接　　　　(f)圆锥销定位

题 2-38 图

2-39　图示的两种键槽结构哪个合理,为什么?

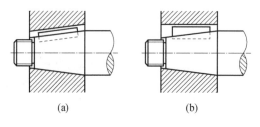

(a)　　　　　　　　　　(b)

题 2-39 图

五、计算题

2-40　试校核 A 型普通平键连接铸铁轮毂的挤压强度。已知键宽 $b = 18$ mm,键高 $h = 11$ mm,键(毂)长 $L = 80$ mm,传递扭矩 $T = 840$ N·m,轴径 $d = 60$ mm,铸铁轮毂的许用挤压应力$[\sigma_p] = 80$ MPa。

2-41　图示转轴上直齿圆柱齿轮及锥齿轮两处分别采用平键连接和半圆键连接。已知传递功率 $P = 5.5$ kW,转速 $n = 200$ r/min,连接处轴及轮毂尺寸如图所示,工作时有轻微振动,齿轮用锻钢制造并经热处理。试分别确定两处键连接的尺寸,并校核其连接强度。

提示:普通平键和半圆键强度计算公式为

$$\sigma_p = \frac{2T}{lkd} \leqslant [\sigma_p]$$

式中：T——轴传递的扭矩，N·mm；

　　　k——键与轮毂的键槽接触高度，$k \approx 0.5h$，h 为键高（普通平键），半圆键 k 值如图（a）所
　　　　　示，mm；

　　　d——轴径，mm；

　　　$[\sigma_p]$——许用挤压应力，键经热处理后中等使用情况时，$[\sigma_p]=130 \sim 180$ MPa；

　　　b——半圆键的宽度，mm；

　　　l——A 型普通平键的工作长度，mm，$l=L-b$，L 为平键的公称长度，mm，若为半圆键，
　　　　　则 $l=L$，见图（b），L 为半圆键的长度，mm；

　　　$[\tau]$——许用切应力，取 $[\tau]=90$MPa。

　　附：取平键 $b \times h=16 \times 10$，其长度系列（mm）为…，56，63，70，80，…；取半圆键 10×13，其
名义长度 $L=31.4$ mm，$k=3$ mm。

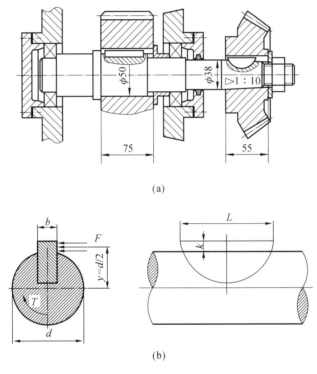

(a)

(b)

题 2-41 图

六、问答题

2-42　试指出普通螺栓连接、双头螺柱连接和螺钉连接的结构特点，各用在什么场合？

2-43　分析比较普通螺纹、管螺纹、梯形螺纹和锯齿形螺纹的特点。分别举例说明其
应用。

2-44　普通螺栓连接和铰制孔用螺栓连接的主要失效形式分别是什么？计算准则分别
是什么？

2-45　为什么螺纹连接常需要防松？防松的实质是什么？有哪几类防松措施？

2-46　什么是松连接？什么是紧连接？它们的强度计算方法有何区别？

2-47　螺纹连接中拧紧目的是什么？举出几种控制拧紧力的方法。

2-48　连接中,螺纹牙间载荷分布为什么会出现不均匀现象? 举例说明可使螺纹牙间载荷分布趋于均匀的一种结构形式。

2-49　常用普通平键有哪几种类型? 各用于什么场合?

2-50　平键连接有哪些失效形式? 普通平键的强度条件是什么? 普通平键的型号是如何选择的? 当其强度不够时,可采取哪些措施?

2-51　试述平键连接和楔键连接的工作原理及特点。

2-52　销连接按用途分有哪几种类型?

2-53　铆接、焊接和胶接各有什么特点? 分别适用于什么场合?

2-54　铆缝和焊缝有哪几种结构形式?

2-55　列举铆接、焊接、胶接和过盈连接在实际生活中的应用。

2-56　过盈连接有哪几种装配方法? 简要介绍一下各方法。

2-57　图示为一拉杆螺栓连接。已知拉杆所受的载荷 $F=56$ kN,载荷稳定,拉杆材料为Q235 钢,试设计此连接。

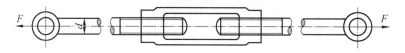

题 2-57 图

2-58　图示螺栓连接中,采用两个 M16(小径 $d_1=13.835$ mm,中径 $d_2=14.701$ mm)的普通螺栓,螺栓材料为 45 钢,8.8 级,$\sigma_s=640$ MPa,连接时不严格控制预紧力(取安全系数 $S=4$),被连接件接合面间的摩擦系数 $f=0.2$。若考虑摩擦传力的可靠性系数(防滑系数)$K_f=1.2$,试计算该连接允许传递的静载荷 F_R(取计算直径 $d_c=d_1$)。

2-59　有一提升装置如图所示。

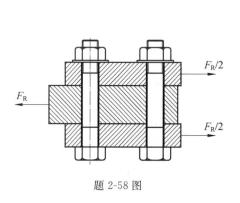

题 2-58 图

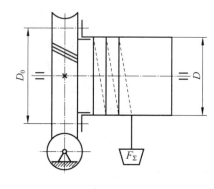

题 2-59 图

(1) 卷筒用 6 个 M8($d_1=6.647$ mm)的普通螺栓固连在蜗轮上,已知卷筒直径 $D=150$ mm,螺栓均布于直径 $D_0=180$ mm 的圆周上,接合面间摩擦系数 $f=0.15$,防滑系数 $K_s=1.2$,螺栓材料的许用拉伸应力 $[\sigma]=120$MPa,试求该螺栓组连接允许的最大提升载荷 F_Σ。

(2) 若已知 $F_\Sigma=6000$ N,其他条件同(1),但 d_1 未知,试确定螺栓直径。

由 GB/T 196—2003 查得:

M8,$d_1=6.647$ mm;M10,$d_1=8.376$ mm;M12,$d_1=10.106$ mm;M16,$d_1=13.835$ mm。

2-60　一刚性凸缘联轴器用 6 个 M10 的铰制孔用螺栓(螺栓 GB/T 27—2013)连接,结构

尺寸如图所示。两半联轴器材料为 HT200,螺栓材料为 Q235、性能等级为 5.6 级。试求:

(1)该螺栓组连接允许传递的最大扭矩 T_{max};

(2)若传递的最大扭矩 T_{max} 不变,改用普通螺栓连接,试计算螺栓直径,并确定其公称长度,写出螺栓标记。(设两半联轴器间的摩擦系数 $f=0.16$,可靠性系数 $K_f=1.2$。)

2-61 一钢结构托架由两块边板和一块承重板焊成,两块边板各用 4 个螺栓与立柱相连接,其结构尺寸如图所示。托架所受的最大载荷为 20 kN,载荷有较大的变动。试问:

(1)此螺栓连接采用普通螺栓连接还是铰制孔用螺栓连接为宜?

(2)如采用铰制孔用螺栓连接,螺栓的直径应为多大?

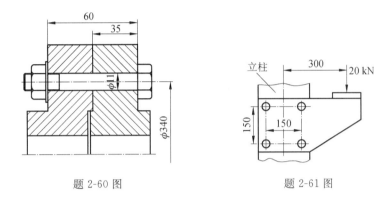

题 2-60 图   题 2-61 图

2-62 图示为一汽缸盖螺栓组连接。已知汽缸内的工作压力 $p=0\sim1$ MPa,缸盖与缸体均为钢制,其结构尺寸如图所示。试设计此连接。

2-63 如图所示的底板螺栓组连接受外力 F_Σ 的作用。外力 F_Σ 的作用在包含 x 轴并垂直于底板接合面的平面内。试分析底板螺栓组的受力情况,并判断哪个螺栓受力最大? 保证连接安全工作的必要条件有哪些?

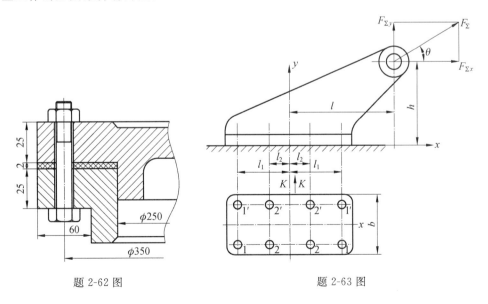

题 2-62 图   题 2-63 图

2-64 某减速器输出轴上装有联轴器,用图所示 A 型平键连接。已知输出轴直径为 60 mm,输出扭矩为 1200 N·m,键的许用挤压应力为 150 MPa,试校核键的强度。

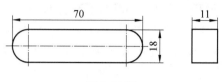

题 2-64 图

2-65　一齿轮装在轴上,采用 A 型普通平键连接,齿轮、轴、键均用 45 钢,轴径 $d=$ 80 mm,轮毂长度 $L=150$ mm,传递扭矩 $T=2000$ N·m,工作中有轻微冲击,试确定平键尺寸和标记并验算连接的强度。

2-66　图示的铸锡磷青铜蜗轮轮圈与铸铁轮芯采用过盈连接,所选用标准为 H8/t7,配合表面粗糙度均为 $Ra=1.6$ μm,设连接零件本身的强度足够,试求此连接允许传递的最大扭矩(摩擦系数 $f=0.10$,铸锡磷青铜与铸铁的弹性模量均取 1.05×10^5 N/mm²)。

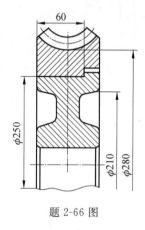

题 2-66 图

第3章 带 传 动

带传动和链传动都是挠性传动。带传动和链传动通过环形挠性元件,在两个或多个传动轮之间传动运动和动力。

带传动一般是由主动带轮、从动带轮、紧套在两轮上的传动带及机架组成。当原动机驱动主动带轮转动时,带与带轮之间摩擦力使从动带轮一起转动,从而实现运动动力的传递。链传动由两轴平行的大、小链轮和链条组成。链传动与带传动有相似之处,即链轮与链条啮合,其中链条相当于带传动中的挠性带,但又不是靠摩擦力传动,而是靠链轮齿和链条之间的啮合来传动。链传动又是啮合传动。

3.1 概 述

带传动是具有中间挠性件的一种传动,如图 3-1 所示,一般是由主动带轮 1、从动带轮 2、套在其上的传动带 3 及机架组成,工作时靠零件之间的摩擦(或啮合)来传递运动和动力。

1. 带传动的类型

根据工作原理不同,带传动可分为摩擦带传动和啮合带传动两类。其中摩擦带传动应用广泛。

摩擦带传动在安装时,带通常需要张紧,这时带所受的拉力称为初拉力,它使带轮上的带与带轮接触面间产生压力。当原动机驱动主动带轮转动时,依靠带和带轮间摩擦力的作用,从动带轮便一起转动,并传递一定的动力。

啮合带传动目前只有同步齿形带传动一种。它是依靠带内面的凸齿和带轮表面相应的凹齿相啮合来传递运动和动力的(见图 3-2)。它兼具齿轮传动和摩擦带传动的特点。工作时,因带靠啮合传动,带的初拉力小,故带与带轮间无相对滑动,能保证固定的传动比。其传动效率较高,适于较高速度的传动。图 3-3 所示为齿形带和带轮。

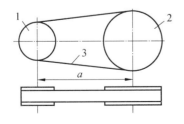

图 3-1 带传动简图

1—主动带轮;2—从动带轮;3—传动带

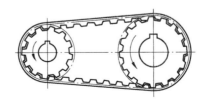

图 3-2 啮合带传动

图 3-3　齿形带和带轮

　　按照带的截面形状不同,摩擦带传动可分平带传动、V 带传动、多楔带传动和圆带传动。如图 3-4 所示。

　　平带传动结构简单,带轮也容易制造,在传动中心距较大的情况下应用较多。常用的平带有橡胶布带,缝合棉布带,棉织带和毛织带等数种。其中以橡胶布带应用最广。

　　平带的横截面是扁矩形,工作时带的环形内表面与轮缘相接触,为工作面(见图 3-4(a))。V 带的横截面是等腰梯形,工作时 V 带两侧面与轮槽的侧面相接触,而 V 带底面与轮槽的底面并不接触,工作面为两侧面(见图 3-4(b))。基于轮槽的楔形效应,在相同初拉力时,V 带传动较平带传动能产生更大的摩擦力,进而传递较大的功率。这是 V 带传动性能上的最主要优点。再加上 V 带传动允许的传动比较大,结构较紧凑,以及 V 带多已标准化并大量生产等优点,因而 V 带传动的应用最广泛。

　　多楔带以其扁平部分为基体,下面有若干等距纵向槽,其工作面是多楔的侧面(见图 3-4(c)),这种带兼有平带的弯曲应力小和 V 带的摩擦力大等特点。多楔带传动平稳,结构尺寸小,常用于传递功率较大又要求结构紧凑的场合。

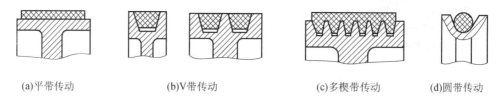

(a)平带传动　　　　(b)V带传动　　　　(c)多楔带传动　　　　(d)圆带传动

图 3-4　摩擦带传动类型

　　圆带传动只能传递很小的功率,因此常用于传递功率较小的仪器设备中。

2. 带传动的形式

　　根据带轮轴的相对位置及带绕在带轮上的方式不同,带传动分为开口传动(见图 3-5(a))、交叉传动(见图 3-5(b))和半交叉传动(见图 3-5(c))。后两种带传动形式只适合平带传动和圆带传动。

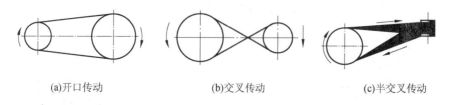

(a)开口传动　　　　　　　(b)交叉传动　　　　　　　(c)半交叉传动

图 3-5　带传动形式

　　开口传动两轴线平行,主动带轮和从动带轮转动方向相同,适合各种形式的带。交叉传动两轴线平行,但主动带轮和从动带轮转动方向相反,交叉处有摩擦,所以带的寿命较短。半交叉传动轴线通常异面垂直,且只能单向传动,传动方向如图 3-5(c)所示,即必须保证带从带轮脱下进入另一带轮时,带的中心线在要进入的带轮的中心平面内。

3. 带传动的特点及应用场合

1)摩擦带传动的主要特点

(1)带具有较大弹性和挠性,因此可吸收振动和缓和冲击,传动平稳,噪声小。

(2)当过载时,传动带与带轮间可发生相对滑动而不损伤其他零件,起到保护作用。

(3)改变带的长度就可改变两轴间的中心距,故可实现两轴间中心距较大的传动。

(4)结构简单,制造、安装和维护都较方便。

(5)摩擦带传动中存在弹性滑动,故不能保证准确的传动比。

(6)结构尺寸较大,传动效率较低,带使用寿命较短。

(7)较大的张紧力会产生较大的压轴力,使轴和轴承的受力较大。

(8)不宜用于高温、易燃等场合。

2)带传动的应用场合

在一般机械传动中,V 带传动应用最广。带传动适用于中、小功率,一般功率 $P \leqslant$ 100 kW,带速 $v=5\sim25$ m/s,传动比 $i \leqslant 7$,传动效率为 0.90~0.95 的机械。

3.2 V 带与带轮

1. V 带类型与标准

V 带有普通 V 带、窄 V 带、宽 V 带、接头 V 带等近十种,一般使用的多为普通 V 带,窄 V 带应用也日益广泛。

标准普通 V 带都制成无接头的环形。V 带的结构如图 3-6 所示,由包布层 1、顶胶层 2、抗拉层 3 和底胶层 4 组成。抗拉层是承受载荷的主体,它由几层帘布或粗线绳组成,分别称为帘布芯结构(见图 3-6(a))和线绳芯结构(见图 3-6(b))。线绳芯结构比较柔软易弯曲,抗弯强度高,适用于带轮直径较小、转速较高的场合。为提高带的拉曳能力,抗拉层还可采用尼龙丝绳或钢丝绳。顶胶层、底胶层均为胶料,V 带在带轮上弯曲时,顶胶层承受拉伸力;底胶层承受压缩力。包布层由几层橡胶布组成,是带的保护层。

如图 3-7 所示,当带纵向弯曲时,带中保持长度不变的任一条周线称为节线,由全部节线构成的面称为节面。带的节面宽度称为节宽 b_p,当带纵向弯曲时,该宽度保持不变。

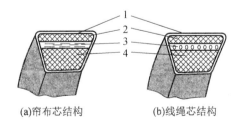

(a)帘布芯结构　　　(b)线绳芯结构

图 3-6 V 带结构

1—包布层;2—顶胶层;3—抗拉层;4—底胶层

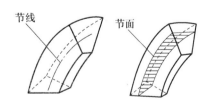

图 3-7 V 带的节线和节面

与普通 V 带相比,在高度相同时,窄 V 带的宽度比普通 V 带小约 30%,但传递功率较大,允许速度较高,传递中心距较小,适用于大功率且结构紧凑的场合。

普通 V 带和窄 V 带已标准化,按照截面尺寸的不同,标准普通带有 Y、Z、A、B、C、D、E 七种型号,从 Y 到 E,截面尺寸增加,承载能力增强。窄 V 带有 SPZ、SPA、SPB、SPC 四种型号。基本尺寸见表 3-1。

表 3-1　V 带截面尺寸(GB/T 11544—2012)

类型		节宽 b_p/mm	顶宽 b/mm	高度 h/mm	单位长度质量 q/(kg/m)	楔角 φ/(°)
普通 V 带	窄 V 带					
Y		5.3	6.0	4.0	0.023	
Z		8.5	10.0	6.0	0.060	
	SPZ	8.5	10.0	8.0		
A		11.0	13.0	8.0	0.105	
	SPA	11.0	13.0	10.0		
B		14.0	17.0	11.0	0.170	40
	SPB	14.0	17.0	14.0		
C		19.0	22.0	14.0	0.300	
	SPC	19.0	22.0	18.0		
D		27.0	32.0	19.0	0.630	
E		32.0	38.0	23.0	0.970	

在 V 带带轮上与所配用 V 带的节面宽度 b_p 相对应的带轮直径称为基准直径 d。V 带位于带轮基准直径上的周线长度称为基准长度 L_d。V 带基准长度 L_d 为标准值,如表 3-2 和表 3-3 所示。

表 3-2　普通 V 带带长修正系数 K_L

Y L_d	K_L	Z L_d	K_L	A L_d	K_L	B L_d	K_L
200	0.81	405	0.87	630	0.81	930	0.83
224	0.82	475	0.90	700	0.83	1 000	0.74
250	0.84	530	0.93	790	0.85	1 100	0.86
280	0.87	625	0.96	890	0.87	1 210	0.87
315	0.89	700	0.99	990	0.89	1 370	0.90
355	0.92	780	1.00	1 100	0.91	1 560	0.92
400	0.96	920	1.04	1 250	0.93	1 760	0.94
450	1.00	1 080	1.07	1 430	0.96	1 950	0.97
500	1.02	1 330	1.13	1 550	0.98	2 180	0.99
		1420	1.14	1 640	0.99	2 300	1.01
		1540	1.54	1 750	1.00	2 500	1.03
				1 940	1.02	2 700	1.04
				2 050	1.04	2 870	1.05
				2 200	1.06	3 200	1.07

续表

Y L_d	K_L	Z L_d	K_L	A L_d	K_L	B L_d	K_L
				2 300	1.07	3 600	1.09
				2 480	1.09	4 060	1.13
				2 700	1.10	4 430	1.15
						4 820	1.17
						5 370	1.20
						6 070	1.24

表 3-3 窄 V 带带长修正系数

L_d	K_L			
	SPZ	SPA	SPB	SPC
630	0.82			
710	0.84			
800	0.86	0.81		
900	0.88	0.83		
1000	1.90	0.85		
1120	0.93	0.87		
1250	0.94	0.89	0.82	
1400	0.96	0.91	0.84	
1600	1.00	0.93	0.86	
1800	1.01	0.95	0.88	
2000	1.02	0.96	0.90	0.81
2240	1.05	0.98	0.92	0.83
2500	1.07	1.00	0.94	0.86
2800	1.09	1.02	0.96	0.88
3150	1.11	1.04	0.98	0.90
3550	1.13	1.06	1.00	0.92
4000		1.08	1.02	0.94
4500		1.09	1.04	0.96
5000			1.06	0.98

2. V 带带轮

V 带带轮由轮缘、轮毂和连接这两部分的轮辐或腹板组成,其中轮缘用于安装 V 带,轮毂与轴相配合,由于 V 带是标准件,所以 V 带带轮轮缘的尺寸与带的型号和带的根数有关。V 带带轮基准直径已经标准化,如表 3-4 所示。普通 V 带带轮槽尺寸见表 3-5。

表 3-4 V 带带轮最小基准直径

型号	Y	Z	SPZ	A	SPA	B	SPB	C	SPC	D	SPD
d_{min}	20	50	63	75	90	125	140	200	224	355	500

注 V 带轮的基准直径系列为 20 22.4 25 28 31.5 40 45 50 56 63 71 75 80 85 90 95 100 106 112 118 125 132 140 150 160 170 180 200 212 224 236 250 265 280 300 315 355 375 400 425 450 475 500 530 560 600 630 670 710 750 800 900 1000 等。

表 3-5　V 带带轮槽尺寸

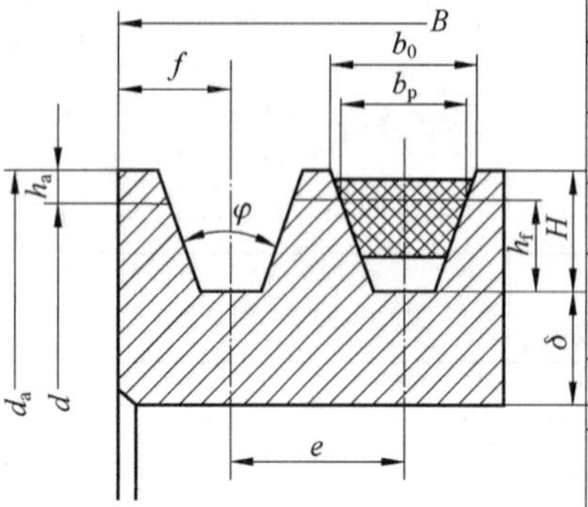

槽型截面尺寸		型号				
		Y	Z SPZ	A SPA	B SPB	C SPC
b_p		5.3	8.5	11	14	19
h_{amin}		1.6	2.0	2.75	3.5	4.8
e		8±0.3	12±0.3	15±0.3	19±0.4	25.5±0.5
f_{min}		6	7	9	11.5	16
h_{fmin}		4.7	7 9	8.7 11	10.8 14	14.3 19
δ_{min}		5	5.5	6	7.5	10
$\varphi/$ (°)	32	≤60	—	—	—	—
	34	—	≤80	≤118	≤190	≤315
	36	>60	—	—	—	—
	38	—	>80	>118	>190	>315

（32~38 行第二列为"对应的 d"）

表中带轮的轮槽槽角分别为 32°、34°、36°、38°，均小于 V 带的楔角 40°（见表 3-1），原因是当 V 带弯曲时，顶胶层在横向要收缩，而底胶层在横向要伸长，因而楔角要减小。为保证 V 带和 V 带带轮工作面的良好接触，一般带轮的轮槽槽角都应适当减小。

轮槽的工作面要精加工，保证适当的粗糙度值，以减少带的磨损，保证带的疲劳寿命。

带轮的材料主要采用铸铁，常用材料的牌号为 HT150 或 HT200；允许的最大圆周速度为 25 m/s，转速较高时宜采用铸钢或用钢板冲压后焊接；小功率时可用铸铝或塑料。

铸铁制 V 带带轮的典型结构有以下几种形式：实心式（见图 3-8(a)）；幅板式（见图 3-8(b)）；孔板式（见图 3-8(c)）；椭圆剖面的轮辐式（见图 3-8(d)）。

当带轮的基准直径 $d \leqslant (2.5 \sim 3)d_s$（$d_s$ 为轴的直径，mm）时，可采用实心式；当 $d \leqslant 300$ mm 时，可采用幅板式；当 $d_r - d_h \geqslant 100$ mm 时，为方便吊装和减轻重量，可在腹板上开孔，称为孔板式；当 $d > 300$ mm 时，可采用椭圆剖面的轮辐式。

图 3-8 中：
$$d_h = (1.8 \sim 2)d_s, d_r = d_a - 2(h_a + h_f + \delta), h_1 = 290 \left[P/(nz_a)\right]^{1/3},$$
$$h_2 = 0.8h_1, d_0 = (d_h + d_r)/2, s = (0.2 \sim 0.3)B, L = (1.5 \sim 2)d_s \text{ 或由已知轴长确定},$$
$$s_1 \geqslant 1.5s, s_2 \geqslant 0.5s, a_1 = 0.4h_1, a_2 = 0.8a_1, f_1 = f_2 = 0.2h_1.$$

式中：h_a、h_f、δ——见表 3-5；

P——传递的功率，kW；

n——转速，r/min；

z_a——辐条数。

带轮的结构设计，主要是根据带轮的基准直径选择结构形式，根据带的型号确定轮槽尺寸；带轮的其他结构尺寸可参照经验公式计算。确定了带轮的各部分尺寸后，即可绘制出零件图，并按工艺要求注出相应的技术条件等。

V 带带轮结构工艺性要好，应易于制造，且无过大的铸造内应力，质量分布均匀，转速高时要经过动平衡。

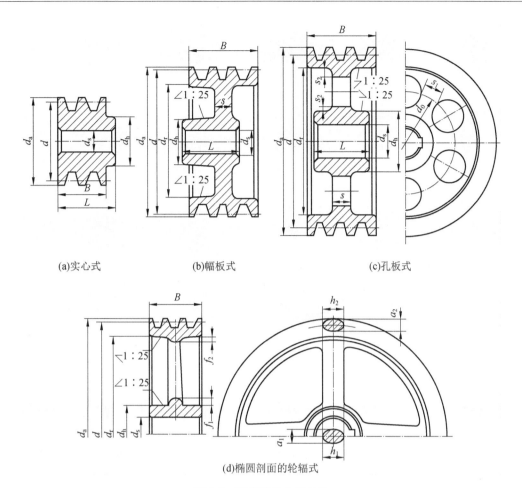

(a)实心式　　　　(b)幅板式　　　　(c)孔板式

(d)椭圆剖面的轮辐式

图 3-8　V 带轮的典型结构

3. 带传动的几何尺寸计算

将具有基准长度 L_d 的 V 带置于具有基准直径 d 的带轮轮槽中,并适当张紧,完成带传动的安装,其中心距为 a,以开口 V 带传动为例,其几何尺寸关系如图 3-9 所示。图 3-9 中的 α 为包角,它是带与带轮接触弧所对应的圆心角,是带传动中影响其传动性能的重要参数之一。L_d、d、a 及 α 的关系如下:

$$L_d = 2a + \frac{\pi}{2}(d_1 + d_2) + \frac{(d_2 - d_1)^2}{4a}$$

$$(3-1)$$

$$\alpha = 180° - 2\theta \approx 180° \pm \frac{d_2 - d_1}{a} \times 57.3°$$

$$(3-2)$$

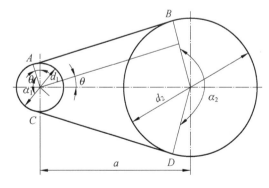

图 3-9　开口 V 带传动几何尺寸关系

式中:"+"——大带轮包角 α_2;

"-"——小带轮包角 α_1。

3.3 带传动的理论基础

3.3.1 带传动的受力分析

带传动是靠摩擦来传递运动和动力的,因此在安装时,传动带需要以一定的初拉力 F_0 紧套在两个带轮上。由于 F_0 的作用,带和带轮的接触面上就产生了正压力。带传动不工作时,传动带在带轮两边所受的拉力相等,都等于 F_0,如图 3-10(a)所示。

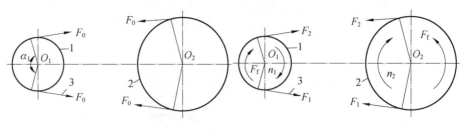

(a)不工作时　　　　　　　　(b)工作时

图 3-10　带传动的受力分析

1—主动带轮;2—从动带轮;3—传动带

带传动工作时(见图 3-10(b)),带与带轮的接触面间产生摩擦力 F_f,进入主动带轮 1 的一边被拉紧,称为紧边,紧边拉力由 F_0 增加到 F_1;进入从动带轮 2 的一边被放松,称为松边,松边拉力由 F_0 减小到 F_2。如果近似认为带工作时的总长度不变,则带的紧边拉力增加量,应等于松边拉力的减少量,即

$$F_1 - F_0 = F_0 - F_2$$

或

$$F_1 + F_2 = 2F_0 \tag{3-3}$$

当取主动带轮一端的带为分离体时,则总摩擦力 F_f 和带轮两边拉力对轴心力矩的代数和 $\sum T = 0$,即

$$F_f \frac{d_1}{2} - F_1 \frac{d_1}{2} + F_2 \frac{d_1}{2} = 0$$

可得

$$F_f = F_1 - F_2$$

带传动是靠摩擦来传递运动和动力的,故整个接触面上的摩擦力 F_f 即带所传递的有效拉力 F,有效拉力 F 并不是作用于某固定点的集中力,而是带和带轮接触面上各点摩擦力的总和,则由上面关系式可知:

$$F = F_f = F_1 - F_2 \tag{3-4}$$

由式(3-3)和式(3-4)可得

$$F_1 = F_0 + \frac{F}{2} \tag{3-5}$$

$$F_2 = F_0 - \frac{F}{2} \tag{3-6}$$

带传动所能传递的功率 $P(\text{kW})$ 为

$$P = \frac{Fv}{1000} \tag{3-7}$$

式中：F——有效拉力，N；

　　v——带的线速度，m/s。

由式(3-5)和式(3-6)可知，带在带轮两边所受的拉力 F_1 和 F_2 的大小，取决于初拉力 F_0 和带传动的有效拉力 F。在带传动的传动能力范围内，F 的大小又和传动的功率 P 及带速 v 有关。当传动的功率增大时，带的两边拉力的差值 F 也要相应增大。带在带轮两边所受的拉力的这种变化，实际上反映了带和带轮接触面上摩擦力的变化。显然，当其他条件不变且初拉力 F_0 一定时，这个摩擦力有一极限值(临界值)。这个极限值就限制着带传动的传动能力。

3.3.2　带传动的最大有效拉力及其影响因素

由式(3-7)可知，在带传动中，当传递的功率增大时，有效拉力 F 增大，要求带与带轮接触面间的摩擦力也增大。但初拉力 F_0 一定且其他条件不变时，这个摩擦力有一极限值，这就是带传动所能传递的最大有效拉力。若带传动中要求带所传递的有效拉力超过带与带轮接触面间的极限摩擦力，此时带与带轮间将产生显著的相对滑动，这种现象称为打滑。经常出现打滑将使带的磨损加剧，传动效率降低，甚至使传动失效，因此，应当避免打滑。

以平带传动为例，带在即将打滑时，紧边拉力 F_1 和松边拉力 F_2 的关系如图 3-11 所示。如在带上截取一段弧 $\mathrm{d}l$，相应包角为 $\mathrm{d}\alpha$。微弧段两端所受的拉力分别为 F 与 $F+\mathrm{d}F$，带轮给微弧段的正压力为 $\mathrm{d}F_\mathrm{N}$，带与带轮接触面间的极限摩擦力为 $f\cdot\mathrm{d}F_\mathrm{N}$，若带速小于 10 m/s，可以不计离心力的影响，此时，力平衡方程如下：

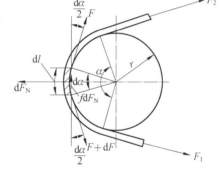

$$\mathrm{d}F_\mathrm{N} = F\sin\frac{\mathrm{d}\alpha}{2} + (F+\mathrm{d}F)\sin\frac{\mathrm{d}\alpha}{2} \tag{3-8}$$

$$f\cdot\mathrm{d}F_\mathrm{N} = (F+\mathrm{d}F)\cos\frac{\mathrm{d}\alpha}{2} - F\cos\frac{\mathrm{d}\alpha}{2} \tag{3-9}$$

图 3-11　带松边和紧边拉力关系计算简图

因 $\mathrm{d}\alpha$ 很小，取 $\sin\dfrac{\mathrm{d}\alpha}{2}\approx\dfrac{\mathrm{d}\alpha}{2}$，$\cos\dfrac{\mathrm{d}\alpha}{2}\approx1$，略去 $\mathrm{d}F\dfrac{\mathrm{d}\alpha}{2}$，则得

$$\mathrm{d}F_\mathrm{N} = F\cdot\mathrm{d}\alpha \tag{3-10}$$

$$f\cdot\mathrm{d}F_\mathrm{N} = \mathrm{d}F \tag{3-11}$$

由式(3-10)和式(3-11)，可得 $\dfrac{\mathrm{d}F}{F}=f\cdot\mathrm{d}\alpha$，两边积分 $\displaystyle\int_{F_2}^{F_1}\dfrac{\mathrm{d}F}{F}=\int_0^\alpha f\cdot\mathrm{d}\alpha$，得

$$F_1 = F_2\mathrm{e}^{f\alpha} \tag{3-12}$$

式中：e——自然对数的底(e=2.718)；

　　f——带与带轮间的摩擦系数；

　　α——带轮包角，主动带轮的包角为 α_1，从动带轮的包角为 α_2。

式(3-12)称为挠性体摩擦的欧拉公式。

将式(3-5)和式(3-6)，即 $F_1=F_0+\dfrac{F}{2}$ 和 $F_2=F_0-\dfrac{F}{2}$ 代入式(3-12)整理后，得带在带轮两

边所受的拉力分别为

$$F_1 = F\,\frac{\mathrm{e}^{f\alpha}}{\mathrm{e}^{f\alpha}-1} \tag{3-13}$$

$$F_2 = F\,\frac{1}{\mathrm{e}^{f\alpha}-1} \tag{3-14}$$

及带传动所能传递的最大有效拉力：

$$F_{\max} = 2F_0\,\frac{1-\dfrac{1}{\mathrm{e}^{f\alpha}}}{1+\dfrac{1}{\mathrm{e}^{f\alpha}}} \tag{3-15}$$

由式(3-15)可知,最大有效拉力 $F_{\max}$ 与下列几个因素有关:

(1)初拉力 F_0。最大有效拉力 $F_{\max}$ 与 F_0 成正比。这是因为 F_0 越大,带与带轮接触面间的正压力越大,则传动时的摩擦力越大,最大有效拉力 $F_{\max}$ 也就越大。但 F_0 过大,带的磨损也加剧,会缩短带的工作寿命。如 F_0 过小,则带传动的工作能力得不到充分发挥,运转时容易发生跳动和打滑现象。因此带必须在预张紧后才能正常工作。初拉力 F_0 可以这样确定:在带与两带轮切点的跨度中心,施加一垂直于带边的力(其值参考机械设计手册),使带沿跨距每 100 mm 所产生的挠度 $y=1.6$ mm,此时的初拉力 F_0 即可符合要求。

(2)包角 α。最大有效拉力 $F_{\max}$ 随包角 α 的增大而增大。这是因为 α 越大,带和带轮的接触面上所产生的总摩擦力就越大,带传动能力也就越强。通常紧边置于下边,以增大包角。在带传动中,一般 $\alpha_1<\alpha_2$,所以,带传动的传动能力取决于小带轮的 α_1,式(3-12)至式(3-15)中均代入 α_1,一般要求 $\alpha_{1\min}\geq120°$。显然打滑也一定先出现在小带轮上。

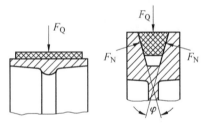

图 3-12　V 带、平带与带轮间受力比较

(3)摩擦系数 f。最大有效拉力 $F_{\max}$ 随摩擦系数的增大而增大。这是因为摩擦系数越大,则摩擦力就越大,带传动能力也就越高。而摩擦系数 f 与带及带轮的材料和表面状况、工作环境条件等有关。

V 带传动与平带传动初拉力 F_0 相等(即带压向带轮的压力同为 F_Q,见图 3-12)时,它们的法向力 F_N 则不同。平带的极限摩擦力 $fF_N=fF_Q$,而 V 带的极限摩擦力为

$$fF_N = f\,\frac{F_Q}{\sin\dfrac{\varphi}{2}} = f_V F_Q$$

式中: φ——带轮槽角,(°);

f_V——当量摩擦系数, $f_V=\dfrac{f}{\sin\dfrac{\varphi}{2}}$。显然 $f_V>f$,故在相同条件下,V 带能传递较大的功率。或者说,在传递相同的功率时,V 带传动的结构更紧凑。

对于 V 带传动,计算时式(3-12)至式(3-15)中均代入 f_V。

3.3.3　带传动的应力分析

带传动工作时,带中的应力有以下三种。

1. 由紧边和松边拉力产生的应力

紧边拉应力:

$$\sigma_1 = \frac{F_1}{A} \quad (\text{MPa})$$

松边拉应力:

$$\sigma_2 = \frac{F_2}{A} \quad (\text{MPa})$$

式中:A——带的横截面面积,mm^2。

σ_1 和 σ_2 值不相等,带绕过主动带轮时,拉力产生的应力由 σ_1 逐渐降为 σ_2,绕过从动带轮时又由 σ_2 逐渐增大到 σ_1。

2. 由离心力产生的应力

当带以线速度 v 沿带轮轮缘做圆周运动时,带本身的质量将引起离心力。虽然离心力只产生在带做圆周运动的部分,但由于离心力的作用,带中产生的离心拉力 F_c 在带的横剖面上产生的离心拉应力 σ_c 却作用在带的全长。

如图 3-13 所示,设带以速度 $v(\text{m/s})$ 绕带轮运动,$\mathrm{d}l$ 微段带上的离心力为

$$\mathrm{d}F_{NC} = q \cdot \mathrm{d}l \frac{v^2}{r} = qr \cdot \mathrm{d}\alpha \frac{v^2}{r} = qv^2 \cdot \mathrm{d}\alpha$$

在微段上产生的离心拉力 F_c 可由力的平衡条件求得,即

$$2F_c \sin\frac{\mathrm{d}\alpha}{2} = \mathrm{d}F_{NC} = qv^2\mathrm{d}\alpha$$

因 $\mathrm{d}\alpha$ 很小,取 $\sin\frac{\mathrm{d}\alpha}{2} \approx \frac{\mathrm{d}\alpha}{2}$,则有 $F_c = qv^2(\text{N})$。

带中的离心拉应力为

$$\sigma_c = \frac{F_C}{A} = \frac{qv^2}{A} \quad (\text{MPa})$$

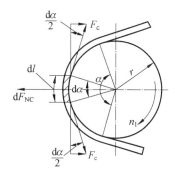

图 3-13 　带的离心力

式中:q ——单位长度带的质量,kg/m;

　　　v——带的线速度,m/s。

可见离心拉应力 σ_c 与带单位长度的质量成正比,与带速的平方成正比,故高速时宜采用轻质带,带速限制在 $v = 5 \sim 25 \ \text{m/s}$,以利于降低离心拉应力。

3. 由带弯曲产生的应力

带绕在带轮上时要引起弯曲应力,带中的弯曲应力如图 3-14 所示。

由材料力学知识可知带的弯曲应力为

$$\sigma_b = \frac{2yE}{d} \quad (\text{MPa})$$

式中:y——带的节面到最外层的垂直距离,mm;

　　　E——带的弹性模量,MPa;

　　　d——带轮基准直径(见表 3-4),mm。

显然,两带轮直径不同时,带绕在小带轮上时弯曲应力较大。

把上述三种应力叠加,即可得到带在传动过程中,处于各个位置时所受的应力情况,图 3-15 所示为带传动工作时的应力分布。由图 3-15 可知,带瞬时最大应力发生在带的紧边开始绕上小带轮处。此处的最大应力可表示为 $\sigma_{max} = \sigma_1 + \sigma_c + \sigma_{b1}$。

由于带处于变应力状态,当应力循环次数达到一定值后,带将产生疲劳破坏而使带传动

失效,表现为脱层、撕裂和拉断,限制了带的使用寿命。

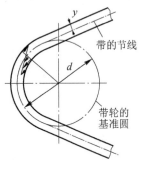

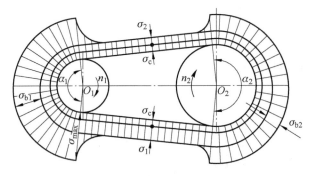

图 3-14 带的弯曲应力

图 3-15 带传动工作时的应力分布

3.3.4 带传动的弹性滑动、打滑和传动比

带是挠性件,带传动在工作时,带受到拉力后要产生弹性变形。由于紧边和松边的拉力不同,因而弹性变形也不同。设带的材料满足变形与应力成正比的规律,则紧边和松边的单位伸长量分别为 $\varepsilon_1 = \dfrac{F_1}{AE}$ 和 $\varepsilon_2 = \dfrac{F_2}{AE}$,因为 $F_1 > F_2$,所以 $\varepsilon_1 > \varepsilon_2$,见图 3-16。当紧边在 a 点绕上主动带轮时,其所受拉力为 F_1,此时带的线速度 v 和主动带轮的圆周速度 v_1 相等。在带由 a 点转到 b 点的过程中,带所受的拉力由 F_1 逐渐降低到 F_2,带的弹性变形也就随之逐渐减小,亦即带在逐渐缩短,所以带的速度便逐渐降低于主动带轮的圆周速度 v_1。这就说明带在绕经主动带轮轮缘的过程中,在带与主动带轮轮缘之间发生了相对滑动。相对滑动现象也会发生在从动带轮上,但情况恰恰相反,带绕上从动带轮时,带和带轮具有同一速度,但拉力由 F_2 增大到 F_1,弹性变形随之逐渐增大,因而带不是缩短而是伸长,使带的速度领先于从动带轮的圆周速度 v_2,亦即带与从动带轮间也要发生相对滑动。这种由带的弹性变形而引起的带与带轮间的滑动,称为带的弹性滑动。这是带传动正常工作时固有的特性,不可避免。

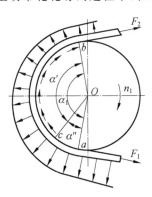

图 3-16 带传动的弹性滑动

弹性滑动可导致从动带轮的圆周速度 v_2 低于主动带轮的圆周速度 v_1,传动效率降低,引起带的磨损并使带的温度升高。

通常,包角所对应的带和带轮的接触弧并不全都发生弹性滑动,有相对滑动的部分称为动弧,无相对滑动的部分称为静弧,其对应的中心角分别称为滑动角 α' 和静角 α'',静弧总是发生在带进入带轮的这一边上。当带不传递载荷时,$\alpha' = 0$,随着载荷的增加,滑动角增加而静角则减小;当 $\alpha' = \alpha_1$ 时,$\alpha'' = 0$,此时带传动的有效拉力达到最大值,带开始打滑。打滑是过载造成的带与带轮的全面滑动,带所传递的圆周力此时超过带与带轮间的极限摩擦力的总和。打滑将导致带的严重磨损并使带的运动处于不稳定的状态。打滑是过载造成的带传动的一种失效形式,可以避免且应该避免。

由于弹性滑动的影响,从动带轮的圆周速度 v_2 低于主动带轮的圆周速度 v_1,其降低量可用滑动率 ε 来表示:$\varepsilon = \dfrac{v_1 - v_2}{v_1} \times 100\%$。

若主、从动带轮的转速分别为 n_1、n_2，考虑 ε 的影响时，则带传动的传动比为

$$i = \frac{n_1}{n_2} = \frac{d_2}{d_1(1-\varepsilon)} \tag{3-16}$$

对 V 带传动，一般 $\varepsilon = 1\% \sim 2\%$，在无须精确计算从动带轮转速时，可不计 ε 的影响。

需要注意的是，弹性滑动和打滑是两个截然不同的概念，打滑是由于过载所引起的带在带轮上的全面滑动，应当避免；而弹性滑动是由拉力差引起的，只要传递圆周力，必然会发生弹性滑动。

3.4 V 带传动设计

3.4.1 带传动的失效形式和设计准则

1. 失效形式

由带传动的应力分析（参见图 3-15）可知：带每绕过带轮一次，应力就由小变大、又由大变小地变化一次，带绕过带轮的次数越多，转速越高，带越短，应力循环次数越多，在交变应力作用下导致带的疲劳破坏。另外，从摩擦传力的角度分析可知：带所传递的圆周力超过带与带轮间的极限摩擦力的总和所导致的打滑，也同样不能使带传动正常工作，因此带传动的主要失效形式是打滑和疲劳破坏。

2. 设计准则

带传动的设计准则应是，在保证带工作时不打滑的条件下，具有一定的疲劳强度和使用寿命，且带速不能太低或太高。

1）疲劳强度的条件

为保证带的疲劳强度，使其具有足够应力循环次数，就应对应力加以限制，使最大应力 $\sigma_{\max} = \sigma_1 + \sigma_c + \sigma_{b1}$ 小于带的许用应力 $[\sigma]$。即疲劳强度的条件为

$$\sigma_{\max} = \sigma_1 + \sigma_c + \sigma_{b1} \leqslant [\sigma]$$

或

$$\sigma_1 \leqslant [\sigma] - \sigma_c + \sigma_{b1} \tag{3-17}$$

式中：$[\sigma]$——由疲劳寿命决定的带的许用应力，MPa。

2）不打滑条件

要求带所传递的有效拉力小于带与带轮间的极限摩擦力的总和，即

$$1000\frac{P}{v} \leqslant F_{\max} = F_1 - F_2 = F_1\left(1 - \frac{1}{e^{f_v \alpha}}\right) = \sigma_1 A\left(1 - \frac{1}{e^{f_v \alpha}}\right) \tag{3-18}$$

3. 单根 V 带所能传递的功率

根据设计准则，将带的应力转换成单根带传递的功率。

将式（3-17）和式（3-18）联立求解，则可得同时满足两个约束条件的单根 V 带传递的功率为

$$P_0 = \frac{F_{\max}v}{1000} = \frac{([\sigma] - \sigma_c - \sigma_{b1})A\left(1 - \frac{1}{e^{f_v \alpha}}\right)v}{1000} \quad (\text{kW}) \tag{3-19}$$

公式（3-19）是单根 V 带所允许传递的功率的基本公式。

3.4.2 V带传动的设计计算

1. 单根 V 带的许用功率

在载荷平稳、包角 $\alpha_1 = 180°$（即 $i=1$）、带长 L_d 为特定长度、抗拉层为化学纤维绳芯结构的条件下，由式(3-19)求得单根普通 V 带所能传递的基本额定功率 P_0，如表 3-6 所示；单根窄 V 带所能传递的基本额定功率 P_0 值见表 3-7，可供设计时查阅。当设计 V 带的包角 α_1、带长 L_d、传动比 i 不符合上述条件时，应对 P_0 予以修正。修正后即得实际工作条件下单根 V 带所能传递的功率，称为许用功率 $[P_0]$。

$$[P_0] = (P_0 + \Delta P_0)K_\alpha K_L \tag{3-20}$$

式中：ΔP_0——额定功率增量，考虑传动比 $i \neq 1$ 时，带在大带轮上的弯曲应力较小，故在使用寿命相同条件下，可增大传递的功率，单根普通 V 带额定功率增量 ΔP_0 见表 3-8；

K_α——包角修正系数，考虑包角 $\alpha_1 \neq 180°$ 时对带传动能力的影响，见表 3-9；

K_L——带长修正系数，考虑带长不为特定长度时对带传动能力的影响，见表 3-2 和表 3-3。

表 3-6 单根普通 V 带的基本额定功率 P_0（包角 $\alpha = 180°$，特定基准长度、载荷平稳时）

（单位：kW）

型号	小带轮基准直径 d_1/mm	小带轮转速 n_1/(r/min)															
		200	400	800	950	1200	1450	1600	1800	2000	2400	2800	3200	3600	4000	5000	6000
Z	50	0.04	0.06	0.10	0.12	0.14	0.16	0.17	0.19	0.20	0.22	0.26	0.28	0.30	0.32	0.34	0.31
	56	0.04	0.06	0.12	0.14	0.17	0.19	0.20	0.23	0.25	0.30	0.33	0.35	0.37	0.39	0.41	0.40
	63	0.05	0.08	0.15	0.18	0.22	0.25	0.27	0.30	0.32	0.37	0.41	0.45	0.47	0.49	0.50	0.48
	71	0.06	0.09	0.20	0.23	0.27	0.30	0.33	0.36	0.39	0.46	0.50	0.54	0.58	0.61	0.62	0.56
	80	0.10	0.14	0.22	0.26	0.30	0.35	0.39	0.42	0.44	0.50	0.56	0.61	0.64	0.67	0.66	0.61
	90	0.10	0.14	0.24	0.28	0.33	0.36	0.40	0.44	0.48	0.54	0.60	0.64	0.68	0.72	0.73	0.56
A	75	0.15	0.26	0.45	0.51	0.60	0.68	0.73	0.79	0.84	0.92	1.00	1.04	1.08	1.09	1.02	0.80
	90	0.22	0.39	0.68	0.77	0.93	1.07	1.15	1.25	1.34	1.50	1.64	1.75	1.83	1.87	1.82	1.50
	100	0.26	0.47	0.83	0.95	1.14	1.32	1.42	1.58	1.66	1.87	2.05	2.19	2.28	2.34	2.25	1.80
	112	0.31	0.56	1.00	1.15	1.39	1.61	1.74	1.89	2.04	2.30	2.51	2.68	2.78	2.83	2.64	1.96
	125	0.37	0.67	1.19	1.37	1.66	1.92	2.07	2.26	2.44	2.74	2.98	3.15	3.26	3.28	2.91	1.87
	140	0.43	0.78	1.41	1.62	1.96	2.28	2.45	2.66	2.87	3.22	3.48	3.65	3.72	3.67	2.99	1.37
	160	0.51	0.94	1.69	1.95	2.36	2.73	2.54	2.98	3.42	3.80	4.06	4.19	4.17	3.98	2.67	—
	180	0.59	1.09	1.97	2.27	2.74	3.16	3.40	3.67	3.93	4.32	4.54	4.58	4.40	4.00	1.81	—
B	125	0.48	0.84	1.44	1.64	1.93	2.19	2.33	2.50	2.64	2.85	2.96	2.94	2.80	2.61	1.09	
	140	0.59	1.05	1.82	2.08	2.47	2.82	3.00	3.23	3.42	3.70	3.85	3.83	3.63	3.24	1.29	
	160	0.74	1.32	2.32	2.66	3.17	3.62	3.86	4.15	4.40	4.75	4.89	4.80	4.46	3.82	0.81	
	180	0.88	1.59	2.81	3.22	3.85	4.39	4.68	5.02	5.30	5.67	5.76	5.52	4.92	3.92	—	
	200	1.02	1.85	3.30	3.77	4.50	5.13	5.46	5.83	6.13	6.47	6.43	5.95	4.98	3.47	—	
	224	1.19	2.17	3.86	4.42	5.26	5.97	6.33	6.73	7.02	7.25	6.95	6.05	4.47	2.14	—	
	250	1.37	2.50	4.46	5.10	6.04	6.82	7.20	7.63	7.87	7.89	7.14	5.60	5.12	—	—	
	280	1.58	2.89	5.13	5.85	6.90	7.76	8.13	8.46	8.60	8.22	6.80	426	—	—	—	

型号	小带轮基准直径 d_1/mm	小带轮转速 n_1/(r/min)														
		200	400	800	950	1200	1450	1600	1800	2000	2400	2800	3200	3600	4000	5000	6000
C	200	1.39	2.41	4.07	4.58	5.29	5.84	6.07	6.28	6.34	6.02	5.01	3.23				
	224	1.70	2.99	5.12	5.78	6.71	7.45	7.75	8.00	8.06	7.57	6.08	3.57				
	250	2.03	3.62	6.23	7.04	8.21	9.08	9.38	9.63	9.62	8.75	6.56	2.93				
	280	2.42	4.32	7.52	8.49	9.81	10.72	11.06	11.22	11.04	9.50	6.13	—				
	315	2.84	5.14	8.92	10.05	11.53	12.46	12.72	12.67	12.14	9.43	4.16	—				
	355	3.36	6.05	10.46	11.73	13.31	14.12	14.19	13.73	12.59	7.98	—	—				
	400	3.91	7.06	12.10	13.48	15.04	15.53	15.24	14.08	11.95	4.34	—					
	450	4.51	8.20	13.80	15.23	16.59	16.47	15.57	13.29	9.64	—	—					

注 本表摘自 GB/T 13575.1—2008;为了精简篇幅,表中未列出 Y 型、D 型和 E 型的数据,表中分档也较粗;
Z 型对应的小带轮转速 n_1 为 960 r/min,而不是 950 r/min。

表 3-7 单根窄 V 带的基本额定功率 P_0 (单位:kW)

型号	小带轮基准直径 d_1/mm	小带轮转速 n_1/(r/min)									
		400	700	800	950	1200	1450	1600	2000	2400	2800
SPZ	63	0.35	0.54	0.60	0.68	0.81	0.93	1.00	1.17	1.32	1.45
	71	0.49	0.77	0.87	1.00	1.21	1.41	1.51	1.79	2.05	2.29
	90	0.67	1.09	1.21	1.40	1.70	1.98	2.14	2.55	2.93	3.26
	100	0.79	1.28	1.44	1.66	2.02	2.36	2.55	3.05	3.49	3.90
	125	1.09	1.77	1.91	2.30	2.80	3.28	3.55	4.24	4.85	5.40
SPA	90	0.75	1.17	1.30	1.48	1.76	2.02	2.16	2.49	2.77	3.00
	100	0.94	1.49	1.65	1.89	2.27	2.61	2.80	3.27	3.67	3.99
	125	1.40	2.25	2.52	2.90	3.50	4.06	4.38	5.15	5.80	6.34
	160	2.04	3.30	3.70	4.27	5.17	6.01	6.47	7.60	8.53	9.24
	200	2.75	4.47	5.01	5.79	7.00	8.10	8.72	10.13	11.22	11.92
SPB	140	1.92	3.02	3.35	3.83	4.55	5.19	5.54	6.31	6.86	7.15
	180	3.01	4.82	5.37	6.16	7.38	8.46	9.05	10.34	11.21	11.62
	200	3.54	5.69	6.35	7.30	8.74	10.02	10.70	12.18	13.11	13.41
	250	4.86	7.84	8.75	10.04	11.99	13.66	14.51	16.19	16.89	16.44
	315	6.53	10.51	11.71	13.40	15.84	17.79	18.70	20.00	19.44	16.71
SPC	224	5.19	8.13	8.99	10.19	11.89	13.22	13.81	14.58	14.01	11.89
	280	7.59	12.01	13.31	15.10	17.60	19.44	20.20	20.75	18.86	14.11
	315	9.07	14.36	15.90	18.01	20.88	22.87	23.58	23.47	19.98	12.53
	400	12.56	19.79	21.84	24.52	27.83	29.46	29.53	25.81	15.48	—
	500	16.52	25.67	28.09	31.04	33.85	33.58	31.70	19.35	—	—

表 3-8 单根普通 V 带 $i \neq 1$ 时额定功率增量 ΔP_0 (单位:kW)

型号	传动比 i	小带轮转速 n_1/(r/min)									
		400	700	800	950	1200	1450	1600	2000	2400	2800
Z	1.35～1.50	0.00	0.01	0.01	0.02	0.02	0.02	0.02	0.03	0.03	0.04
	1.51～1.99	0.01	0.01	0.02	0.02	0.02	0.02	0.03	0.03	0.04	0.04
	≥2	0.01	0.02	0.02	0.02	0.03	0.03	0.03	0.04	0.04	0.04
A	1.35～1.51	0.04	0.07	0.08	0.08	0.11	0.13	0.15	0.19	0.23	0.26
	1.52～1.99	0.04	0.08	0.09	0.10	0.13	0.15	0.17	0.22	0.26	0.30
	≥2	0.05	0.09	0.10	0.11	0.15	0.17	0.19	0.24	0.29	0.34

型号	传动比 i	小带轮转速 n_1/(r/min)									
		400	700	800	950	1200	1450	1600	2000	2400	2800
B	1.35~1.51	0.10	0.17	0.20	0.23	0.30	0.36	0.39	0.49	0.59	0.69
	1.52~1.99	0.11	0.20	0.23	0.26	0.34	0.40	0.45	0.56	0.68	0.79
	≥2	0.13	0.22	0.25	0.30	0.38	0.46	0.51	0.63	0.76	0.89
C	1.35~1.51	0.27	0.48	0.55	0.65	0.82	0.99	1.10	1.37	1.65	1.92
	1.52~1.99	0.31	0.55	0.63	0.74	0.94	1.14	1.25	l.57	1.88	2.19
	≥2	0.35	0.62	0.71	0.83	1.06	1.27	1.41	1.76	2.12	2.47

注 Z 型对应的小带轮转速 n_1 为 960 r/min,而不是 950 r/min。

表 3-9　包角修正系数 K_a

包角 α_1/(°)	180	170	160	150	140	130	120	110	100	90
K_a	1.00	0.98	0.95	0.92	0.89	0.86	0.82	0.78	0.74	0.69

2. V 带传动的设计步骤

设计 V 带传动,通常应已知传动用途、传动功率 P(kW)、带轮转速 n_1 和 n_2(或传动比 i)及工作条件等要求,设计内容包括:确定 V 带型号、长度、根数、传动中心距,带轮基准直径、材料、结构尺寸,以及作用在轴上的压力等。

V 带传动的设计计算一般步骤如下。

(1)确定计算功率 P_c。

计算功率 P_c 是根据传递的名义功率 P,并考虑到载荷性质和 V 带传动每天运转时间长短等因素的影响而确定的,即

$$P_c = K_A P \tag{3-21}$$

式中:P—— V 带传递的名义功率,kW;

K_A——工况系数,其值见表 3-10。

表 3-10　工况系数 K_A

载荷性质	工 作 机	K_A					
		空、轻载启动			重载启动		
		每天工作小时数/h					
		<10	10~16	>16	<10	10 ~16	>16
载荷变动最小	液体搅拌机、通风机和鼓风机(≤7.5 kW)、离心式水泵和压缩机、轻负荷输送机	1.0	1.1	1.2	1.1	1.2	1.3
载荷变动小	带式输送机(不均匀负荷)、通风机(>7.5 kW)、旋转式水泵和压缩机(非离心式)、发电机、金属切削机床、印刷机、旋转筛、锯木机和木工机械	1.1	1.2	1.3	1.2	1.3	1.4
载荷变动较大	制砖机、斗式提升机、往复式水泵和压缩机、起重机、磨粉机、冲剪机床、橡胶机械、振动筛、纺织机械、重载输送机	1.2	1.3	1.4	1.4	1.5	1.6
载荷变动很大	破碎机(旋转式、颚式等)、磨碎机(球磨、棒磨、管磨)	1.3	1.4	1.5	1.5	1.6	1.8

（2）选择带的型号。

根据计算功率 P_c 和小带轮转速 n_1，按照图 3-17 或图 3-18 的推荐选择普通 V 带或窄 V 带的型号。图中以粗斜直线划定型号区域，若所选取的结果在两种型号的分界线附近时，可按两种型号同时计算，然后择优选定。

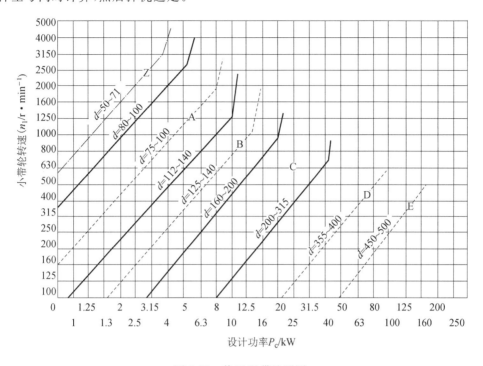

图 3-17 普通 V 带选型图

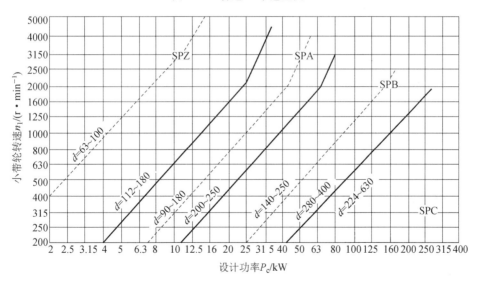

图 3-18 窄 V 带选型图

（3）确定带轮的基准直径 d、验算带速 V。

小带轮的基准直径 d_1 应大于或等于表 3-4 中的最小基准直径 d_{min}。若 d_1 过小，则带的弯曲应力将过大，从而导致带的使用寿命缩短；反之，则外廓尺寸大，结构不紧凑。

由式（3-16）得大带轮直径：

$$d_2 = \frac{n_1}{n_2} d_1 (1 - \varepsilon) \tag{3-22}$$

传动比无严格要求时，ε 可不予考虑，则 $d_2 = \frac{n_1}{n_2} d_1$。$d_1$ 和 d_2 应符合带轮基准直径尺寸系列，见表 3-4 的注。

然后验算带速：

$$v = \frac{\pi d_1 n_1}{60 \times 1000} \quad (\text{m/s})$$

一般应使带速 v 在 5~25 m/s 内。v 过大，则离心力大，带传动能力降低，同时带速很高，带也容易发生振动，使其不能正常工作，此时可采用轻质带；但 v 过小，则由公式 $P = Fv/1000$ 可知，在传递功率一定的情况下，就要求有效拉力大，使带的根数过多或带的截面加大。如果带速不满足要求，可适当调整小带轮直径。

（4）确定实际中心距 a、V 带的基准长度 L_d 和验算小带轮上的包角 α_1。

在带传动中，中心距过小，传动外廓尺寸及带长小，则结构紧凑，但单位时间带绕过带轮的次数多，带中应力循环次数多，带容易发生疲劳破坏；而且中心距小，包角会减小，带传动的工作能力也会降低。若中心距过大，带传动的外廓尺寸大，带也长，则高速时会引起带的颤动。一般推荐按下式确定初选中心距 a_0：

$$0.7(d_1 + d_2) < a_0 < 2(d_1 + d_2) \tag{3-23}$$

确定中心距初选之后，按式（3-1）可初定 V 带基准长度：

$$L_0 = 2a_0 + \frac{\pi}{2}(d_1 + d_2) + \frac{(d_2 - d_1)^2}{4a_0}$$

根据初定的 L_0，再由表 3-2 或表 3-3 选取接近的标准基准长度 L_d，然后再根据 L_d 计算出实际中心距 a。

由于 V 带传动的中心距一般是可以调整的，故可采用下式近似计算：

$$a \approx a_0 + \frac{L_d - L_0}{2} \tag{3-24}$$

考虑带传动安装调整和补偿初拉力（如带伸长而松弛后的张紧）的需要，中心距的变动范围为

$$\begin{cases} a_{\min} = a - 0.015L_d \\ a_{\max} = a + 0.03L_d \end{cases} \tag{3-25}$$

然后验算小带轮上的包角，主动带轮上的包角 α_1 不宜过小，以免降低带传动的工作能力，根据式（3-2），对于开口传动，应保证：

$$\alpha_1 = 180° - \frac{d_2 - d_1}{a} \times 57.3° \geqslant 120°$$

若不满足此要求，可适当增大中心距、减小传动比或采用张紧轮装置。

（5）确定 V 带根数 z。

将带传动的计算功率 P_c（见式（3-21））除以修正后的实际工作条件下单根 V 带所能传递的许用 $[P_0]$（见式（3-20）），即可得所需 V 带根数 z，即

$$z = \frac{P_c}{[P_0]} = \frac{P_c}{(P_0 + \Delta P_0)K_\alpha K_L} \tag{3-26}$$

在确定 V 带根数 z 时，根数不宜太多，一般小于 10，以使各带受力较均匀，否则应增大带

的型号或小带轮的直径,再重新计算。

（6）确定单根 V 带的初拉力 F_0。

初拉力的大小是保证带传动正常工作的重要因素。初拉力小,摩擦力小,易发生打滑;初拉力过大,带的使用寿命会缩短,轴和轴承所受的压力也增大。单根 V 带的初拉力 F_0 可由下式计算:

$$F_0 = \frac{500 P_c}{zv}\left(\frac{2.5}{K_\alpha} - 1\right) + qv^2 \tag{3-27}$$

（7）计算带传动作用在轴上的压力 F_Q。

为了设计安装带轮的轴和轴承,必须确定带传动作用在轴上的压力 F_Q。忽略带的两边的压力差,则作用在轴上的压力,可以近似地按带的两边的初拉力 F_0 的合力来计算(见图 3-19)。即

$$F_Q = 2z F_0 \cos\frac{\beta}{2} = 2z F_0 \cos\left(\frac{\pi}{2} - \frac{\alpha_1}{2}\right) = 2z F_0 \sin\frac{\alpha_1}{2} \tag{3-28}$$

式中:z——带的根数;

　　F_0——单根带的初拉力;

　　α_1——主动带轮上的包角。

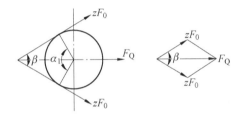

图 3-19　V 带传动作用在轴上的力

3.5　带传动的张紧、安装与维护

1. 带传动的张紧

各种材质的 V 带都不是完全的弹性体,在初拉力的作用下,经过一定时间的运转后,就会由于塑性变形而松弛,使初拉力 F_0 减小。为了保证带传动的能力,应定期检查初拉力的数值。如发现不足时,必须重新张紧,带传动才能正常工作。常见的张紧装置如下。

1）定期张紧装置

在水平或倾斜不大的传动中,可用如图 3-20 (a)所示的方法,将装有带轮的电动机安装在制有滑道的基板上。定期调节中心距使带重新张紧。要调节带的拉力时,松开基板上各螺栓,旋动调节螺钉,将电动机向右推移到所需的位置,然后拧紧螺栓。在垂直的或接近垂直的传动中,可用图 3-20 (b)所示的方法,将装有带轮的电动机安装在可调的摆架上。调节螺杆使摆动架绕一定轴旋转,从而达到张紧的目的。

2）自动张紧装置

自动张紧装置常用于中、小功率的传动。将装有带轮的电动机安装在浮动的摆架上,如图 3-21 所示,利用电动机和摆架的自重,使带轮随同电动机绕固定轴线摆动,以自动保持张

(a)移动式 (b)摆动式

图 3-20 定期张紧装置

紧力。但当传动功率过大或启动力矩过大时,传动带将摆架上提,产生振动或冲击。此时,要在摆架上加辅助装置以消除振动。自动张紧装置不能用在高速带传动中。

3)采用张紧轮的装置

当中心距不能调节时,可采用张紧轮将带张紧。如图 3-22 所示,张紧轮一般应放在松边的内侧,使带只受单向弯曲,以减少带使用寿命的损失。同时,张紧轮还应尽量靠近大带轮,以免过分影响带在小带轮上的包角。张紧轮的轮槽尺寸与带轮的相同,且直径小于小带轮的直径。

图 3-21 自动张紧装置

图 3-22 采用张紧轮的装置

2. 带传动的维护

V 带传动的安装与维护需注意以下几点。

(1)安装 V 带时,应先缩小中心距,将带套在带轮上,再慢慢调整中心距,使 V 带达到规定的初拉力。

(2)带传动应加防护罩,以保证人员安全。

(3)两 V 带轮轴线必须平行,且两带轮的轮槽要对齐,轴的变形要小;否则会加剧带的磨损。

(4)定期检查带的状况,当发现其中某一根过度松弛时,应全部更换新带。不同带型、不同厂家生产、不同新旧程度的 V 带不宜同组使用。

(5)注意保持清洁,避免与酸、碱或油污接触,它们会使带老化。

（6）带传动的工作温度不应超过 60 ℃。

【例 3-1】 设计一带式输送机,用普通 V 带传动。原动机为 Y 系列三相异步电动机,功率 $P=7.5$ kW,转速 $n_1=1440$ r/min,从动轴转速 $n_2=630$ r/min,每天工作 16 h,希望中心距不超过 700 mm。

【解】 设计步骤列于表 3-11。

表 3-11 设计步骤

计算与说明	主要结果
（1）计算功率 P_c。 由表 3-10 查得工作情况系数 $K_A=1.2$,故 $P_c=K_A P_c=1.2\times7.5$ kW = 9 kW	$P_c=9$ kW
（2）选取普通 V 带型号。 根据 $P_c=9$ kW,$n_1=1440$ r/min,由图 3-17 确定选用 A 型。	带型为 A
（3）确定小带轮和大带轮基准直径 d_1、d_2,并验算带速 v。 由表 3-4 知,d_1 应不小于 75 mm,现取 $d_1=125$ mm,$\varepsilon=1\%$,由式(3-16)得 $$d_2=\frac{n_1}{n_2}d_1(1-\varepsilon)=\frac{1440}{630}\times125\times(1-0.01)\ \text{mm}=282.86\ \text{mm}$$ 由表 3-4 知,取直径系列值 $d_2=280$ mm。 大带轮转速: $$n_2=\frac{n_1 d_1(1-\varepsilon)}{d_2}=\frac{1440\times125\times(1-0.01)}{280}\ \text{r/min}=636.4\ \text{r/min}$$ 其误差小于 5%,故允许。 验算带速 v: $$v=\frac{\pi n_1 d_1}{60\times1000}=\frac{3.14\times125\times1440}{60\times1000}\ \text{m/s}=9.42\ \text{m/s}$$ 在 5~25 m/s 内,故带速合适。	$d_1=125$ mm $d_2=280$ mm 带速 v 合适
（4）确定带的基准长度 L_d 和中心距并验算小带轮包角 α_1。 由 $0.7(d_1+d_2)<a_0<2(d_1+d_2)$ 得 $$283.5<a_0<810$$ 初步选取中心距 $a_0=650$ mm,由式(3-1)得带长: $$L_0=2a_0+\frac{\pi}{2}(d_1+d_2)+\frac{(d_2-d_1)^2}{4a_0}$$ $$=2\times650\ \text{mm}+\frac{3.14}{2}\times(125+280)\ \text{mm}+\frac{(280-125)^2}{4\times650}\ \text{mm}$$ $$=1945.1\ \text{mm}$$ 由表 3-2 选用基准长度 $L_d=2000$ mm。由式(3-24)可近似计算实际中心距: $$a\approx a_0+\frac{L_d-L_0}{2}=650\ \text{mm}+\frac{2000-1945.1}{2}\ \text{mm}=677.45\ \text{mm}$$ 知 $a<700$ mm,满足要求。 验算小带轮包角 α_1,由式(3-2)得 $$\alpha_1=180°-\frac{d_2-d_1}{a}\times57.3°=180°-\frac{280-125}{677.45}\times57.3°=166.9°\geqslant120°$$ 知小带轮包角合适。	$L_d=2000$ mm 包角 α_1 合适

计算与说明	主要结果
(5) 确定 V 带根数 z。 传动比 $i=\dfrac{n_1}{n_2}=\dfrac{1440}{630}=2.29$。 由表 3-6 查得　$P_0=1.92$ kW, 由表 3-7 查得　$\Delta P_0=0.17$ kW。 由表 3-9 查得　$K_a=0.969$, 由表 3-2 查得　$K_L=1.03$。 由式(3-26)得 $$z=\frac{P_c}{[P_0]}=\frac{P_c}{(P_0+\Delta P_0)K_aK_L}$$ $$=\frac{9}{(1.92+0.17)\times0.969\times1.03}=4.31$$ 取 $z=5$(根)。	$P_0=1.92$ kW, $\Delta P_0=0.17$ kW $K_a=0.969, K_L=1.03$ $z=5$
(6) 确定初拉力 F_0。 由表 3-1 查得　$q=0.10$ kg/mm, 由式(3-27)得单根 V 带的张紧力: $$F_0=\frac{500P_c}{zv}\left(\frac{2.5}{K_a}-1\right)+qv^2$$ $$=\frac{500\times9}{5\times9.42}\times\left(\frac{2.5}{0.969}-1\right)\text{ N}+0.10\times9.42^2\text{ N}$$ $$=159.8\text{ N}$$	$F_0=159.8$ N
(7) 求带作用在轴上的压力 F_Q。 由式(3-28), 带作用在轴上的压力为 $$F_Q=2zF_0\sin\frac{\alpha_1}{2}=2\times5\times159.8\times\sin\frac{166.9°}{2}\text{ N}=1587.9\text{ N}$$	$F_Q=1587.6$ N
(8) 带轮结构设计(略)	

本 章 习 题

3-1　带的分类有哪些?

3-2　简述带传动的优缺点。

3-3　带传动中, 打滑是怎样产生的? 是否可以避免?

3-4　说明带的弹性滑动与打滑的区别。

第4章 链传动

4.1 概 述

链传动由装在平行轴上的主动链轮、从动链轮和绕在链轮上的链条所组成,如图 4-1 所示。其中,链条作为中间挠性件,通过链和链轮轮齿的啮合来传递运动和动力。

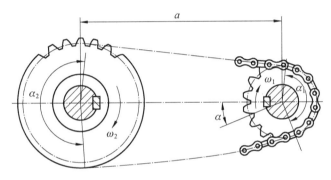

图 4-1 链传动

1. 链传动的优缺点

与摩擦型的带传动相比,因链传动是啮合传动,没有弹性滑动与整体打滑现象,故链传动具有如下优点:平均传动比准确,传动效率高(95%～98%);需要的张紧力小,作用在轴上的径向压力较小;整体尺寸较小,结构较为紧凑;在极其恶劣的工作条件下仍能很好地工作等。但链传动也存在如下缺点:链节易磨损而使链条伸长,从而造成跳齿,甚至脱链;不能保持恒定的瞬时传动比;工作时有噪声;不宜在载荷变化大和急速反向的传动中应用。

2. 链传动的适用范围

链传动广泛应用于中心距较大、多轴、平均传动比要求准确的场合。环境恶劣的开式传动、低速重载传动,及润滑良好的高速传动,均可采用链传动。滚子链传递的功率通常在 100 kW 以下,链速在 15 m/s 以下,传动比 $i \leqslant 8$;优质滚子链的最大传递功率可达5000 kW,速度可达 35 m/s。高速齿形链的速度可达 40 m/s。

3. 链传动的种类

按用途不同,链条可分为传动链、输送链和起重链。输送链和起重链主要用于运输和起重机械中。在一般机械传动中,常用的是传动链。按结构不同,传动链可分为传动用的短节距精密滚子链(简称滚子链)、齿形链等类型。其中,滚子链常用于传动系统的低速级;齿形链应用较少。

4.2　滚子链和链轮

4.2.1　滚子链

1. 滚子链的结构

滚子链的结构如图 4-2 所示,它由滚子 1、套筒 2、销轴 3、内链板 4 和外链板 5 组成。其中,内链板与套筒(构成内链节)、外链板与销轴(构成外链节)之间均为过盈配合,套筒与销轴之间、滚子与套筒之间均为间隙配合。当链条啮入和啮出时,内外链节做相对转动;同时,滚子沿链轮轮齿滚动,可减少链条与轮齿之间的磨损。内、外链板均制成"8"字形,以使链板各横截面的强度大致相等,并可减轻重量及运动时的惯性力。

链条的各零件由碳素钢或合金钢制成,并经热处理,以提高其强度和耐磨性。

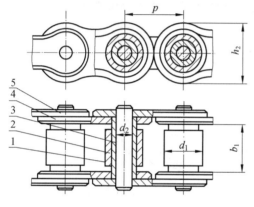

图 4-2　滚子链的结构

1—滚子;2—套筒;3—销轴;4—内链板;5—外链板

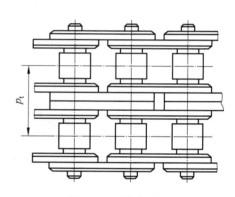

图 4-3　双排滚子链

2. 排数、接头形式与链节数

滚子链可以制成单排链、双排链(见图 4-3)或多排链。多排链的承载能力与排数成正比。但由于精度的影响,各排链承受的载荷不易均匀,故排数不宜过多。

链条长度以链节数来表示。链节数最好为偶数,以便链条连成环形时恰好使外链板与内链板相接。接头处可用开口销(见图 4-4(a))或弹簧卡片(见图 4-4(b))来锁紧,一般前者用于大节距,后者用于小节距;当链节数为奇数时,需采用如图 4-4(c)所示的过渡链节。由于过渡链节受拉时,链板要承受附加的弯矩作用,使链承载能力下降,故一般情况下最好不用奇数链节数。

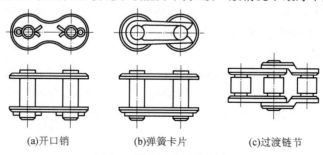

(a)开口销　　　(b)弹簧卡片　　　(c)过渡链节

图 4-4　滚子链的接头形式

3. 滚子链的标准规格

滚子链上相邻两滚子中心的距离称为链的节距,以 p 表示,是链条的主要参数。滚子外径用 d_1 表示,内链节内宽用 b_1 表示,如图 4-2 所示。节距越大,链条各零件的尺寸越大,所能传递的功率也越大。

链条已标准化,国际上许多国家的链节距均采用英制单位,我国链条标准 GB/T 1243—2006 中规定节距用英制折算成米制的单位。滚子链有 A、B 两种系列,A 系列起源于美国,流行全世界,B 系列起源于英国,主要流行于欧洲。表 4-1 列出了几种滚子链的主要参数,表中的链号和相应的标准链号一致,链号数乘以 $\frac{25.4}{16}$ mm 即节距值。

表 4-1 滚子链规格和主要参数

链号	节距	滚子外径	内链节内宽 b_1	销轴直径 d_3	内链板高度 h_2	排距 p_1	抗拉强度	
							单排 min	双排 min
	mm						kN	
05B	8.00	5.00	3.00	2.31	7.11	5.64	4.4	7.8
06B	9.525	6.35	5.72	3.28	8.26	10.24	8.9	16.9
08A	12.70	7.92	7.85	3.98	12.07	14.38	13.9	27.8
08B	12.70	8.51	7.75	4.45	11.81	13.92	17.8	31.1
10A	15.875	10.16	9.40	5.09	15.09	18.11	21.8	43.6
10B	15.875	10.16	9.65	5.08	14.73	16.59	22.2	44.5
12A	19.05	11.91	12.57	5.96	18.08	22.78	31.3	62.6
12B	19.05	12.07	11.68	5.72	16.13	19.46	28.9	57.8
16A	25.40	15.88	15.75	7.94	24.13	29.29	55.6	111.2
16B	25.40	15.88	17.02	8.28	21.08	31.88	60.0	106.0
20A	31.75	19.05	18.90	9.54	30.17	35.76	87.0	174.0
20B	31.75	19.05	19.56	10.19	26.42	36.45	95.0	170.0
24A	38.10	22.23	25.22	11.11	36.2	45.44	125.0	250.0
24B	38.10	25.40	25.40	14.63	33.4	48.36	160.0	280.0
28A	44.45	25.40	25.22	12.71	42.23	48.87	170.0	340.0
28B	44.45	27.94	30.99	15.9	37.08	59.56	200.0	360.0
32A	50.80	28.58	31.55	14.29	48.26	58.55	223.0	446.0
32B	50.80	29.21	30.99	17.81	42.29	58.55	250.0	450.0
36A	57.15	35.71	35.48	17.46	54.30	65.84	281.0	562.0
40A	63.50	39.68	37.85	19.85	60.33	71.55	347.0	694.0
40B	63.50	39.37	38.10	22.89	52.96	72.29	355.0	630.0
48A	76.20	47.63	47.35	23.81	72.39	87.83	500.0	1 000.0
48B	76.20	48.26	45.72	29.24	63.88	91.21	560.0	1 000.0

链号	节距	滚子外径	内链节内宽 b_1	销轴直径 d_3	内链板高度 h_2	排距 p_1	抗拉强度	
							单排 min	双排 min
	mm						kN	
56B	88.90	53.98	53.34	34.32	77.85	106.60	850.0	1 600.0
64B	101.60	63.50	60.96	39.4	90.17	119.89	1 120.0	2 000.0
72B	114.30	72.39	68.58	44.48	103.63	136.27	1 400.0	2 500.0

滚子链标记方法:

$$\boxed{链号}—\boxed{排数}—\boxed{整数链节数}—\boxed{标准编号}$$

例如:

链条使用表 4-1 的标准链号来表示,表 4-1 中的链号后加一连线和后缀,其中后缀 1 表示为单排链,2 为双排链,3 为三排链。例如 16B-1,16B-2,16B-3。

除表 4-1 外,工程上有链条 081、083、084、085 不遵循这一规则,因为这些链条通常以单排链形式使用。除此之外,有 ANSI 重载系列链条,它们也用链号后加一连线和后缀的形式表示,其中后缀 1 表示为单排链,2 为双排链,3 为三排链。例如 80H-1,80H-2,80H-3 等。

4.2.2　滚子链链轮

滚子链与链轮的啮合属于非共轭啮合,链轮的实际端面齿形均应在最大和最小齿槽形状之间。这样处理使链轮齿形的设计可以有较大的灵活性,使用时,各种标准齿形的链轮之间也可以进行互换。

链轮轮齿应有足够的接触强度和耐磨性,故齿面多经热处理。小链轮的啮合次数比大链轮多,磨损冲击也比大链轮严重,故所用材料一般优于大链轮。常用的链轮材料有碳素钢、耐磨铸铁、夹布胶木等。重要的链轮可采用合金钢。

1. 链轮尺寸

链轮上被链条节距等分的圆称为分度圆,其直径用 d 表示。滚子外径为 d_1。链轮的主要尺寸计算公式如下。

分度圆直径:

$$d = \frac{p}{\sin\dfrac{180°}{z}} \tag{4-1}$$

齿顶圆直径:

$$\begin{cases} d_{amax} = d + 1.25p - d_1 \\ d_{amin} = d + \left(1 - \dfrac{1.6}{z}\right)p - d_1 \end{cases} \tag{4-2}$$

齿根圆直径:

$$d_f = d - d_1 \tag{4-3}$$

d_a 值应在 d_{amax} 与 d_{amin} 值之间。

2. 链轮轴面齿形

链轮轴面齿形两侧呈圆弧状或斜直线状(见图 4-5),以便于链节能平稳自如地进入和退出啮合,轴面齿形的具体参数见 GB/T 1243—2006。

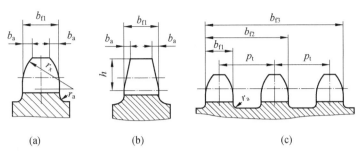

图 4-5 链轮轴面齿形

3. 链轮结构

链轮的结构如图 4-6 所示。小直径链轮可制成实心式(见图 4-6(a));中等直径的链轮可制成孔板式(见图 4-6(b));直径较大的链轮可设计成组合式(见图 4-6(c))。若轮齿因磨损而失效,可更换齿圈。

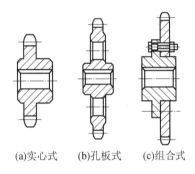

(a)实心式　(b)孔板式　(c)组合式

图 4-6 链轮结构

4.3 链传动的运动特性

1. 链传动的平均速度与平均传动比

链条和链轮啮合传动时,可以看成是将链条绕在多边形的链轮上,这一段链条将曲折成正多边形的一部分(见图 4-7)。该正多边形的边长等于链条的节距 p,边数等于链轮齿数 z,链轮每转过一圈,链条走过的链长为 zp,所以链条的平均速度 $v(\text{m/s})$ 为

$$v = \frac{z_1 n_1 p}{60 \times 1000} = \frac{z_2 n_2 p}{60 \times 1000} \tag{4-4}$$

式中:z_1、z_2——主、从动轮的齿数;

n_1、n_2——主、从动轮的转速,r/min。

链传动的平均传动比为

$$i = \frac{n_1}{n_2} = \frac{z_2}{z_1} \tag{4-5}$$

2. 链传动的瞬时速度与瞬时传动比

由于链传动为啮合传动,链条与链轮之间无相对滑动,所以平均链速和平均链传动比均

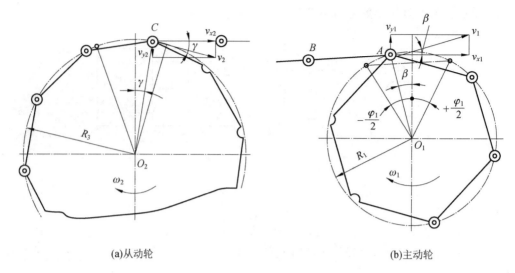

(a)从动轮　　　　　　　　　　　　　(b)主动轮

图 4-7　链传动的速度分析

为常数。实际上,因为链轮是多边形的,其链的瞬时速度和从动链轮的瞬时角速度及相应的瞬时传动比均呈周期性变化。

下面来分析图 4-7 所示的链传动中,链条与链轮速度的变化。

当主动链轮以角速度 ω_1 回转时,链轮分度圆的圆周速度为 $R_1\omega_1$,则位于分度圆上的链条铰链中心 A 的速度也是 $v_1 = R_1\omega_1$,方向垂直于 AO_1,与链条直线运动方向的夹角为 β,则铰链中心 A 实际用于牵引链条运动的速度为

$$v_{x1} = v_1\cos\beta = R_1\omega_1\cos\beta \qquad (4\text{-}6)$$

式中:β——啮入过程中铰链在主动链轮上的相位角,β 的变化范围为 $\left[-\dfrac{180°}{z_1}, \dfrac{180°}{z_1}\right]$。

当 $\beta = 0°$ 时,链速最高;当 $\beta = \pm\dfrac{180°}{z_1}$ 时,链速最低。

所以链轮每转过一个齿,链速就时快时慢地变化一次,由此可以证明,当 ω_1 为常数时,瞬时链速呈周期性变化。

铰链中心 A 还带动链条上下运动,其上下运动的链速为

$$v_{y1} = v_1\sin\beta = R_1\omega_1\sin\beta \qquad (4\text{-}7)$$

也是呈周期性变化。

从动轮上,链条铰链中心 C 的速度为 v_2,方向垂直于 CO_2,链速 v_{x2} 与铰链中心 C 速度的夹角为 γ,故铰链中心 C 的线速度为

$$v_2 = R_2\omega_2 = \frac{v_{x2}}{\cos\gamma} \qquad (4\text{-}8)$$

式中:R_2——从动链轮分度圆半径;

γ 的变化范围为 $\left[-\dfrac{180°}{z_2}, \dfrac{180°}{z_2}\right]$。

由此可知,从动链轮的转速为

$$\omega_2 = \frac{R_1\omega_1\cos\beta}{R_2\cos\gamma} \qquad (4\text{-}9)$$

链传动的瞬时传动比为

$$i = \frac{\omega_1}{\omega_2} = \frac{R_2 \cos\gamma}{R_1 \cos\beta} \tag{4-10}$$

可见链传动的瞬时传动比是变化的。链传动的瞬时传动比与链条绕在链轮上的多边形特征有关,故将以上现象称为链传动的多边形效应。

4.4 链传动的设计计算

4.4.1 链传动的主要失效形式

实践证明,链条的强度比链轮的低,使用寿命也较短,故链传动的失效通常是由链条失效所导致的,其失效形式主要有以下几种。

1. 链条疲劳破坏

工作时,链条周而复始地由松边到紧边不断地运动,因而,它的每个零件都是在变应力下工作的,经过一定的循环次数以后,链板将会出现疲劳断裂,或者套筒、滚子表面将会因冲击而出现疲劳点蚀(多边效应引起的冲击疲劳)。因此,在润滑良好时,链条的疲劳强度就成为决定链传动承载能力的主要因素。

2. 链条铰链的磨损

链条在工作过程中,由于铰链的销轴与套筒间不仅承受较大的压力,且传动时彼此又会相对转动,从而导致铰链磨损,铰链磨损后链节变长,从而使链的松边垂度发生变化,动载荷增大,容易引起跳齿和脱链。

3. 链条铰链的胶合

销轴和套筒起着铰链的作用,润滑不当或速度过高时,销轴和套筒的工作表面由于摩擦产生的瞬时高温,使两个摩擦表面相互黏结,并在相对转动中将较软的金属屑撕下,这种现象即为胶合。胶合限定了链传动的极限转速。

4. 链条的过载拉断

在低速($v < 0.6$ m/s)重载链传动中,过载并超过了链条静强度会引起链条持续变形或被拉断。

4.4.2 中、高速滚子链传动的设计计算及主要参数的选择

1. 极限功率曲线

链传动的各种失效形式都与链速有关。在图 4-8 所示的极限功率曲线中,正常工作下,链条铰链磨损破坏极限为图 4-8 中曲线 1。中等速度下,链传动的承载能力即极限功率主要取决于链板的疲劳强度(见图 4-8 中曲线 2)。随着速度的增加,链传动的承载能力主要取决于滚子和套筒的冲击疲劳强度(见图 4-8 中曲线 3)。当速度很高时,胶合将限制链传动的极限功率(见图 4-8 中曲线 4)。若润滑不良及工作情况恶劣,磨损将会很严重,其极限功

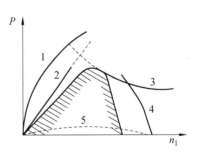

图 4-8 极限功率曲线

率将大幅下降,如图 4-8 中虚线 5 所示。

2. 额定功率曲线

为了确保链传动工作的可靠性,采用额定功率 P_c 来确定链传动可传递的最大功率。单排 GB/T 1243 A 系列滚子链的额定功率曲线如图 4-9 所示。该曲线是在标准实验条件下得到的,即两轮共面、小链轮齿数 $z_1 = 19$,链长为 100 链节,载荷平稳,按推荐的方式润滑,工作寿命为 15000 h,链条因磨损而引起的相对伸长量不超过 3%。

图 4-9 表明了链传动所能传递的功率 P_c、小链轮转速 n_1 和链号三者之间的关系。

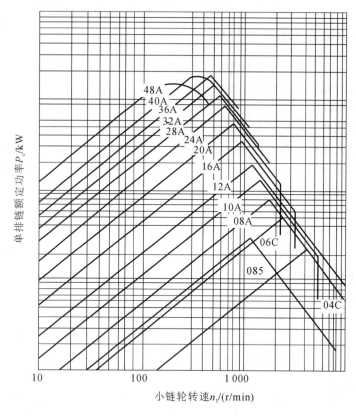

图 4-9 单排 GB/T 1243 A 系列滚子链的额定功率曲线

3. 链传动的主要参数选择

中、高速链传动按功率曲线设计,低速链传动按静强度设计。

1）计算功率

链传动的当量计算功率:

$$P_{ca} = \frac{K_A K_z}{K_p K_L} P \tag{4-11}$$

式中:P——链传动的传动功率,kW;

　　K_A——工况系数,见表 4-2;

　　K_p——多排链排数系数,见表 4-3;

　　K_L——链长系数,见图 4-10;

　　K_z——小链轮齿数系数,见图 4-11。

表 4-2　工况系数 K_A

从动机械特性		主动机械特性		
		平稳运转	轻微冲击	中等冲击
		电动机、汽轮机和燃气轮机、带有液力变矩器的内燃机	6缸或6缸以上带机械式联轴器的内燃机、经常启动的电动机（一日两次以上）	少于6缸带机械式联轴器的内燃机
平稳运转	离心式的泵和压缩机、印刷机械、均匀加料的带式输送机、纸张压光机、自动扶梯、液体搅拌机和混料机、回转干燥炉、风机	1.0	1.1	1.3
中等振动	3缸或3缸以上的泵和压缩机、混凝土搅拌机、载荷不均匀的输送机、固体搅拌机和混料机	1.4	1.5	1.7
严重振动	电铲、轧机、球磨机、橡胶加工机械、压力机、剪床、单缸或双缸的泵和压缩机、石油钻采设备	1.8	1.9	2.1

表 4-3　多排链排数系数 K_p

排数	1	2	3	4	5	6
K_p	1	1.7	2.5	3.3	4	4.6

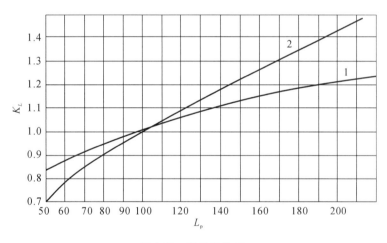

图 4-10　链长系数 K_L

1—链板疲劳；2—滚子、套筒冲击疲劳

2）确定链轮齿数

链轮齿数不宜过少或过多。齿数过少会使运动的不均性加剧，齿数过多会使因磨损引起的节距增长。上述两种情况均缩短链的使用寿命。

小链轮的齿数 z_1 按表 4-4 选取；大链轮的齿数 $z_2 = iz_1$ 不宜过多，$z_2 \leqslant 114$。

表 4-4　小链轮的齿数 z_1

i	1～2	2～3	3～4	4～5	5～6	>6
z_1	31～27	27～25	25～23	23～21	21～17	17

注　优先选用齿数：17、19、21、23、25、38、57、76、95、114。

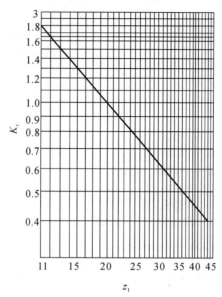

图 4-11 小链轮齿数系数 K_z

3）选择链条型号，确定链的节距

链条型号根据当量单排链计算功率 P_{ca}、单排链额定功率 P_c 和主动链轮转速 n_1，由图 4-9 得到。查图时应保证：

$$P_{ca} \leqslant P_c \tag{4-12}$$

然后由表 4-1 确定链条节距 p。

4.4.3 低速滚子链传动的静强度计算

在低速（$v<0.6$ m/s）重载链传动中，链传动主要失效形式为链条的过载拉断，设计时按静强度计算：

$$\frac{mF_Q}{K_A F} \geqslant [S] \tag{4-13}$$

式中：m——链排数；

$\quad F_Q$——链条的极限载荷；

$\quad K_A$——工况系数；

$\quad F$——有效拉力；

$\quad [S]$——静强度许用安全系数，$S=4\sim8$。

4.5 链传动的布置、张紧与润滑

1. 链传动的布置

链传动的两轴应平行，两链轮应位于同一铅锤面内，尽可能避免布置在水平或倾斜平面内；如确有需要，则应考虑加装托板或张紧轮等装置，并且应设计较为紧凑的中心距。链传动的布置应考虑以下原则：

（1）两链轮的回转平面必须布置在同一铅锤面内，不能布置在水平或倾斜平面内；

（2）两链轮的中心连线最好是水平的,也可以与水平面成 45°以下的倾斜角,尽量避免垂直传动,以免链的垂度增大时,链与下链轮啮合不良或脱离啮合;

（3）一般应使链的紧边在上、松边在下。

2. 链传动的张紧

张紧链条的作用是为了避免链条磨损后节距伸长所造成的松边过松,以及产生振动、跳齿和脱齿。与带传动类似,链传动张紧方法很多,但基本分为两类:

（1）用调整中心距方法张紧;

（2）用张紧轮张紧,如图 4-12 所示。

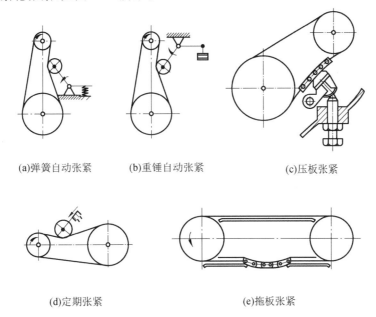

(a)弹簧自动张紧　　　　(b)重锤自动张紧　　　　　(c)压板张紧

(d)定期张紧　　　　　　　　(e)拖板张紧

图 4-12　链传动用张紧轴张紧的装置

3. 链传动的润滑

链传动的润滑十分重要,对高速重载的链传动更为重要。良好的润滑可缓和冲击,减轻磨损,延长链条使用寿命。

采用何种润滑方式可由链号、链速查图 4-13 确定。图中链传动的润滑方式分为以下四种。

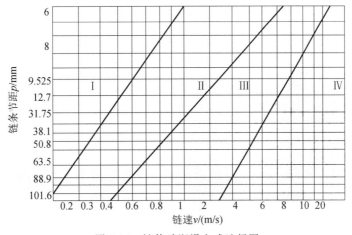

图 4-13　链传动润滑方式选择图

Ⅰ区:用油壶或油刷定期人工润滑。

Ⅱ区:滴油润滑。

Ⅲ区:油池润滑或油盘飞溅润滑。

Ⅳ区:油泵压力供油润滑,带过滤器,必要时带油冷却器。

本 章 习 题

4-1　简述链传动的工作原理、特点和应用范图。

4-2　套筒滚子链传动的运动不均匀性是如何引起的? 有哪些减小它的措施?

4-3　链传动的失效形式有哪些? 计算准则如何?

4-4　如图所示链传动的布置形式,小链轮为主动链轮,中心距 $a=(30\sim50)p$。在图所示布置中,小链轮应按哪个方向回转合理? 两轮轴线布置在同一铅垂面内(见图(c)),有什么缺点? 应采取什么措施?

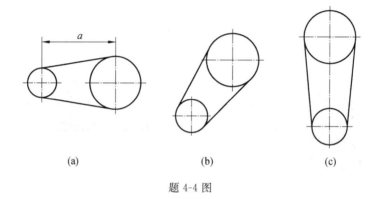

(a)　　　　　　　(b)　　　　　　　(c)

题 4-4 图

第 5 章 齿轮传动

5.1 概　　述

齿轮传动用于传递空间任意两轴之间的运动和动力,是机械传动中最主要的一种传动,类型很多,也是机械中应用最广泛的传动形式之一。本章以介绍最常用的渐开线齿轮传动设计为主。

1. 齿轮传动的特点

齿轮传动的主要特点如下。

(1) 效率高。在常用的机械传动中,齿轮传动的效率最高。如一对圆柱齿轮传动的效率一般在 98% 以上,高精度齿轮传动的效率超过 99%。这对大功率传动十分重要,因为即使效率只提高 1%,也有很大的经济意义。

(2) 结构紧凑。在同样的使用条件下,齿轮传动所需的结构尺寸一般较小。

(3) 工作可靠、寿命长。齿轮传动若设计、制造正确、合理,使用维护良好,工作将十分可靠,寿命可长达一二十年,这也是其他机械传动所不能比拟的。

(4) 传动比准确、稳定。传动比稳定往往是对传动的一个基本要求。齿轮传动获得广泛的应用,也就是因其具有这一特点。

(5) 适用的速度和功率范围广。齿轮传动传递功率可高达数万千瓦,圆周速度可达 150 m/s(最高 300 m/s),直径能做到 10 m 以上。

(6) 齿轮传动要求加工精度和安装精度较高,制造时需要专用工具和设备,因此成本比较高。

(7) 齿轮传动不宜在两轴中心距很大的场合使用。

2. 齿轮传动的分类

齿轮传动的种类繁多,可按不同观点予以分类,见表 5-1。按照两齿轮轴线的相对位置来分,可将齿轮传动分为平行轴齿轮传动、相交轴齿轮传动和交错轴齿轮传动三大类,如图 5-1 所示。

表 5-1　齿轮传动的分类

分类标准	分类
按齿廓曲线	渐开线、圆弧、摆线
按啮合位置	外啮合、内啮合

续表

分类标准	分类
按齿轮外形	直齿、斜齿、人字齿、曲(线)齿
按两齿轮轴线相对位置	平行轴、相交轴、交错轴
按工作条件	开式、半开式、闭式
按齿面硬度	软齿面(≤350HBS)、硬齿面(>350HBS)

注　开式齿轮传动指齿轮全部与大气接触,润滑情况差;半开式齿轮传动指齿轮一部分浸入油池,上装护罩,不封闭;闭式齿轮传动指齿轮封闭在箱体内并能得到良好的润滑。

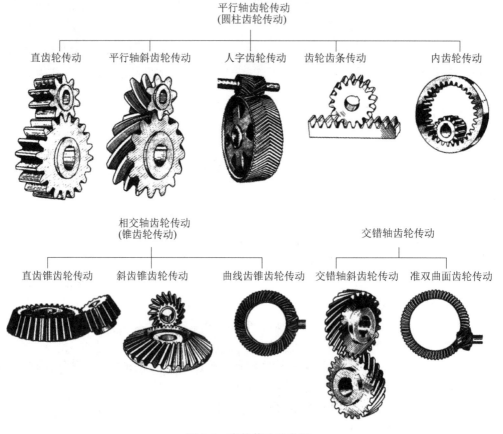

图 5-1　齿轮传动的类型

5.2　齿轮传动的主要参数

1. 主要参数

(1)基本齿廓。渐开线齿轮的基本齿廓及其基本参数见表 5-2。

(2)模数。为了减少齿轮刀具种数,规定的标准模数见表 5-3。

(3)传动比、齿数比。主动齿轮转速 n_1 与从动齿轮转速 n_2 之比称为传动比,用 i 表示:

$$i = \frac{n_1}{n_2} = \frac{d_2'}{d_1'} = \frac{d_2}{d_1} = \frac{z_2}{z_1}$$

式中：d'、d——齿轮的节圆直径和分度圆直径；

　　　z_1、z_2——齿轮齿数，下标 1 指主动齿轮、2 指从动齿轮（下同）。对于减速传动，$i > 1$；对于增速传动，$i < 1$。

　　为了使强度计算公式对减速和增速传动都适用，本章引入齿数比，用 u 表示，减速传动时，$u = i$；增速传动时，$u = 1/i$。

表 5-2　渐开线圆柱齿轮和直齿锥齿轮基本齿廓

基本参数	圆柱齿轮	锥齿轮
齿形角 α	20°	20°
齿顶高 h_a	m	m
工作齿高 h'	$2m$	$2m$
顶隙 c	$0.25m$	$0.2m$
齿根圆角半径 ρ_f	$0.38m$	$0.3m$

表 5-3　标准模数 m[①]　　　　　　　　　　（单位：mm）

圆柱齿轮	第一系列[②]	1	1.25	1.5	2	2.5	3	4	5	6	8	10	12	16	20
	第二系列	1.75	2.25	2.75	(3.25)	3.5	(3.75)	4.5	5.5	(6.5)	7	9	(11)	14	18
锥齿轮		1	1.125	1.25	1.375	1.5	1.75	2	2.25	2.5	2.75	3			
		3.25	3.5	3.75	4	4.5	5	5.5	6	6.5	7	8			
		9	10	11	12	14	16	18	20						

注　① 斜齿轮及人字齿轮取法向模数为标准模数；锥齿轮取大端模数为标准模数。
　　② 优先采用第一系列，括号内的模数尽可能不用。

2. 精度等级的选择

　　凡有齿轮传动的机器，其工作性能、承载能力及使用寿命都和齿轮的制造精度有关。如果精度过低，则会影响齿轮传动的质量和使用寿命；若精度过高，则会增加制造成本。因此，在设计齿轮传动时，应根据其具体工作情况合理选择齿轮的精度等级。

　　渐开线圆柱齿轮精度由两项国家标准（GB/T 10095.1～2—2008）和四项国家标准化指导性技术文件（GB/Z 18620.1～4—2008）组成，均等同采用了相应的 ISO 标准。标准对齿轮及齿轮副规定了 13 个精度等级（对径向综合偏差规定了 4～12 共 9 个精度等级），按精度高低依次为 0、1～12 级，6～9 级是常用精度级。

　　齿轮精度等级应根据传动的用途、使用条件、传动功率、圆周速度等进行选择。表 5-4 所示为某些机器中常用的齿轮传动精度等级。表 5-5 所示为各精度等级的齿轮传动最大圆周速度。

表 5-4　某些机器中齿轮传动精度等级的常用范围

机器类型	精度等级										
	2	3	4	5	6	7	8	9	10	11	12
测量齿轮		————————									
透平机用减速器		————————————									
金属切削机床		————————————————————									
航空发动机			————————————								
轻便汽车				————————————							
内燃机车和电气机车					————————						
载重汽车及一般用途减速器					————————————						
拖拉机及轧钢机的小齿轮					————————————————						
起重机构						————————————					
矿山用卷扬机							————————————				
农业机械							————————————				

表 5-5　各精度等级的齿轮传动最大圆周速度　　　　　　（单位:m/s）

精度等级	圆柱齿轮传动		锥齿轮传动	
	直齿	斜齿	直齿	曲线齿
≤5 级	≥15	≥30	≥12	≥20
6 级	<15	<30	<12	<20
7 级	<10	<15	<8	<10
8 级	<6	<10	<4	<7
9 级	<2	<4	<1.5	<3

注　锥齿轮传动的圆周速度按平均直径计算。

5.3　齿轮传动的失效形式及设计准则

5.3.1　齿轮传动的失效形式

齿轮传动的失效主要产生在轮齿部分,因此其强度计算只是在轮齿部分进行。齿轮的轮毂及轮辐部分的尺寸可参照经验公式计算。轮齿的失效形式有以下五种。

1. 轮齿折断

轮齿像一个悬臂梁,受载后以齿根处产生的弯曲应力为最大,再加上齿根处过渡部分的尺寸发生了急剧的变化,以及沿齿宽方向留下的加工刀痕等引起的应力集中作用,当轮齿重复受载后,齿根处就会产生疲劳裂纹,并逐步扩展,致使轮齿折断,如图 5-2 所示。

轮齿折断一般发生在齿根部位。折断有两种:一种是由多次重复的弯曲应力和应力集中造成的疲劳折断;另一种是因短期过载或冲击载荷而产生的过载折断,两种折断均起始于轮齿受拉应力一侧。

轮齿受到突然过载,或经严重磨损后齿厚过分减薄时,也会发生折断。

在斜齿圆柱齿轮(简称斜齿轮)传动中,轮齿工作面上的接触线为一斜线,轮齿受载后,如有载荷集中时,就会发生局部折断,如图 5-3 所示。若制造及安装不良或轴的弯曲变形过大,轮齿局部受载过大时,即使是直齿圆柱齿轮(简称直齿轮),也会发生局部折断。

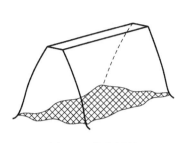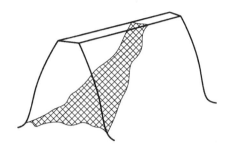

图 5-2　轮齿折断　　　　　　　　　　图 5-3　轮齿局部折断

为了提高轮齿的抗折断能力,可采取下列措施:① 增大齿根过渡圆角的半径,消除该处的加工刀痕,可以降低应力集中作用;② 增大轴及轴承的刚度,可以减小齿面上局部受载的程度;③ 采用合适的热处理方法,使齿芯材料具有足够的韧性;④ 在齿根处施加适当的强化措施(如喷丸)等。

2. 齿面点蚀

轮齿啮合过程中,接触面间产生接触应力,该应力是脉动循环变化的。在此应力的反复作用下,齿面表层就会产生细微的疲劳裂纹,封闭在裂纹中的润滑油,在压力的作用下,产生楔挤作用使裂纹扩大,最后导致表层金属小片状剥落,出现凹坑,形成麻点状剥伤,称为点蚀,如图 5-4 所示。严重的点蚀使齿轮啮合情况恶化而报废。实践表明,轮齿啮合过程中,齿面间的相对滑动起着形成润滑油膜的作用,而且相对滑动速度越高,齿面间形成润滑油膜的作用越显著,润滑也就越好。当轮齿在靠近接线处啮合时,由于相对滑动速度低,形成油膜的条件差,润滑不良,摩擦力较大,特别是直齿轮传动,通常这时只有一对轮齿啮合,轮齿受力也最大,因此,点蚀也就首先出现在靠近节线的齿根面上,然后再向其他部位扩展。从相对的意义上说,也就是以靠近节线处的齿根面抵抗点蚀的能力最差(即接触疲劳强度最低)。齿面抗疲劳点蚀的能力主要取决于齿面硬度,齿面硬度越高,抗疲劳点蚀的能力越强。

在啮合的轮齿间加注润滑油可以减小摩擦,减缓点蚀,延长齿轮的工作寿命。并且在合理的限度内,润滑油的黏度愈高,上述效果也愈好。但是当齿面上出现疲劳裂纹后,润滑油就会侵入裂纹,而且黏度愈低的油,愈易侵入裂纹。润滑油侵入裂纹后,就有可能在裂纹内受到挤胀,从而加快裂纹的扩展,这是不利之处。因此,对速度不高的齿轮传动,以用黏度高一些的油来润滑为宜;对速度较高(如圆周速度 $v>12$ m/s)的齿轮传动,要用喷油润滑(同时还起散热的作用),此时只宜用黏度低的油。

软齿面(HBS≤350)的闭式齿轮传动常因齿面点蚀而失效。在开式传动中,因为齿面磨损较快,点蚀来不及形成即被磨掉,因此通常看不到点蚀现象。

3. 齿面胶合

在高速重载的齿轮传动中,常因齿面间相对滑动速度比较高而产生瞬时高温,从而导致润滑失效,造成齿面间的粘焊现象,粘焊处被撕脱后,轮齿表面沿滑动方向形成沟痕,这种现象称为齿面胶合,如图 5-5 所示。在低速重载齿轮传动中,由于齿面间的润滑油膜不易形成,摩擦热虽不大但也可能发生胶合破坏。

　　减小模数,降低齿高,降低滑动系数,采用抗胶合能力强的润滑油等,均可防止或减轻齿轮的胶合。

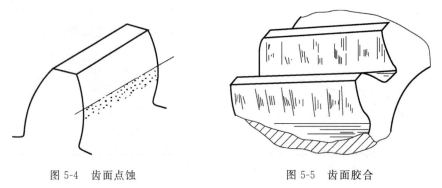

图 5-4　齿面点蚀　　　　　　　　　图 5-5　齿面胶合

4. 齿面磨损

　　在齿轮传动中,齿面随着工作条件的不同会出现多种不同形式的磨损。齿面磨损通常有磨粒磨损和跑合磨损两种。

　　由灰尘、硬屑粒等进入齿面间而引起的磨粒磨损,在开式传动中是难以避免的,如图 5-6 所示。

　　新的齿轮副,由于加工后表面具有一定的粗糙度,受载时实际上只有部分峰顶接触,接触处压强很高,因而在开始运转期间,磨损速度和磨损量都较大,磨损到一定程度后,摩擦面逐渐变光洁,压强减小,磨损速度缓慢,这种磨损称为跑合磨损。人们有意地使新齿轮副在轻载下进行跑合,可为随后的正常磨损创造有利条件。但应注意,跑合结束后,必须重新更换润滑油。

　　齿面磨损是开式齿轮传动的主要破坏形式之一,改用闭式齿轮传动是避免齿面磨损最有效的办法。

5. 齿面塑性变形

　　齿面较软的轮齿,重载时可能在摩擦力的作用下产生齿面塑性变形,从而破坏正确齿形。由于在主动齿轮齿面的节线两侧,齿顶和齿根的摩擦力方向相背,因此在节线附近形成凹槽;从动齿轮则相反,由于摩擦力方向相对,因此在节线附近形成凸脊,如图 5-7 所示。这种失效形式常在低速重载、频繁启动和过载传动中见到。适当提高齿面硬度,采用黏度大的润滑油,均可减轻或防止齿面塑性变形。

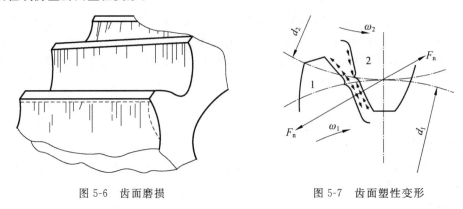

图 5-6　齿面磨损　　　　　　　　　图 5-7　齿面塑性变形

　　除了以上五种主要失效形式以外,齿轮传动还可能发生若干种其他的失效形式。例如,与硬齿面齿轮配对的软齿面齿轮在突然过载时齿面会发生凹陷；表面硬化的齿轮若轮芯硬度过低，则在偶然过载时会产生硬化层压裂及脱层等形式失效。但是，不论有多少种失效形式，前五种是最基本的。

提高齿轮对上述几种失效的抵抗能力，除上面所说的办法外，还有减小齿面粗糙度值，适当选配主、从动齿轮的材料及硬度，进行适当的跑合，以及选用合适的润滑剂及润滑方法等。

5.3.2　齿轮传动的设计准则

由上述分析可知，所设计的齿轮传动在具体的工作情况下，必须具有足够的、相应的工作能力，以保证其在整个工作寿命期间不致失效。因此，针对上述各种工作情况及失效形式，都应分别确立相应的设计准则。但是，对于齿面磨损、塑性变形等，由于尚未建立起广为工程实际使用且行之有效的计算方法及设计数据，所以目前设计一般使用的齿轮传动时，通常只按保证齿根弯曲疲劳强度及保证齿面接触疲劳强度两准则进行计算。对于高速大功率的齿轮传动（如航空发动机主传动、汽轮发电机组传动等），还要按保证齿面抗胶合能力的准则进行计算。至于抵抗其他失效的能力，目前虽然一般不进行计算，但应采取相应的措施，以增强轮齿抵抗这些失效的能力。

1. 闭式软齿面和软硬组合齿面的齿轮传动

闭式软齿面和软硬组合齿面的齿轮传动主要失效形式是疲劳点蚀，一般按齿面接触疲劳强度进行设计计算，按齿根弯曲疲劳强度校核。

2. 闭式硬齿面的齿轮传动

闭式硬齿面的齿轮传动主要失效形式是轮齿的折断，按轮齿弯曲疲劳强度进行设计计算，按齿面接触疲劳强度校核。

3. 开式齿轮传动

开式齿轮传动的主要失效形式是磨损，往往是由于齿面的过度磨损或轮齿磨薄后弯曲折断而失效。目前还没有行之有效的计算磨损的方法，因此采用降低许用应力的方法按齿根弯曲强度进行设计计算，即按齿根弯曲强度进行设计计算，将计算的模数值适当增大，通常不必校核接触强度。

功率较大的传动，例如输入功率超过 75 kW 的闭式齿轮传动，发热量大，易导致润滑不良及轮齿胶合损伤等，为了控制升温，还须做热平衡计算。

齿轮的轮圈、轮辐、轮毂等部位的尺寸，通常仅作结构设计，不进行强度计算。

5.4　齿轮常用材料及热处理

由齿轮的失效形式可知，设计齿轮传动时，应使齿面具有较高的抗磨损、抗点蚀、抗胶合和抗塑性变形的能力。因此，对齿轮材料性能的基本要求如下：① 齿面要硬，齿芯要韧；② 具有良好的力学性能和热处理性能。

5.4.1　齿轮常用材料

1. 钢

钢材的韧性好，耐冲击，还可通过热处理或化学热处理改善其力学性能及提高齿面的硬度,故它最适合用来制造齿轮。

1) 锻钢

除尺寸过大或者是结构形状复杂只宜铸造者外,一般都用锻钢制造齿轮,常用的是含碳量在 0.15%~0.6% 的碳钢或合金钢。

制造齿轮的锻钢可分为如下两种。

(1) 经热处理后切齿的齿轮所用的锻钢(一般应用)。

对于强度、速度及精度都要求不高的齿轮,应采用软齿面(硬度≤350 HBS)以便于切齿,并使刀具不致迅速磨损变钝。因此,应将齿轮毛坯经常化(正火)或调质处理后切齿,切制后成为成品。其精度一般为 8 级,精切时可达 7 级。这类齿轮制造简便、较经济、生产率高。

(2) 需进行精加工的齿轮所用的锻钢(重要应用)。

高速、重载及精密机器(如精密机床、航空发动机)所用的主要齿轮传动,除要求材料性能优良,轮齿具有高强度及齿面具有高硬度(如 58~65 HRC)外,还应进行磨齿等精加工。需精加工齿轮目前多是先切齿,再做表面硬化处理,最后进行精加工,精度可达 5 级或 4 级。这类齿轮精度高、价格较高,所用热处理方法有表面淬火、渗碳、氮化、软氮化及氰化等,所用材料视具体要求及热处理方法而定。

合金钢材根据所含金属的成分及性能,可分别使材料的韧性、耐冲击、耐磨及抗胶合的性能等获得提高,也可通过热处理或化学热处理改善材料的力学性能及提高齿面的硬度。因此,对于既用于高速、重载,又要求尺寸小、质量小的航空用齿轮,就都用性能优良的合金钢来制造。

2) 铸钢

铸钢的耐磨性及强度均较好,但应经退火及常化处理,必要时也可进行调质。铸钢常用于尺寸较大的齿轮。

2. 铸铁

灰铸铁性质较脆,抗冲击及耐磨性都较差,但抗胶合及抗点蚀的能力较好。灰铸铁齿轮常用于工作平稳,速度较低,功率不大的场合。

3. 非金属材料

对高速、轻载及精度不高的齿轮传动,为了降低噪声,常用非金属材料(如夹布塑胶,尼龙等)制作小齿轮,大齿轮仍用钢或铸铁制造。为使大齿轮具有足够的抗磨损及抗点蚀的能力,齿面的硬度应为 250~350 HBS。

5.4.2　齿轮热处理

1. 调质或正火

一般用于中碳钢或中碳合金钢。调质后材料的综合性能良好。硬度一般可达 200~280 HBS,由于硬度不高,热处理后便于精切齿形。

正火能消除内应力细化晶粒,改善其性能,正火后硬度可达 156~217 HBS。

考虑到传动时小齿轮轮齿的工作次数比大齿轮的多,并为便于用跑合的方法改善轮齿的接触情况及提高抗胶合能力,对于一对均为软齿面的齿轮传动,常使两齿轮硬度有一定差别,一般小齿轮的齿面比大齿轮的高 25~50 HBS。

2. 整体淬火

整体淬火常用材料为中碳钢或中碳合金钢,如 45、40Cr 等。表面硬度可达 45~55 HRC,

承载能力高,耐磨性强,适于高速齿轮传动。这种热处理工艺简单,但轮齿变形很大,芯部韧性较差,不适用于冲击载荷。整体淬火后必须进行磨齿、研齿等精加工。

3. 表面淬火

表面淬火一般用于中碳钢和中碳合金钢,例如 45、40Cr 等。表面淬火后轮齿变形不大,可不磨齿,齿面硬度可达 40～55 HRC,轮齿承载力高,耐磨性强,同时由于齿芯未淬硬,仍保持较高的韧性,所以能承受一定的冲击载荷。表面淬火的方法有高频淬火和火焰淬火等。

4. 渗碳淬火

一般用于含碳量为 0.15％～0.25％ 的低碳钢或低碳合金钢,例如 20、20Cr 等。渗碳淬火后轮齿表面硬度可达 56～62 HRC,而齿芯仍保持较高的韧性,故可承受较大的冲击载荷。渗碳淬火后轮齿的热处理变形较大,一般需磨齿。

5. 氮化

氮化是一种化学热处理方法,氮化后不再进行其他热处理,齿面硬度可达 60～62 HRC。因氮化处理温度低,轮齿变形小,无需磨齿,故适用于难以磨齿的场合,例如内齿轮。氮化处理的硬化层很薄,不宜用于有激烈磨损的场合。

表 5-6 给出了齿轮常用材料及其力学性能。

表 5-6　齿轮常用材料及其力学性能

材料牌号		热处理种类	截面尺寸		力学性能		硬度	
			直径 d/mm	壁厚 s/mm	σ_b/MPa	σ_s/MPa	HBS	HRC
调质钢	45	正火	≤100	≤50	588	294	169～217	
			101～300	51～150	569	284	162～217	
			301～500	151～250	549	275	162～217	
			501～800	251～400	530	265	156～217	
		调质	≤100	≤50	647	373	229～286	
			101～300	51～150	628	343	217～255	
			301～500	151～250	608	314	197～255	
		表面淬火						40～50
	35SiMn	调质	≤100	≤50	785	510	229～286	
			101～300	51～150	735	441	217～269	
			301～400	151～200	686	392	217～255	
			401～500	201～250	637	373	196～255	
		表面淬火						45～55
	42SiMn	调质	≤100	≤50	785	510	229～286	
			101～200	51～100	735	461	217～269	
			201～300	101～150	686	441	217～255	
			301～500	151～250	637	373	196～255	
		表面淬火						45～55

材料牌号		热处理种类	截面尺寸		力学性能		硬度	
			直径 d/mm	壁厚 s/mm	σ_b/MPa	σ_s/MPa	HBS	HRC
调质钢	50SiMn	调质	≤100	≤50	834	539	229～286	
			101～200	51～100	735	490	217～269	
			201～300	101～150	686	441	207～255	
		表面淬火						45～50
	40MnB	调质	≤200	≤100	735	490	241～286	
			201～300	101～150	686	441	241～286	
		表面淬火						45～55
	38SiMnMo	调质	≤100	≤50	735	588	229～286	
			101～300	51～150	686	539	217～269	
			301～500	151～250	637	490	196～241	
			501～800	251～400	588	392	187～241	
		表面淬火						45～55
	37SiMnMoV	调质	≤200	≤100	863	686	269～302	
			201～400	101～200	814	637	241～286	
			401～600	201～300	765	588	241～269	
		表面淬火						50～55
	40Cr	调质	≤100	≤50	735	539	241～286	
			>100～300	>50～150	686	490	241～286	
			>300～500	>150～250	637	441	229～269	
			>500～800	>250～400	588	343	217～255	
		表面淬火						48～55
	35CrMo	调质	≤100	≤50	735	539	207～269	
			>100～300	>50～150	686	490	207～269	
			>300～500	>150～250	637	441	207～269	
			>500～800	>250～400	588	392	207～269	
		表面淬火						40～45
渗碳钢、氮化钢	20Cr	渗碳淬火、回火	≤60		637	392		56～62
		氮化						53～60
	20CrMnTi	渗碳淬火、回火	15		1079	834		56～62
		氮化						57～63
	20CrMnMo	渗碳淬火、回火	15		1177	883		56～62
	38CrMoAlA	调质氮化	30		981	834	229	HV>850
	20MnVB	渗碳淬火、回火	15		1079	883		56～62

续表

材料牌号		热处理种类	截面尺寸		力学性能		硬度	
			直径 d/mm	壁厚 s/mm	σ_b/MPa	σ_s/MPa	HBS	HRC
铸钢、合金铸钢	ZG 310-570	正火			570	310	163～197	
	ZG 340-640	正火			640	340	179～207	
	ZG 40Mn2	正火、回火			588	392	≥197	
		调质			834	686	269～302	
	ZG 35SiMn	正火、回火			569	343	163～217	
		调质			637	412	197～248	
	ZG 42SiMn	正火、回火			588	373	163～217	
		调质			637	441	197～248	
	ZG 50SiMn	正火、回火			686	441	217～255	
	ZG 40Cr	正火、回火			628	343	≤212	
		调质			686	471	228～321	
	ZG 35CrMo	正火、回火			588	392	179～241	
		调质			686	539	179～241	
	ZG 35CrMnSi	正火、回火			686	343	163～217	
		调质			785	588	197～269	
灰铸铁、球墨铸铁	HT250			＞4.0～10	270		175～263	
				＞10～20	240		164～247	
				＞20～30	220		157～236	
				＞30～50	200		150～225	
	HT300			＞10～20	200		182～273	
				＞20～30	250		169～255	
				＞30～50	230		160～241	
	HT350			＞10～20	340		197～298	
				＞20～30	290		182～273	
				＞30～50	260		171～257	
	QT500-7				500	320	170～230	
	QT600-3				600	370	190～270	
	QT700-2				700	420	225～305	
	QT800-2				800	480	245～335	
	QT900-2				900	600	280～360	

5.4.3　齿轮材料的选择原则

齿轮材料的种类很多,在选择时应考虑的因素也很多,下述几点可供选择材料时参考。

(1) 齿轮材料必须满足工作条件的要求。例如,用于飞行器上的齿轮,要满足质量小、传递功率大和可靠性高的要求,因此必须选择力学性能高的合金钢;矿山机械中的齿轮传动,一般功率很大、工作速度较低、周围环境中粉尘含量极高,因此往往选择铸钢或铸铁等材料;家用及办公用机械的功率很小,但要求传动平稳、低噪声或无噪声,以及能在少润滑或无润滑状态下正常工作,因此常选用工程塑料作为齿轮材料。总之,工作条件的要求是选择齿轮材料时首先应考虑的因素。

(2) 应考虑齿轮尺寸的大小、毛坯成型方法,以及热处理和制造工艺。大尺寸的齿轮一般采用铸造毛坯,可选用铸钢或铸铁作为齿轮材料。中等或中等以下尺寸、要求较高的齿轮常选用锻造毛坯,可选择锻钢制作。齿轮尺寸较小而又要求不高时,选用圆钢制作毛坯。

齿轮的表面硬化的方法:渗碳、氮化和表面淬火。采用渗碳工艺时,应选用低碳钢或低碳合金钢作为齿轮材料;只有氮化钢才采用氮化工艺;采用表面淬火时,对材料没有特别的要求。

(3) 正火碳钢,不论毛坯的制作方法如何,只能用于制作在载荷平稳或轻度冲击下工作的齿轮,不能承受大的冲击载荷;调质碳钢可用于制作在中等冲击载荷下工作的齿轮。

(4) 合金钢常用于制作高速、重载并在冲击载荷下工作的齿轮。

(5) 飞行器中的齿轮传动,要求齿轮尺寸尽可能小,应采用表面硬化处理的高强度合金钢。

(6) 金属制的软齿面齿轮,配对两轮齿面的硬度差应保持在 25～50 HBS 或更大。当小齿轮与大齿轮的齿面具有较大的硬度差,且速度又较高时,在运转过程中较硬的小齿轮齿面对较软的大齿轮齿面,会起较显著的冷作硬化效应,从而提高了大齿轮齿面的疲劳极限。因此,当配对的两齿轮齿面具有较大的硬度差时,大齿轮的接触疲劳许用应力可提高约 20%,但应注意硬度高的齿面,其粗糙度值也要相应地减小。

5.5　齿轮传动的作用力及计算载荷

为了计算齿轮的强度,设计轴和轴承,必须对轮齿上的作用力进行分析。

假设作用在轮齿上的力沿接触线均匀分布,可用齿宽中面上的集中力代替进行受力分析。由于齿轮传动的润滑,在受力分析时可忽略啮合面间的摩擦力。

1. 直齿圆柱齿轮的受力分析

当齿轮的齿廓在节点 P 接触时,受力如图 5-8 所示,可将沿啮合线作用在齿面上的法向力 F_n(单位为 N)分解为两个相互垂直的分力:切于节圆的圆周力 F_t 与指向轮心的径向力 F_r(单位均为 N)。

1) 计算公式

$$\begin{cases} \text{圆周力} \quad F_t = 2T_1/d_1 \\ \text{径向力} \quad F_r = F_t \tan\alpha \\ \text{法向力} \quad F_n = F_t/\cos\alpha \end{cases} \quad (5\text{-}1)$$

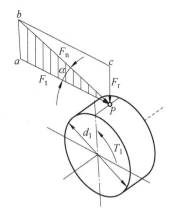
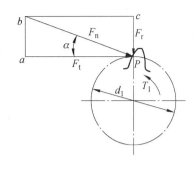

图 5-8　直齿圆柱齿轮传动的受力分析

式中：T_1——小齿轮上的扭矩，$T_1 = 9.55 \times 10^6 \dfrac{P}{n_1}$，N·mm；

　　　P——传递的功率，kW；

　　　n_1——小齿轮的转速，r/min；

　　　d_1——小齿轮的分度圆直径，mm；

　　　α——压力角，对标准齿轮，$\alpha = 20°$。

2）力的方向

（1）圆周力 F_t 的方向在主动齿轮上与运动方向相反，在从动齿轮上与运动方向相同，且互为作用力与反作用力，即 $F_{t1} = -F_{t2}$（"－"表示方向相反，下同）。

（2）径向力 F_r 的方向分别指向各自的轮心，且互为作用力与反作用力，即 $F_{r1} = -F_{r2}$。

2. 斜齿圆柱齿轮传动的受力分析

图 5-9 所示为斜齿圆柱轮齿廓在节点 P 接触的受力情况，在忽略摩擦力时，法向力 F_n 可分解为圆周力 F_t、径向力 F_r 和轴向力 F_a 三个分力。

1）计算公式

$$
\begin{cases}
\text{圆周力} & F_t = 2T_1/d_1 \\
\text{径向力} & F_r = F_t \tan\alpha_n / \cos\beta \\
\text{轴向力} & F_a = F_t \tan\beta \\
\text{法向力} & F_n = F_t / (\cos\alpha_n \cos\beta)
\end{cases}
\qquad (5-2)
$$

式中：β——螺旋角；

　　　α_n——法向压力角，对标准齿轮，$\alpha_n = 20°$。

2）力的方向

（1）圆周力 F_t 的方向在主动齿轮上与运动方向相反，在从动齿轮上与运动方向相同，且互为作用力与反作用力，即 $F_{t1} = -F_{t2}$。

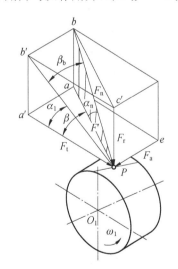

图 5-9　斜齿圆柱齿轮传动的受力分析

（2）径向力 F_r 的方向对两轮都是指向各自的轮心，且互为作用力与反作用力，即 $F_{r1} = -F_{r2}$。

（3）轴向力 F_a 的方向需根据螺旋线方向和轮齿工作面而定，也可用主动齿轮右（左）手螺旋法则判断：当主动齿轮的螺旋线方向为右(左)旋时，可用右(左)手螺旋法则判断，即伸出右(左)手，握住主动齿轮轴线，除拇指外其余四指代表主动齿轮的转动方向，则拇指的指向代表该齿轮的轴向力的方向，从动齿轮的轴向力方向与主动齿轮的轴向力方向相反，互为作用力与反作用力，即 $F_{a1} = -F_{a2}$。

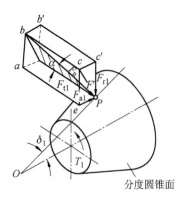

图 5-10　直齿圆锥齿轮传动的受力分析

3. 直齿圆锥齿轮传动的受力分析

当两轴正交($\delta_1 + \delta_2 = 90°$)时，直齿圆锥齿轮齿廓在节点 P 接触的受力情况如图 5-10 所示。在忽略摩擦力时，法向力 F_n 可分解为圆周力 F_t、径向力 F_r 和轴向力 F_a 三个分力。

1）计算公式

$$\begin{cases} \text{圆周力} \quad F_t = 2T_1/d_{m1} \\ \text{径向力} \quad F_{r1} = F_t \tan\alpha \cos\delta_1 \\ \text{轴向力} \quad F_{a1} = F_t \tan\alpha \sin\delta_1 \\ \text{法向力} \quad F_n = F_t/\cos\alpha \end{cases} \quad (5\text{-}3)$$

式中：d_{m1}——小齿轮齿宽中点的分度圆直径，$d_{m1} = d_1 - b\sin\delta_1$（$b$ 为轮齿宽度，d_1 为大端面分度圆直径）。

2）力的方向

（1）圆周力 F_t 的方向在主动齿轮上与运动方向相反，在从动齿轮上与运动方向相同，且互为作用力与反作用力，即 $F_{t1} = -F_{t2}$。

（2）径向力 F_r 的方向对两齿轮都是垂直指向各自齿轮的轴线。

（3）轴向力 F_a 的方向对两齿轮均指向各自齿轮的大端。

由于两锥齿轮的轴相互垂直，即 $\delta_1 + \delta_2 = 90°$，因此，小齿轮上的径向力和轴向力分别与大齿轮上的轴向力和径向力为作用力与反作用力，即 $F_{r1} = -F_{a2}$，$F_{a1} = -F_{r2}$。

4. 计算载荷

按名义功率或扭矩计算得到的法向载荷 F_n 称为名义载荷。在受力分析时，常取沿齿面接触线单位长度上的平均载荷 $p = F_n/L$ 进行计算，由于原动机性能及齿轮制造与安装误差、齿轮及支承件变形等因素的影响，实际传动中作用于齿轮上的载荷要比名义载荷大，因此，计算齿轮强度时，通常用计算载荷 p_{ca} 代替平均载荷 p，以考虑载荷集中和附加动载荷的影响。

$$p_{ca} = Kp$$
$$K = K_A K_v K_\alpha K_\beta \quad (5\text{-}4)$$

式中：K——载荷系数；

　　K_A——使用系数；

　　K_v——动载系数；

　　K_α——齿间载荷分配系数；

　　K_β——齿向载荷分布系数。

1）使用系数 K_A

使用系数 K_A：考虑原动机和工作机的运转特性、联轴器的缓冲性能等外部因素引起的动载荷而引入的修正系数，可按表 5-7 选取。

表 5-7 使用系数 K_A

原动机	工作机的载荷特性			
	均匀平稳	轻微冲击	中等冲击	严重冲击
电动机	1.00	1.25	1.50	1.75
蒸汽机	1.25	1.50	1.75	2.00
多缸内燃机	1.50	1.75	2.00	≥2.25

注 对于增速传动可取表中值的1.1倍。当外部机械与齿轮装置之间挠性连接时,其值可适当降低。

2）动载系数 K_v

动载系数 K_v:考虑齿轮副在啮合过程中因啮合误差,包括基节误差、齿形误差及轮齿变形等,以及运转速度而引起的内部附加动载荷的影响系数。另外,齿轮在啮合过程中单对齿啮合、双对齿啮合的交替进行,造成轮齿啮合刚度的变化,也要引起动载荷。

对于一般齿轮传动,动载系数 K_v 的值可根据圆周速度及齿轮的制造精度,按图 5-11 查取;对于直齿圆锥齿轮传动,在查取动载系数 K_v 时,应按图中低一级精度线及锥齿轮平均分度圆处的圆周速度 v_m 进行查取。

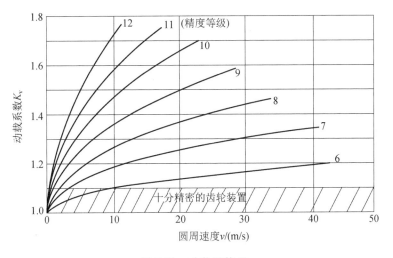

图 5-11　动载系数 K_v

3）齿间载荷分配系数 K_α

齿轮的重合度总是大于 1,说明在一对轮齿的一次啮合过程中,部分时间内为两对轮齿啮合,所以理想状态下,载荷应该由各啮合齿对均等承载。但对于低精度等级的齿轮传动,实际情况并非如此,它受制造精度、轮齿刚度、齿轮啮合刚度、修缘量、跑合量等多方面因素的影响。齿间载荷分配系数 K_α 是用于考虑到制造误差和轮齿弹性变形等原因,使两对同时啮合的轮齿上载荷分配不均的影响,而引进的修正系数。对一般不需做精确计算的直齿圆柱齿轮传动,可假设为单齿对啮合,故取 $K_\alpha = 1$;对斜齿圆柱齿轮传动,可取 $K_\alpha = 1 \sim 1.4$,精度低、齿面硬度高时取大值,反之取小值。

4）齿向载荷分布系数 K_β

由制造误差引起的齿向误差、齿轮及轴的弯曲和扭转变形、轴承和支座的变形及装配误差等,导致轮齿接触线上各接触点间载荷分布不均匀。为此引入齿向载荷分布系数 K_β,用于考虑实际载荷沿轮齿接触线分布不均的影响。其值的大小主要受齿轮相对轴承配置形式、齿宽系数(b/d_1)及齿面硬度的影响,对于一般的工业用的圆柱齿轮,可按图 5-12 查取;对于直齿圆锥齿轮,齿向载荷分布系数 $K_\beta=1.1\sim1.3$。

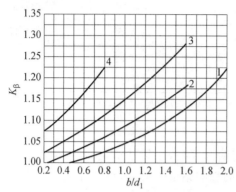 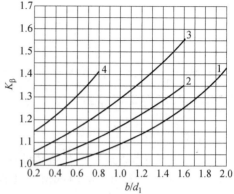

(a)两齿轮都是软齿面(齿面硬度≤350 HBS)或其中之一是软齿面　　(b)两齿轮都为硬齿面(齿面硬度>350 HBS)

图 5-12　齿向载荷分布系数 K_β

1—齿轮在两轴承间对称布置;2—齿轮在两轴承间非对称布置,轴的刚度较大;

3—齿轮在两轴承间非对称布置,轴的刚度较小;4—齿轮悬臂布置

5.6　标准齿轮传动的强度计算

齿轮强度计算是根据齿轮可能出现的失效形式进行的。在一般齿轮传动中,其主要失效形式是齿面接触疲劳点蚀和轮齿弯曲疲劳折断。下面就标准直齿圆柱齿轮、斜齿圆柱齿轮、直齿圆锥齿轮分别介绍这两种失效形式的强度计算。

5.6.1　标准直齿圆柱齿轮传动的弯曲疲劳强度计算

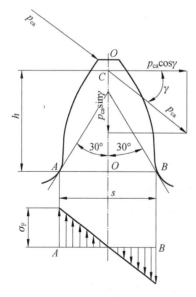

图 5-13　齿根弯曲应力

由于齿轮轮缘的刚度很大,因此,在进行弯曲疲劳强度计算时,可将轮齿看成宽度为 b 的悬臂梁,力集中作用在齿宽中面上,如图 5-13 所示。

1. 假设条件

(1)齿根处的危险截面的确定。确定危险截面的方法有很多,其中 30°切线法最为简单实用,即作与轮齿对称中心线成 30°夹角并与齿根过渡圆角相切的斜线,则认为两切点连线是危险截面位置。

(2)载荷大小及作用位置的确定。为了简化计算,对精度较低的齿轮,认为法向力 F_n 全部作用在一个轮齿的齿顶。考虑理论上载荷应由同时啮合的多对齿分担,可用重合度系数 Y_ε 对齿根弯曲应力进行修正。

(3)危险截面上的破坏应力的确定。沿啮合线方向作用的计算载荷 p_{ca} 可分解为相互垂直的两个力:$p_{ca}\cos\gamma$ 和 $p_{ca}\sin\gamma$。前者使齿根产生弯曲应力和切应力,后者使齿根产生压应力。其中弯曲应力起主要作用,因此,取危险截面的破坏应力等于齿根处的弯曲应力,忽略压应力和切应力的影响。同时考虑齿根圆角处应力集中的影响,引进应力修正系数 Y_{Sa} 进行修正。

（4）齿根弯曲疲劳强度以受拉侧为计算依据。齿轮长期工作后,受拉侧先产生疲劳裂纹。

2. 直齿圆柱齿轮的弯曲疲劳强度计算公式

（1）危险截面上弯曲应力（MPa）:

$$\sigma_F = \frac{M}{W} Y_{Sa} Y_\varepsilon = \frac{p_{ca} \cos\gamma h}{1 \times s^2/6} Y_{Sa} Y_\varepsilon = \frac{2KT_1}{bd_1 m} \frac{6(h/m)\cos\gamma}{(s/m)^2 \cos\alpha} Y_{Sa} Y_\varepsilon \tag{5-5}$$

（2）轮齿弯曲疲劳强度的验算公式。引进齿形系数 Y_{Fa} 和齿宽系数 $\psi_d = b/d_1$,可得轮齿弯曲疲劳强度的验算公式:

$$\sigma_F = \frac{2KT_1}{bd_1 m} Y_{Fa} Y_{Sa} Y_\varepsilon = \frac{2KT_1}{\psi_d m^3 z_1^2} Y_{Fa} Y_{Sa} Y_\varepsilon \leqslant [\sigma_F] \tag{5-6}$$

（3）轮齿弯曲疲劳强度的设计公式:

$$m \geqslant \sqrt[3]{\frac{2KT_1}{\psi_d z_1^2 [\sigma_F]} Y_{Fa} Y_{Sa} Y_\varepsilon} \tag{5-7}$$

3. 直齿圆柱齿轮弯曲疲劳强度计算中参数的选择和注意问题

（1）齿形系数 Y_{Fa} 及应力修正系数 Y_{Sa}。

齿形系数 $Y_{Fa} = \dfrac{6(h/m)\cos\gamma}{(s/m)^2 \cos\alpha}$,只取决于轮齿的形状,即随齿数和变位系数而异,而与模数无关,随着齿数的增加,Y_{Fa} 减小。应力修正系数 Y_{Sa} 综合考虑齿根圆角处应力集中和除弯曲应力外,其余应力对齿根应力的影响,随着齿数的增加,Y_{Sa} 增加。Y_{Fa} 值可参见图 5-14 查取;Y_{Sa} 值可参见图 5-15 查取。值得注意的是,随着齿数的增加,Y_{Fa} 与 Y_{Sa} 乘积减小,因此,在模数一定时,齿数增加对弯曲强度是有益的。

（2）重合度系数 Y_ε:

$$Y_\varepsilon = 0.25 + \frac{0.75}{\varepsilon_\alpha} \tag{5-8}$$

式中:ε_α——端面重合度,对于标准和未经修缘的齿轮传动,计算公式为

$$\varepsilon_\alpha = \left[1.88 - 3.2\left(\frac{1}{z_1} \pm \frac{1}{z_2}\right)\right]\cos\beta \tag{5-9}$$

其中,"+"用于外啮合;"-"用于内啮合。若为直齿圆柱齿轮传动,则 $\beta = 0$。

（3）齿宽系数 $\psi_d = b/d_1$。

通常轮齿越宽,承载能力也越强,因而轮齿不宜过窄;但增大齿宽又会使齿面上的载荷分布更趋不均匀,故应适当选取齿宽系数。其推荐值可按表 5-8 选取,它取决于齿面硬度和齿轮相对轴承的位置。

表 5-8　齿宽系数 ψ_d

齿轮相对轴承的位置	齿面硬度	
	软齿面	硬齿面
对称分布	0.8~1.4	0.4~0.9
非对称分布	0.6~1.2	0.3~0.6
悬臂布置	0.3~0.4	0.2~0.25

注　直齿圆柱齿轮宜取较小值,斜齿轮可取较大值,人字齿轮可取到 2;载荷稳定,轴刚性大时取较大值;变载荷,轴刚性较小时宜取较小值。

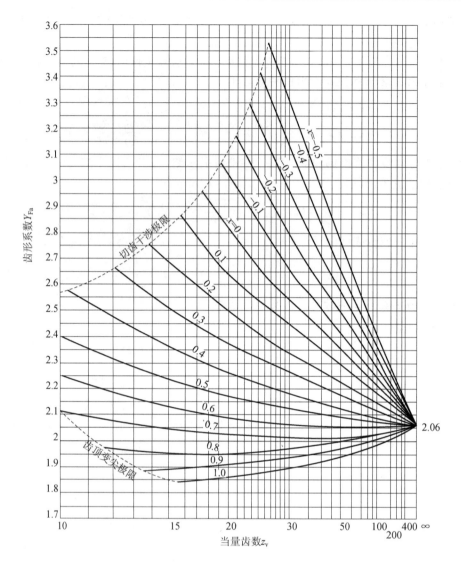

图 5-14 外齿轮齿形系数

$\alpha_n = 20°, h_{an} = m_n, c_n = 0.25m_n, \rho_f = 0.38m_n$；对于内齿轮，可取 $Y_{Fa} = 2.053$

（4）模数 m。计算出的模数应圆整为标准值，对于传递动力的齿轮，其模数不许低于 1.5 mm。因为 $S = \pi m/2$，模数增加，齿厚增加，整个轮齿各处厚度增加，抗弯截面模量增大，工作应力减小，弯曲强度增大；反之模数小，弯曲强度小。所以说模数是决定弯曲强度的主要因素。

（5）许用弯曲应力 $[\sigma_F]$：

$$[\sigma_F] = \frac{\sigma_{Flim} Y_N Y_X}{S_{Fmin}} \tag{5-10}$$

式中：Y_N——弯曲疲劳强度计算的寿命系数，其值取决于工作应力循环次数 N_L，查图 5-16；

$\quad\quad Y_X$——尺寸系数，其值取决于齿轮的模数和材料，查图 5-17；

$\quad\quad S_{Fmin}$——弯曲强度的最小安全系数，查表 5-9；

$\quad\quad \sigma_{Flim}$——失效率为 1% 时，试验齿轮的齿根弯曲疲劳极限，查图 5-18。

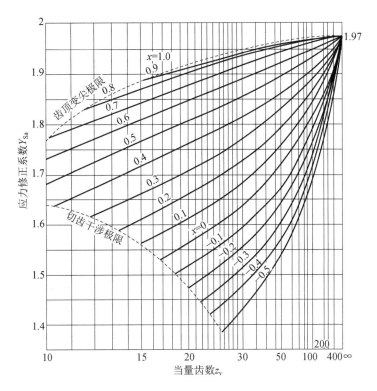

图 5-15　外齿轮应力修正系数

$\alpha_n = 20°, h_{an} = m_n, c_n = 0.25m_n, \rho_f = 0.38m_n$；对于内齿轮，可取 $Y_{Sa} = 2.65$

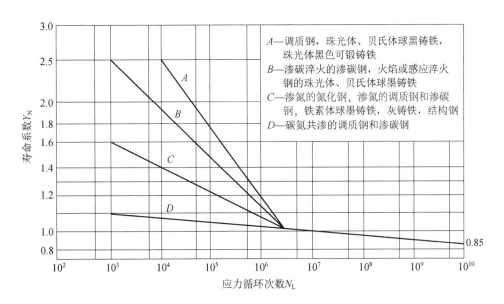

图 5-16　弯曲疲劳强度计算的寿命系数 Y_N

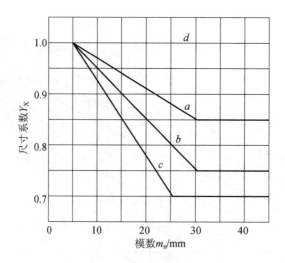

图 5-17　弯曲疲劳强度计算的尺寸系数 Y_x

a—结构钢、调质钢、球墨铸铁、珠光体可锻铸铁；b—表面硬化钢；c—灰铸铁；d—静强度（所有材料）

表 5-9　最小安全系数参考值

使用要求	S_{Fmin}	S_{Hmin}
高可靠度（失效率不大于 1/10000）	2.00	1.50～1.60
较高可靠度（失效率不大于 1/1000）	1.60	1.25～1.30
一般可靠度（失效率不大于 1/100）	1.25	1.00～1.10
低可靠度（失效率不大于 1/10）	1.00	0.85

注　（1）在经过使用验证或材料强度、载荷工况及制造精度拥有较准确的数据时，S_{Hmin} 可取下限；

　　（2）建议对一般齿轮传动不采用低可靠度。

5.6.2　标准直齿圆柱齿轮传动的接触疲劳强度计算

齿面疲劳点蚀与齿面接触应力的大小有关，最易发生在齿根部分靠近节线处，为计算方便，通常取节线处的接触应力作为计算依据，见图 5-19。

1. 直齿圆柱齿轮的接触疲劳强度计算公式

（1）齿面最大接触应力（MPa）。

齿面最大接触应力 σ_H 可按两接触圆柱体近似用弹性力学的赫兹公式进行计算。

$$\sigma_H = \sqrt{\frac{F_n}{\pi b} \cdot \frac{\frac{1}{\rho_1} \pm \frac{1}{\rho_2}}{\frac{1-\mu_1^2}{E_1} + \frac{1-\mu_2^2}{E_2}}} = Z_E \sqrt{\frac{F_n}{b\rho_\Sigma}} \tag{5-11}$$

式中：“＋”用于外啮合，“－”用于内啮合；

　　F_n——接触面上的法向压力；

　　ρ_1、ρ_2——两零件初始接触线处的曲率半径，令 $\frac{1}{\rho_\Sigma} = \frac{1}{\rho_1} \pm \frac{1}{\rho_2}$，啮合点处的综合曲率；

　　μ_1、μ_2——两零件材料的泊松比；

　　E_1、E_2——两零件材料的弹性模量；

　　b——初始接触线长度；

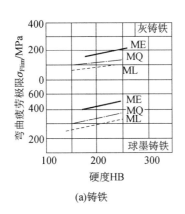

(a)铸铁

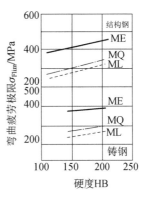

(b)正火处理的结构钢和铸钢

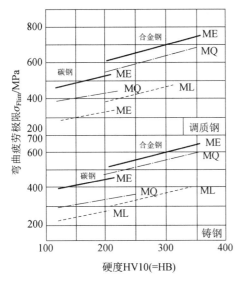

(c)调质处理的碳钢、合金钢及铸钢

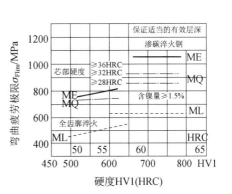

(d)渗碳淬火钢和表面硬化(火焰或感应淬火)钢

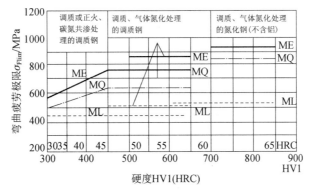

(e)氮化钢和碳氮共渗钢

图 5-18 试验齿轮的齿根弯曲疲劳极限 σ_{Flim}

Z_E——弹性系数,其表达式为

$$Z_E = \sqrt{\dfrac{1}{\pi\left(\dfrac{1-\mu_1^2}{E_1} + \dfrac{1-\mu_2^2}{E_2}\right)}} \qquad (5\text{-}12)$$

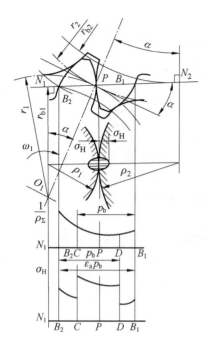

图 5-19　齿面接触应力

对于标准齿轮传动，由图 5-19 可得节点 P 处的齿廓曲率半径为

$$\rho_1 = N_1 P = \frac{d_1}{2}\sin\alpha, \rho_2 = N_2 P = \frac{d_2}{2}\sin\alpha$$

$$(5\text{-}13)$$

由此可得一对齿轮在节点处的综合曲率

$$\frac{1}{\rho_\Sigma} = \frac{1}{\rho_1} \pm \frac{1}{\rho_2} = \frac{2(d_2 \pm d_1)}{d_1 d_2 \sin\alpha} = \frac{u \pm 1}{u} \cdot \frac{2}{d_1 \sin\alpha} \quad (5\text{-}14)$$

（2）齿面接触疲劳强度的验算公式。

由于端面重合度 ε_α 总是大于 1，故 b 应代以接触线总长度 L，并引进重合度系数 Z_ε，用以考虑重合度对单位齿宽载荷的影响。引入载荷系数 K 得齿面接触疲劳强度的验算公式：

$$\sigma_H = Z_E Z_\varepsilon \sqrt{\frac{p_{ca}}{\rho_\Sigma}} = Z_E Z_\varepsilon \sqrt{\frac{2}{\cos\alpha\sin\alpha}} \sqrt{\frac{2KT_1}{bd_1^2} \cdot \frac{u \pm 1}{u}}$$

$$= Z_E Z_H Z_\varepsilon \sqrt{\frac{2KT_1}{bd_1^2} \cdot \frac{u \pm 1}{u}} \leqslant [\sigma_H] \quad (5\text{-}15)$$

（3）齿面接触疲劳强度的设计公式。

$$d_1 \geqslant \sqrt[3]{\frac{2KT_1}{\psi_d} \cdot \frac{u \pm 1}{u} \cdot \left(\frac{Z_E Z_H Z_\varepsilon}{[\sigma_H]}\right)^2} \quad (5\text{-}16)$$

2. 直齿圆柱齿轮接触疲劳强度计算中参数的选择和应注意的问题

（1）啮合实际长度 L 及重合度系数 Z_ε。

$$L = \frac{b}{Z_\varepsilon^2}, \quad Z_\varepsilon = \sqrt{\frac{4 - \varepsilon_\alpha}{3}} \quad (5\text{-}17)$$

（2）弹性系数 Z_E。综合考虑材料的弹性模量 E 和泊松比 μ 对接触应力的影响。不同的材料组合，其弹性系数不同，可查表 5-10。例如，对于一对钢制齿轮，Z_E 为 189.8 $\sqrt{\text{MPa}}$。

表 5-10　弹性系数 Z_E　　　　　　　　　（单位：$\sqrt{\text{MPa}}$）

小齿轮材料		大齿轮材料			
		钢	铸钢	球墨铸铁	灰铸铁
	E/MPa	206000	202000	173000	126000
钢	206000	189.8	188.9	181.4	165.4
铸钢	202000	—	188.0	180.5	161.4
球墨铸铁	173000	—	—	173.9	156.6
灰铸铁	126000	—	—	—	146.0

（3）节点区域系数 Z_H。

$$Z_H = \sqrt{\frac{2}{\cos\alpha\sin\alpha}} \quad (5\text{-}18)$$

考虑节点处齿廓曲率对接触应力的影响，对于标准齿轮（$\alpha = 20°$），按标准中心距安装时，节点区域系数 Z_H 为 2.5。

（4）许用应力[σ_{H}]。

$$[\sigma_{\mathrm{H}}] = \frac{\sigma_{\mathrm{Hlim}} Z_{\mathrm{N}}}{S_{\mathrm{Hmin}}} \qquad (5\text{-}19)$$

式中：σ_{Hlim}——失效率为 1% 时，试验齿轮的齿面接触疲劳极限，查图 5-20；

　　　S_{Hmin}——齿面接触强度最小安全系数，见表 5-9，因弯曲疲劳造成的轮齿折断有可能引起重大事故，而接触疲劳产生的点蚀只影响使用受命，故齿轮的齿根弯曲疲劳安全系数 S_{Fmin} 的数值远大于齿面接触疲劳安全系数 S_{Hmin}；

　　　Z_{N}——接触疲劳强度计算的寿命系数，取决于工作应力循环次数 N_{L}，查图 5-21。载荷恒定时，$N_{\mathrm{L}} = 60\gamma n t_{\mathrm{h}}$。其中，$\gamma$ 为齿轮每转一周，同一侧齿面的啮合次数；n 为齿轮转速，r/min；t_{h} 为齿轮的设计寿命，h。

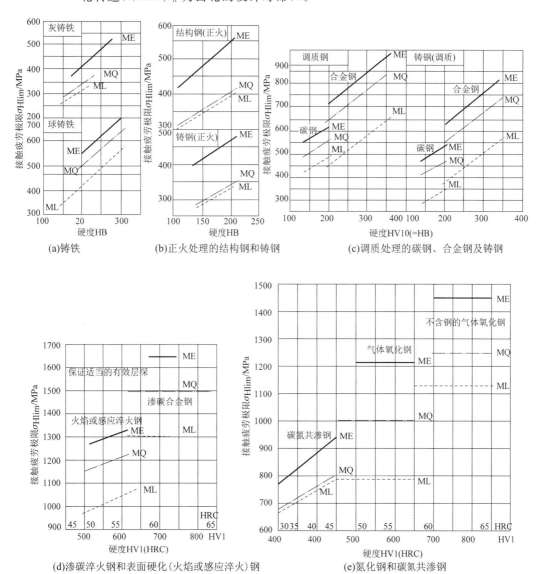

图 5-20　试验齿轮的齿面接触疲劳极限 σ_{Hlim}

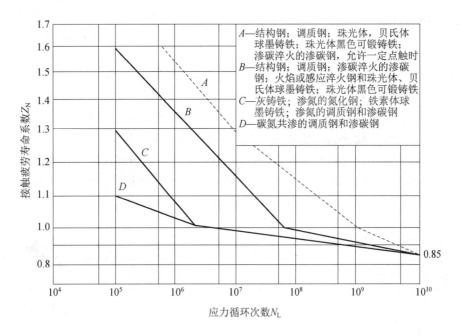

图 5-21　接触疲劳寿命系数 Z_N

5.6.3　标准斜齿圆柱齿轮传动的弯曲疲劳强度计算

1. 斜齿圆柱齿轮的当量齿轮

以该斜齿轮的法面模数 m_n 为当量齿轮的模数,以 $\rho_v = r/\cos^2\beta$ 为当量分度圆半径(其中 $r = m_t z/2$),以 $z_v = z/\cos^3\beta$ 为当量齿数,所制作的直齿圆柱齿轮即该斜齿圆柱齿轮的当量齿轮。

2. 斜齿圆柱齿轮的弯曲疲劳强度计算公式

斜齿圆柱齿轮传动的强度计算是利用其当量齿轮直接套用直齿圆柱齿轮的强度计算公式进行的。但是斜齿轮存在螺旋角使得其重合度较大,接触线较长,当量齿轮的分度圆半径也较大,因此斜齿轮的弯曲应力和接触应力比直齿轮有所降低,可引进螺旋角系数 Y_β(或 Z_β)。于是,可得斜齿轮强度计算公式如下。

(1)轮齿弯曲疲劳强度的验算公式:

$$\sigma_F = \frac{2KT_1}{bm_n d_1}Y_{Fa}Y_{Sa}Y_\varepsilon Y_\beta = \frac{2KT_1\cos\beta}{bm_n^2 z_1}Y_{Fa}Y_{Sa}Y_\varepsilon Y_\beta \leqslant [\sigma_F] \qquad (5\text{-}20)$$

(2)轮齿弯曲疲劳强度的设计公式:

$$m_n \geqslant \sqrt[3]{\frac{2KT_1\cos^2\beta}{\psi_d z_1^2 [\sigma_F]}Y_{Fa}Y_{Sa}Y_\varepsilon Y_\beta} \qquad (5\text{-}21)$$

3. 斜齿圆柱齿轮弯曲疲劳强度计算中参数的选择和注意问题

(1)螺旋角系数 Y_β:

$$Y_\beta = 1 - \varepsilon_\beta \frac{\beta}{120°} \geqslant Y_{\beta min}, \quad Y_{\beta min} = 1 - 0.25\varepsilon_\beta \geqslant 0.75 \qquad (5\text{-}22)$$

当 $\varepsilon_\beta \geqslant 1$ 时,按 $\varepsilon_\beta = 1$ 计算;若 $Y_\beta \leqslant 0.75$,则取 $Y_\beta = 0.75$;当 $\beta > 30°$ 时,按 $\beta = 30°$ 计算。

(2)齿形系数 Y_{Fa} 和应力修正系数 Y_{Sa}。在选取这两个系数时,应根据当量齿数 $z_v = z/$

$\cos^3\beta$ 查图 5-14 和图 5-15。

（3）重合度系数 Y_ε。可套用直齿轮的公式计算，但应代以当量齿轮的端面重合度。

（4）许用弯曲应力 $[\sigma_F]$ 按式（5-10）计算。

5.6.4　标准斜齿圆柱齿轮传动的接触疲劳强度计算

1. 斜齿圆柱齿轮传动与直齿圆柱齿轮传动齿面接触疲劳强度计算的差别

（1）齿廓啮合点的法向曲率半径 ρ_{n1}、ρ_{n2} 不同。如图 5-22 所示，斜齿圆柱齿轮的法面曲率半径 ρ_n 与端面曲率半径 ρ_t 的关系为

$$\rho_n = \frac{\rho_t}{\cos\beta_b}, \rho_t = \frac{d}{2}\sin\alpha_t$$

可推导出法面综合曲率为

$$\frac{1}{\rho_\Sigma} = \frac{1}{\rho_{n1}} \pm \frac{1}{\rho_{n2}} = \frac{2\cos\beta_b}{d_1\sin\alpha_t} \cdot \frac{u \pm 1}{u}$$

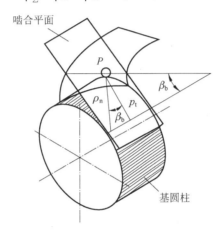

图 5-22　斜齿圆柱齿轮法面曲率半径

（2）接触线总长度随啮合位置不同而变化。其值同时受端面重合度 ε_α 和纵向重合度 ε_β 的共同影响，可引入重合度系数 Z_ε 加以修正。最小接触线总长和重合度系数分别为

$$L_{min} = \frac{\chi\varepsilon_\alpha b}{\cos\beta_b} = \frac{b}{Z_\varepsilon^2\cos\beta_b},$$

$$Z_\varepsilon = \sqrt{\frac{4-\varepsilon_\alpha}{3}(1-\varepsilon_\beta) + \frac{\varepsilon_\beta}{\varepsilon_\alpha}} \tag{5-23}$$

当 $\varepsilon_\beta \geqslant 1$ 时，取 $\varepsilon_\beta = 1$。χ 为接触线长度变化系数。

（3）接触线倾斜有利于提高接触疲劳强度，用螺旋角系数 $Z_\beta = \sqrt{\cos\beta}$ 进行修正。

2. 斜齿圆柱齿轮的齿面接触疲劳强度计算公式

（1）齿面接触疲劳强度的验算公式：

$$\sigma_H = Z_E Z_H Z_\varepsilon Z_\beta \sqrt{\frac{2KT_1}{bd_1^2} \cdot \frac{u \pm 1}{u}} \leqslant [\sigma_H] \tag{5-24}$$

（2）齿面接触疲劳强度的设计公式：

$$d_1 \geqslant \sqrt[3]{\frac{2KT_1}{\psi_d} \cdot \frac{u \pm 1}{u}\left(\frac{Z_E Z_H Z_\varepsilon Z_\beta}{[\sigma_H]}\right)^2} \tag{5-25}$$

3. 斜齿圆柱齿轮接触疲劳强度计算中参数的选择和应注意的问题

（1）节点区域系数 Z_H：

$$Z_H = \sqrt{\frac{2\cos\beta_b}{\cos\alpha_t \sin\alpha_t}} \tag{5-26}$$

对于法面压力角 $\alpha_n=20°$ 的标准齿轮可查图 5-23。

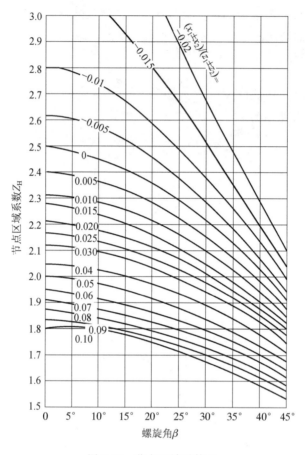

图 5-23　节点区域系数 Z_H

（2）中心距 a。由几何计算公式算出的中心距，可进行圆整，圆整为如 0、2、5、8 结尾的整数值，然后按式（5-27）调整螺旋角，即

$$\beta = \arccos\frac{m_n(z_1 + z_2)}{2a} \tag{5-27}$$

（3）许用接触应力 $[\sigma_H]$。由于直齿圆柱齿轮接触线为一平行轴线的直线，一旦有一个齿轮的齿根面发生点蚀，纵然另一个齿轮未发生，也不能继续工作了。但斜齿圆柱齿轮的接触线为一斜线，如图 5-24 所示，当一个接触疲劳强度较弱的齿轮在齿根面上发生了点蚀，只要没有扩展到整个轮齿表面，并且另一个齿轮未发生点蚀，斜齿轮就能继续工作，只不过使实际承载区由强度较弱的轮齿齿根面向齿顶面有所移动而已，并不会导致齿轮传动的失效。因此，斜齿圆柱齿轮传动齿面的接触疲劳强度应同时取决于大、小齿轮。实用中，斜齿轮传动的许用接触应力约可取为 $[\sigma_H] = ([\sigma_{H1}] + [\sigma_{H2}])/2$，当 $[\sigma_H] > 1.23[\sigma_{H2}]$ 时，应取 $[\sigma_H] = 1.23[\sigma_{H2}]$。其中 $[\sigma_{H2}]$ 为较软齿面的许用接触应力。$[\sigma_{H1}]$、$[\sigma_{H2}]$ 按式（5-19）计算。

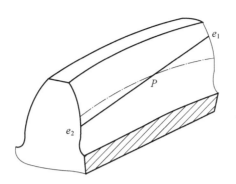

图 5-24　斜齿圆柱轮齿面上的接触线

5.6.5　标准直齿圆锥齿轮传动的弯曲疲劳强度计算

圆锥齿轮用于两相交轴之间的传动,两轴交角可根据需要决定,齿轮根据轮齿形状可分为直齿、斜齿和曲齿,这里只介绍两轴正交的标准直齿圆锥齿轮传动的强度计算方面的问题。

1. 齿宽中点处的当量齿轮

将圆锥齿轮齿宽中点处的背锥展成平面扇形,并取圆锥齿轮平均模数 m_m 和标准压力角 α,将两扇形补足为完整的圆柱齿轮,该直齿圆柱齿轮即齿宽中点处的当量齿轮。引入齿宽系数 $\psi_R = b/R$,可得当量齿轮与圆锥齿轮大端面之间的参数关系。

（1）当量齿轮分度圆直径：

$$d_{v1} = d_{m1}/\cos\delta_1 = d_1(1 - 0.5\psi_R)/\cos\delta_1$$
$$d_{v2} = d_{m2}/\cos\delta_2 = d_2(1 - 0.5\psi_R)/\cos\delta_2$$

（2）当量齿数：

$$z_{v1} = z_1/\cos\delta_1$$
$$z_{v2} = z_2/\cos\delta_2$$

（3）当量齿轮的模数：

$$m_m = m(1 - 0.5\psi_R)$$

（4）当量齿轮的齿数比：

$$u_v = \frac{z_{v2}}{z_{v1}} = \frac{z_2}{z_1}\frac{\cos\delta_1}{\cos\delta_2} = u^2$$

2. 直齿圆锥齿轮的弯曲疲劳强度计算公式

直齿圆锥齿轮传动的强度计算可依据其齿宽中点处的当量齿轮,套用直齿圆柱齿轮的强度计算公式得到。但考虑齿面接触区长短对应力的影响,取有效宽度为 $0.85b$。

（1）轮齿弯曲疲劳强度的验算公式：

$$\sigma_F = \frac{2KT_1}{0.85bd_{m1}m_n}Y_{Fa}Y_{Sa}Y_\varepsilon = \frac{2KT_1}{0.85\dfrac{\psi_R d_1}{2}\sqrt{u^2+1}(1-0.5\psi_R)d_1(1-0.5\psi_R)m}Y_{Fa}Y_{Sa}Y_\varepsilon \leqslant [\sigma_F]$$

$$\sigma_F = \frac{4.7KT_1}{\psi_R(1-0.5\psi_R)^2 z_1^2 m^3 \sqrt{u^2+1}}Y_{Fa}Y_{Sa}Y_\varepsilon \leqslant [\sigma_F] \tag{5-28}$$

（2）轮齿弯曲疲劳强度的设计公式：

$$m \geqslant \sqrt[3]{\frac{4.7KT_1}{\psi_R(1-0.5\psi_R)^2 z_1^2[\sigma_F]\sqrt{u^2+1}}Y_{Fa}Y_{Sa}Y_\varepsilon} \tag{5-29}$$

3. 直齿圆锥齿轮弯曲疲劳强度计算中参数的选择和应注意的问题

（1）齿宽系数 $\psi_R = b/R$。由于圆锥齿轮两端轴承很难对称布置，多为悬臂，载荷分布不均现象较为严重，因此，宽度 b 不能过大，一般取齿宽系数 $\psi_R = 0.25 \sim 0.35$，最常用的值为 1/3。

（2）齿形系数 Y_{Fa} 和应力修正系数 Y_{Sa}。在选取这两个系数时，按当量齿数 $z_v = z/\cos\delta$ 分别查图 5-25 和图 5-26。

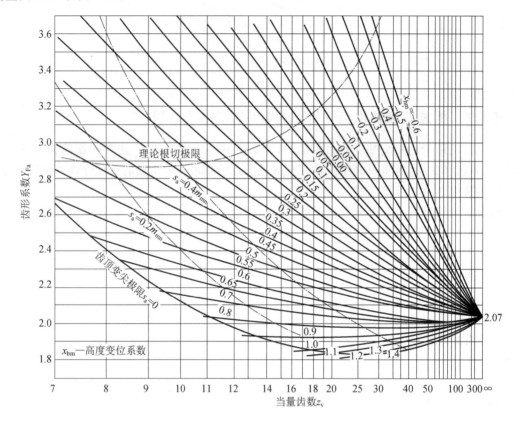

图 5-25　齿形系数 Y_{Fa}

$\alpha = 20°, h_a/m_m = 1, h_{a0}/m_m = 1.25, \rho_{a0}/m_m = 0.25$

式中：h_{a0}——刀具齿顶高；ρ_{a0}——刀具齿顶圆角半径

图中：x_{hm}——高度平均变位系数；S_a——齿顶厚；m_{mn}——平均法面模数

（3）载荷系数 $K = K_A K_v K_\alpha K_\beta$。其中，使用系数 K_A 的查取与直齿圆柱齿轮的相同；动载系数 K_v 按齿宽中点圆周速度，精度等级最好按低一级的精度查图 5-11；齿间载荷分配系数 $K_\alpha = 1$；齿向载荷分布系数 $K_\beta = 1.1 \sim 1.3$。

其他参数的意义及选取与直齿圆柱齿轮的相同。

5.6.6　标准直齿圆锥齿轮传动的接触疲劳强度计算

同样取有效宽度 $0.85b$，按齿宽中点处的当量齿轮，套用直齿圆柱齿轮传动相关公式可得接触疲劳强度计算公式。

1. 直齿圆锥齿轮的齿面接触疲劳强度计算公式

（1）齿面接触疲劳强度的验算公式：

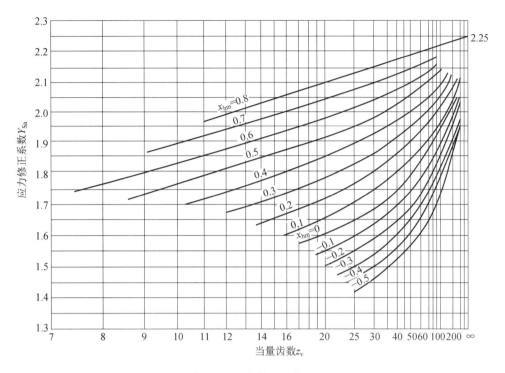

图 5-26　应力修正系数 Y_{Sa}

$\alpha = 20°, h_{a0}/m_m = 1.25, \rho_{a0}/m_m = 0.25$

$$\sigma_H = Z_E Z_H Z_\varepsilon \sqrt{\frac{4.7KT_1}{\psi_R(1-0.5\psi_R)^2 d_1^3 u}} \leqslant [\sigma_H] \tag{5-30}$$

（2）齿面接触疲劳强度的设计公式：

$$d_1 \geqslant \sqrt[3]{\frac{4.7KT_1}{\psi_R(1-0.5\psi_R)^2 u}\left(\frac{Z_E Z_H Z_\varepsilon}{[\sigma_H]}\right)^2} \tag{5-31}$$

2. 直齿圆锥齿轮齿面接触疲劳强度计算中参数的选择和应注意的问题

（1）节点区域系数 Z_H。按 $\beta=0, \alpha_n=20°$，查图 5-23。

（2）重合度系数 Z_ε。可套用直齿圆柱齿轮的公式，但按当量齿轮重合度 $\varepsilon_{\alpha v}$ 计算。

（3）弹性系数 Z_E、许用接触应力 $[\sigma_H]$、接触疲劳极限应力 σ_{Hlim} 与直齿圆柱齿轮的相同。

5.6.7　齿轮设计时模数或分度圆直径的估算及修正

当用设计公式初步计算齿轮的模数或分度圆直径时，动载系数 K_v、齿向载荷分布系数 K_β 不能预先确定，此时可初步试选一个载荷系数 K_t，则算出的模数或分度圆直径也是一个估算值，分别记为 m_{nt} 和 d_{1t}，然后按 d_{1t} 计算齿轮的圆周速度，查取 K_v、K_β 值，计算载荷系数 K，再对 m_{nt} 和 d_{1t} 按式（5-32）和式（5-33）进行修正，即

$$m_n = m_{nt}\sqrt[3]{K/K_t} \tag{5-32}$$

$$d_1 = d_{1t}\sqrt[3]{K/K_t} \tag{5-33}$$

5.6.8　静强度校核计算

静强度校核计算包括少循环次数和瞬时过载两种，当齿轮工作可能出现短时间、少次数

的超过额定工况的大载荷时,必须进行静强度校核计算:

(1) 当$10^2 < N_L < N_0$时,进行少循环次数强度校核计算;

(2) 当$N_L < 10^2$时,进行瞬时过载强度校核计算。

具体的计算公式参见机械设计手册。但对于斜齿圆柱齿轮传动,少循环次数齿面接触疲劳强度应乘以Z_β,对于少循环次数齿根弯曲疲劳强度应乘以Y_β进行修正。此外,各式中的模数应改为法面模数m_n。

5.7　齿轮的结构设计

齿轮的结构设计通常根据强度计算来确定其主要参数和尺寸,如z、m_n、b、β、d_1等,然后综合考虑尺寸、毛坯、材料、加工方法、使用要求、经济性等因素,根据齿轮直径的大小确定齿轮的结构形式,再根据经验公式和经验数据对齿轮进行结构设计,画出齿轮的零件工作图。

1. 齿轮轴

对于直径较小的钢制齿轮(见图5-27),当为圆柱齿轮时,齿根圆到键槽底部的距离$e < 2m_t$(m_t为端面模数);当为锥齿轮时,按小端尺寸计算而得的$e < 1.6m$,均可将齿轮和轴制成一体,称为齿轮轴,这时齿轮与轴必须采用同一种材料制造。

如果齿轮的直径比轴的直径大得多,则应把齿轮和轴分开制造。

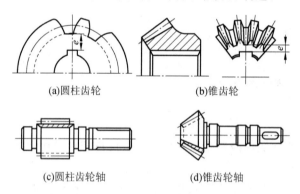

(a)圆柱齿轮　　　　　　　　　　(b)锥齿轮

(c)圆柱齿轮轴　　　　　　　　　　(d)锥齿轮轴

图 5-27　齿轮轴

2. 实心结构齿轮

当齿顶圆直径$d \leqslant 160$ mm时,齿轮可制成如图5-28所示的实心结构,在航空工业产品中也有制成腹板式的。

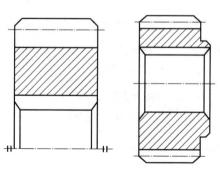

图 5-28　实心结构齿轮

3. 腹板式齿轮

当齿顶圆直径 $d_a \leqslant 500$ mm 时,齿轮可以是锻造的,也可以是铸造的,通常采用如图 5-29 所示的腹板式的结构或孔板结构。

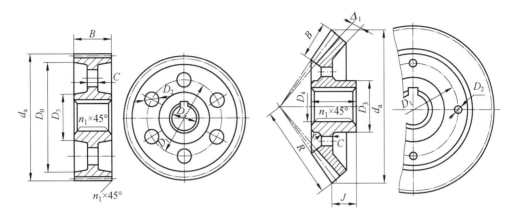

图 5-29　腹板式结构齿轮

$D_1 \approx (D_0 + D_3)/2$;$D_2 \approx (0.25 \sim 0.35)(D_0 - D_3)$;$D_3 \approx 1.6D_4$(钢材);$D_3 \approx 1.7D_4$(铸铁);$n_1 \approx 0.5m_n$;$r \approx 5$ mm;

圆柱齿轮,$D_0 \approx d_a - (10 \sim 14)m_n$;$C \approx (0.2 \sim 0.3)B$;锥齿轮,$l \approx (1 \sim 1.2)D_4$;$C \approx 3 \sim 4$ mm;

尺寸 J 由结构设计而定;$\Delta_1 = (0.1 \sim 0.2)B$;常用齿轮的 C 值不应小于 10 mm,航空用齿轮可取 $C \approx 3 \sim 6$ mm

4. 轮辐式齿轮

当顶圆直径满足 400 mm $\leqslant d_a \leqslant$ 1000 mm 时,齿轮常用铸铁或铸钢制造,并采用轮辐式的结构(见图 5-30)。

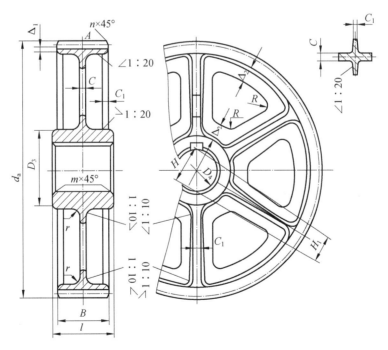

图 5-30　轮辐式齿轮

$B < 240$ mm;$D_3 \approx 1.6D_4$(铸钢);$D_3 \approx 1.7D_4$(铸铁);$\Delta_1 = (3 \sim 4)m_n$,但不应小于 8 mm;$\Delta_2 = (1 \sim 1.2)\Delta_1$;

$H \approx 0.8D_4$(铸钢);$H \approx 0.9D_4$(铸铁);$H_1 \approx 0.8H$;$C \approx H/5$;$C_1 \approx H/6$;$R \approx 0.5H$;$1.5D_4 > l \geqslant B$;轮辐数常取 6

5. 组合式齿轮

有时为了节约贵重金属,对于大尺寸的齿轮可采用组合结构,即齿圈采用贵重金属制造,齿芯可用铸铁或铸钢制造(见图5-31)。

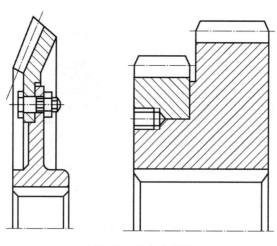

图 5-31　组合式齿轮

每种齿轮各部分尺寸,可参见机械设计手册中的经验公式进行计算。

进行齿轮结构设计时,还要进行齿轮和轴的连接设计。通常采用单键连接。但当齿轮转速较高时,要考虑轮芯的平衡及对中性。这时可采用花键或双键连接。对于沿轴滑移的齿轮,为操作灵活,也应采用花键或双导键连接。

5.8　齿轮传动的效率和润滑

1. 齿轮传动的效率

齿轮传动的功率损失主要包括啮合中的摩擦损失、润滑油被搅动时的油阻损失和轴承中的摩擦损失。

闭式齿轮传动的总效率 η 为

$$\eta = \eta_1 \eta_2 \eta_3 \tag{5-34}$$

式中:η_1——考虑齿轮啮合损失时的啮合效率;

　　　η_2——考虑油阻损失时的效率;

　　　η_3——支承轴承的效率。

当采用一对滚动轴承支承时,齿轮传动计入上述三种损失后的平均效率如表5-11所示。

表 5-11　齿轮传动的平均效率

传动装置	6级或7级精度的闭式传动	8级精度的闭式传动	开式传动
圆柱齿轮	0.98	0.97	0.95
圆锥齿轮	0.97	0.96	0.93

2. 齿轮传动的润滑

齿轮在传动时,相啮合的齿面间有相对滑动,因此要发生摩擦和磨损,增加动力消耗,降低传动效率。特别是高速传动,因此更需要考虑齿轮的润滑。

轮齿啮合面间加注润滑剂,可以避免金属直接接触,减少摩擦损失,还可以散热及防锈蚀。因此,合理选择润滑剂,可以改善轮齿的工作状况,确保其运转正常及预期的使用寿命。

1)齿轮传动的润滑方法

开式齿轮传动通常采用人工定期加油润滑,可采用润滑油或润滑脂。

闭式齿轮传动的润滑方式根据齿轮的圆周速度 v 的大小而定。

(1)当 $v \leqslant 12$ m/s 时,多采用油池润滑,如图 5-32 所示,大齿轮浸入油池一定的深度,齿轮运转时就把润滑油带到啮合区,同时也甩到箱壁上,借以散热。当速度 v 较大时,浸入深度约为一个齿高;当速度 v 较小(0.5~0.8 m/s)时,浸入深度可达到齿轮半径的 1/6。

在多级齿轮传动中,当几个大齿轮直径不相等时,可借助惰轮将油带到未浸入油池内的齿轮的齿面上(见图 5-33)。

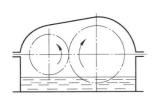 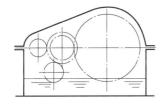 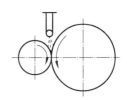

图 5-32 油池润滑　　　　图 5-33 采用惰轮的油池润滑　　　　图 5-34 喷油润滑

(2)当 $v > 12$ m/s 时,不宜采用油池润滑,这是因为:圆周速度过高,齿轮上的油大多被甩出去却不能到达啮合区;搅油过于激烈,使油的温升增加,并降低其润滑性能;会搅起箱底沉淀的杂质,加剧齿轮的磨损。故此时最好采用喷油润滑,如图 5-34 所示,用油泵将润滑油直接喷到啮合区。

2)润滑油的选择

润滑油的黏度可根据齿轮的圆周速度按表 5-12 选取。润滑油的运动黏度确定之后,可参考机械设计手册查出所需润滑油的牌号。

表 5-12　齿轮传动润滑油黏度荐用值

齿轮材料	强度极限 σ_b/MPa	圆周速度 v/(m/s)						
		<0.5	0.5~1	1~2.5	2.5~5	5~12.5	12.5~25	>25
		运动黏度 $\gamma_{40°}$/(mm²/s)						
塑料、铸铁、青铜	—	350	220	150	100	80	55	—
钢	450~1000	500	350	220	150	100	80	55
	1000~1250	500	500	350	220	150	100	80
渗碳或表面淬火的钢	1250~1580	900	500	500	350	220	150	100

注 (1)多级齿轮传动,采用各级传动圆周速度的平均值选取润滑油黏度;
　　(2)对于孔 $\sigma_b > 800$ MPa 的镍铬钢制齿轮(不渗碳)的润滑油黏度应取高一档的数值。

本 章 习 题

5-1　常见的齿轮传动失效有哪些形式？

5-2　在不改变材料和尺寸的情况下，如何提高轮齿的抗折断能力？

5-3　为什么齿面点蚀一般首先发生在靠近节线的齿根面上？

5-4　在开式齿轮传动中，为什么一般不出现点蚀破坏？

5-5　如何提高齿面抗点蚀的能力？

5-6　什么情况下工作的齿轮易出现胶合破坏？如何提高齿面抗胶合能力？

5-7　闭式齿轮传动与开式齿轮传动的失效形式和设计准则有何不同？

5-8　在进行齿轮强度计算时，为什么要引入载荷系数 K？

5-9　配对齿轮的齿面有较大的硬度差时，对较软齿面会产生什么影响？

5-10　为什么设计齿轮时，齿宽系数既不能太大，又不能太小？

5-11　在直齿轮和斜齿轮传动中，为什么常将小齿轮设计得比大齿轮宽一些？

5-12　齿轮传动的常用润滑方式有哪些？润滑方式的选择主要取决于什么因素？

第6章 蜗杆传动

6.1 概　　述

蜗杆传动由蜗杆 1 和蜗轮 2 组成(见图 6-1),用于传递空间两交错轴之间的运动和动力,通常两轴交错角为 $90°$。一般以蜗杆为主动件做减速传动。如果蜗杆导程角较大,也可以用蜗轮为主动件做增速传动。蜗杆根据其螺旋线的旋向不同,有右旋和左旋之分,通常采用右旋蜗杆。蜗杆传动由于具有传动比大、工作平稳、噪声小和反行程可自锁等优点,因此得到了广泛的应用。蜗杆传动也有缺点,其主要缺点是啮合齿面间有较大的相对滑动速度,容易引起磨损和胶合。故常需用耐磨和减摩性能良好的有色金属材料(如锡青铜等)来制造蜗轮,因而成本较高。蜗杆传动的效率也较低,通常为 0.7～0.9。

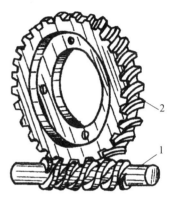

图 6-1　蜗杆传动
1—蜗杆;2—蜗轮

1. 蜗杆传动的类型

按照蜗杆形状的不同,蜗杆传动可分为圆柱蜗杆传动(见图 6-2(a))、环面蜗杆传动(见图 6-2(b))和锥蜗杆传动(见图 6-2(c))。其中,圆柱蜗杆传动在工程中应用最广。

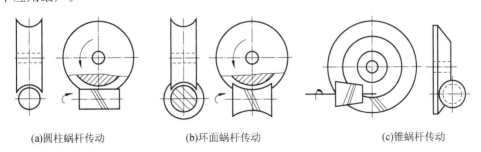

(a)圆柱蜗杆传动　　　　(b)环面蜗杆传动　　　　(c)锥蜗杆传动

图 6-2　蜗杆传动的类型

圆柱蜗杆传动又分为普通圆柱蜗杆传动和圆弧齿圆柱蜗杆传动。普通圆柱蜗杆轴向截面上的齿形为直线(或近似为直线)(见图 6-3(a)),而圆弧齿圆柱蜗杆轴向截面上的齿形为内凹圆弧线(见图 6-3(b))。由于圆弧齿圆柱蜗杆传动的承载能力大,传动效率高,尺寸小;因此,目前动力传动的标准蜗杆减速器均采用圆弧齿圆柱蜗杆传动。普通圆柱蜗杆传动根据加工蜗杆时所用刀具及安装位置的不同,又可分为多种类型。根据不同的齿廓曲线,普通圆柱蜗杆可分为阿基米德蜗杆(ZA 蜗杆)、渐开线蜗杆(ZI 蜗杆)、法向直廓蜗杆(ZN 蜗杆)和锥面包络蜗杆(ZK 蜗杆)等四种。其中阿基米德蜗杆传动最为简单,也是认识其他蜗杆传动的基础。

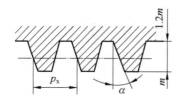

(a)普通圆柱蜗杆轴向截面齿形

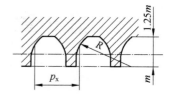

(b)圆弧齿圆柱蜗杆轴向截面齿形

图 6-3　圆柱蜗杆轴向截面齿形

阿基米德蜗杆的端面齿廓是阿基米德螺旋线。蜗杆的螺旋齿是用刀刃为直线的车刀车削而成,加工容易,但因不能磨削,故难以获得高精度。其轴面齿廓是直线(见图 6-4)。阿基米德蜗杆一般用于低速、轻载或不太重要的传动。

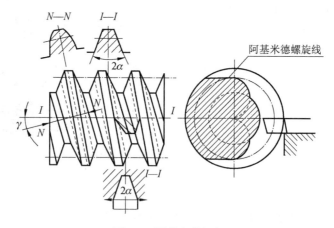

图 6-4　阿基米德蜗杆

2. 蜗杆传动的适用范围

(1) 传动比。对于传递动力的蜗杆传动,传动比 i 的范围为 8~100,常用范围为 15~50;对于只传递运动的蜗杆传动,最大传动比可达 1000;对于增速传动,常用范围为 5~15。

(2) 传动效率。对于一般传动,其效率 $\eta = 50\% \sim 90\%$;对于具有自锁性要求的,$\eta < 50\%$。

(3) 传递功率。由于蜗杆传动效率低,故常用于传递功率 $P < 50$ kW,最高可达 750 kW。

(4) 相对滑动速度。常用速度范围为 $v_s < 15$ m/s,最高可达 35 m/s。

3. 蜗杆传动的特点

(1) 能实现大的传动比。在动力传动中,一般传动比 $i = 10 \sim 80$;在分度机构或手动机构中,传动比可达 300;若只传递运动,传动比可达 1000。由于传动比大,零件数目又少,因而结构紧凑。

(2) 在蜗杆传动中,由于蜗杆齿是连续不断的螺旋齿,它和蜗轮齿是逐渐进入啮合及逐渐退出啮合的,同时啮合的齿对又较多,故冲击载荷小,传动平稳,噪声小。

(3) 当蜗杆的导程角小于啮合面的当量摩擦角时,蜗杆传动便具有自锁性。

（4）蜗杆传动与螺旋齿轮传动相似，在啮合处有相对滑动。当滑动速度很大，工作条件不够良好时，会产生较严重的摩擦与磨损，从而引起过分发热，使润滑情况恶化。因此，摩擦损失较大，效率低；当传动具有自锁性时，效率仅为 0.4 左右。

6.2 普通圆柱蜗杆传动的基本参数和几何尺寸计算

普通圆柱蜗杆传动中，通过蜗杆轴线并垂直于蜗轮轴线的平面称为蜗杆传动的中间平面。在中间平面内，蜗杆相当于一个齿条，蜗轮的齿廓为渐开线。蜗轮与蜗杆的啮合在中间平面内就相当于渐开线齿轮与齿条的啮合，见图 6-5。因此，蜗杆传动的设计计算都以中间平面为准。

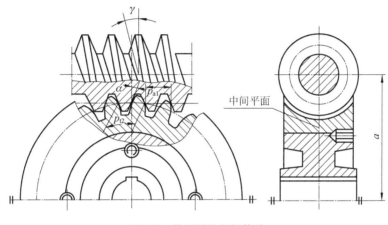

图 6-5 普通圆柱蜗杆传动

6.2.1 主要参数

普通圆柱蜗杆传动的主要参数有模数 m、压力角 α、蜗杆的头数 z_1、蜗轮的齿数 z_2 及蜗杆分度圆直径 d_1 等。进行蜗杆传动的设计时，首先要正确地选择参数。

1. 模数 m 和压力角 α

由于中间平面为蜗杆的轴面和蜗轮的端面，故蜗杆传动的正确啮合条件是

$$\begin{cases} m_{x1} = m_{t2} = m \\ \alpha_{x1} = \alpha_{t2} = \alpha \\ \gamma = \beta(\text{旋向相同}) \end{cases} \tag{6-1}$$

式中：m_{x1}、α_{x1}——蜗杆的轴面模数和轴向压力角；

m_{t2}、α_{t2}——蜗轮的端面模数和端面压力角；

m——标准模数，见表 6-1；

γ——蜗杆的导程角，$\tan\gamma = \dfrac{z_1 m}{d_1}$；

β——蜗轮的螺旋角，γ 与 β 两者应大小相等，旋向相同。

ZA 型蜗杆的轴向压力角 $\alpha_x = 20°$ 为标准值，其余三种 ZI、ZN、ZK 型蜗杆的法向压力角 $\alpha_n = 20°$ 为标准值，蜗杆的轴向压力角与法向压力角的关系为

$$\tan\alpha_x = \frac{\tan\alpha_n}{\cos\gamma} \tag{6-2}$$

式中：γ——蜗杆导程角。

表 6-1　普通圆柱蜗杆基本尺寸和参数及其与蜗轮参数的匹配

中心距 a /mm	模数 m /mm	分度圆直径 d_1/mm	蜗杆头数 z_1	直径系数 q	$m^2 d_1$ /mm³	分度圆导程角 γ	蜗轮齿数 z_2	变位系数 x_2
40	1	18	1	18.00	18	3°10′47″	62	0
50							82	0
40		20		16.00	31.25	3°34′35″	49	−0.500
50	1.25	22.4	1	17.92	35	3°11′38″	62	+0.040
63							82	+0.440
50		20	1	12.5	51.2	4°34′26″	51	−0.500
			2			9°05′25″		
	1.6		4			17°44′41″		
63		28	1		71.68	3°16′14″	61	+0.125
80							82	+0.250
40		22.4	1	11.20	89.6	5°06′08″	29	−0.100
(50)	2		2			10°07′29″	(39)	(+0.100)
(63)			4			19°39′14″	(51)	(+0.400)
			6			28°10′43″		
80	2	35.5	1	17.75	142	3°13′28″	62	+0.125
100							82	
50		28	1	11.20	175	5°06′08″	29	−0.100
(63)			2			10°07′29″	(39)	(+0.100)
(80)	2.5		4			19°39′14″	(53)	(−0.100)
			6			28°10′43″		
100		45	1	18.00	281.25	3°10′47″	62	0
63		35.5	1	11.27	352.25	5°04′15″	29	−0.1349
(80)			2			10°03′48″	(39)	(+0.2619)
(100)	3.15		4			19°32′29″	(53)	(−0.3889)
			6			28°01′50″		
125		56	1	17.778	555.66	3°13′10″	62	−0.2063
80		40	1	10.00	640	5°42′38″	31	−0.500
(100)			2			11°18′36″	(41)	(−0.500)
(125)	4		4			21°48′05″	(51)	(+0.750)
			6			30°57′50″		
160		71	1	17.75	1136	3°13′28″	62	+0.125

续表

中心距 a /mm	模数 m /mm	分度圆直径 d_1/mm	蜗杆头数 z_1	直径系数 q	m^2d_1 /mm³	分度圆导程角 γ	蜗轮齿数 z_2	变位系数 x_2
100 (125) (160) (180)	5	50	1	10.00	1250	5°42′38″	31 (41) (53) (61)	−0.500 (−0.500) (+0.500) (+0.500)
			2			11°18′36″		
			4			21°48′05″		
			6			30°57′50″		
200		90	1	18.00	2250	3°10′47″	62	0
125 (160) (180) (200)	6.3	63	1	10.00	2500	5°42′38″	31 (41) (48) (53)	−0.6587 (−0.1032) (−0.4286) (+0.2460)
			2			11°18′36″		
			4			21°48′05″		
			6			30°57′50″		
250		112	1	17.778	4445	3°13′10″	61	+0.2937
160 (200) (225) (250)	8	80	1	10.00	5120	5°42′38″	31 (41) (47) (52)	−0.500 (−0.500) (−0.375) (+0.250)
			2			11°18′36″		
			4			21°48′05″		
			6			30°57′50″		

注　(1) 表中分度圆导程角 γ 小于 3°30′的圆柱蜗杆均为自锁蜗杆;
　　(2) 括号中的参数不适用于蜗杆头数 z_1 为 6 时。

2. 蜗杆的分度圆直径 d_1

在蜗杆传动中,为了保证蜗杆与配对蜗轮的正确啮合,常用与蜗杆具有同样尺寸的蜗轮滚刀来加工与其配对的蜗轮。这样,只要有一种尺寸的蜗杆,就得有一把对应的蜗轮滚刀。对于同一模数,可以有很多不同直径的蜗杆,因而对每一模数就要配备很多蜗轮滚刀。显然,这样很不经济。为了限制蜗轮滚刀的数目以便于滚刀的标准化,就对每一标准模数规定了一定数量的蜗杆分度圆直径 d_1,而把比值

$$q = \frac{d_1}{m} \tag{6-3}$$

称为蜗杆的直径系数。由于 d_1 与 m 值均为标准值,所以得出的 q 不一定是整数。

3. 蜗杆的头数 z_1

蜗杆的头数 z_1 通常为 1,2,4,6。当要求蜗杆传动具有大的传动比或反行程自锁时,取 z_1 =1,此时传动效率较低;当要求蜗杆传动具有较高的传动效率时,取 z_1=2,4,6。一般情况下,蜗杆的头数 z_1 可根据传动比按表 6-2 选取。

表 6-2　蜗杆头数选取

传动比 i	5~8	7~16	15~32	30~80
蜗杆头数 z_1	6	4	2	1

4. 蜗轮的齿数 z_2 和传动比 i

蜗轮的齿数主要由传动比来确定,蜗轮的齿数 $z_2=iz_1$。在蜗杆传动中,为了避免蜗轮轮

齿发生根切,又考虑到传动的平稳性和承载能力,通常取 $z_2 \geqslant 32$;而当 $z_2 > 80$ 时,由于蜗轮直径较大,蜗杆的支承跨度也相应增大,从而降低了蜗杆的刚度,故在动力蜗杆传动中,常取 $z_2 = 32 \sim 80$。

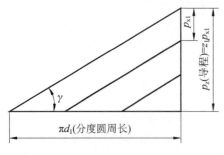

图 6-6　导程角与导程的关系

5. 蜗杆分度圆上的导程角 γ

蜗杆的直径系数 q 和蜗杆头数 z_1 选定之后,蜗杆分度圆柱上的导程角 γ 也就确定了。由图 6-6 可知:

$$\tan\gamma = \frac{p_z}{\pi d_1} = \frac{z_1 p_{x1}}{\pi d_1} = \frac{z_1 m}{d_1} = \frac{z_1}{q} \tag{6-4}$$

式中:p_{x1}——蜗杆轴向齿距,mm。

6. 蜗杆传动的标准中心距 a

蜗杆传动的标准中心距为

$$a = \frac{1}{2}(d_1 + d_2) = \frac{1}{2}(q + z_2)m \tag{6-5}$$

式中:d_2——蜗轮分度圆直径,mm。

6.2.2　普通圆柱蜗杆传动的几何尺寸计算

普通圆柱蜗杆传动的几何尺寸及其计算公式见图 6-7、表 6-3。

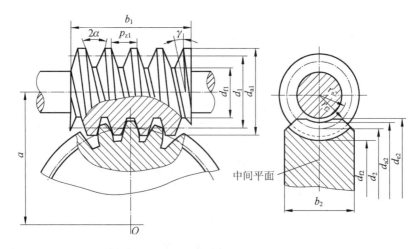

图 6-7　普通圆柱蜗杆传动的基本几何尺寸

表 6-3　蜗杆传动主要几何尺寸计算公式

名称	代号	计算公式
齿顶高	h_a	$h_a = h_a^* m = m$　$(h_a^* = 1)$
齿根高	h_f	$h_f = (h_a^* + c^*)m = 1.2m$　$(c^* = 0.2)$
全齿高	h	$h = h_a + h_f = 2.2m$
分度圆直径	d	d_1 由表 6-1 确定,$d_2 = mz_2$
齿顶圆直径	d_a	$d_{a1} = d_1 + 2h_a$,$d_{a2} = d_2 + 2h_a$
齿根圆直径	d_f	$d_{f1} = d_1 - 2h_f$,$d_{f2} = d_2 - 2h_f$

名称	代号	计算公式
中心距	a	$a=(d_1+d_2)/2$
蜗轮咽喉母圆半径	r_{a2}	$r_{a2}=a-d_{a2}/2$
蜗轮外圆直径	d_{e2}	当 $z_1=1$ 时，$d_{e2}\leqslant d_{a2}+2m$ 当 $z_1=2$ 时，$d_{e2}\leqslant d_{a2}+1.5m$ 当 $z_1=4$、6 时，$d_{e2}\leqslant d_{a2}+m$
蜗轮齿宽	b_2	当 $z_1\leqslant 2$ 时，$b_2\leqslant 0.75d_{a1}$ 当 $z_1>2$ 时，$b_2\leqslant 0.67d_{a1}$
蜗杆导程角	γ	$\tan\gamma=mz_1/d_1$
蜗杆螺旋部分长度	b_1	当 $z_1\leqslant 2$ 时，$b_1\geqslant(11+0.06z_2)m$ 当 $z_1>2$ 时，$b_1\geqslant(12.5+0.09z_2)m$

6.3　普通圆柱蜗杆传动的设计

1.蜗杆传动的失效形式

和齿轮传动一样，蜗杆传动的失效形式也有点蚀(齿面接触疲劳破坏)、齿根折段、齿面胶合及过度磨损等。由于蜗杆传动的相对滑动速度大、效率低、发热量大，因此其主要失效形式为轮齿的胶合、点蚀和磨损。但因对于胶合和磨损尚未建立起简明而有效的计算方法，因此蜗杆传动目前常作齿面接触疲劳强度或齿根弯曲疲劳强度的条件性计算。

在蜗杆传动中，由于蜗轮的材料较弱，所以失效多发生在蜗轮轮齿上，故一般只对蜗轮轮齿进行承载能力计算。

2.蜗杆传动的设计准则

在开式传动中多发生齿面磨损和轮齿折段，因此应以保证齿根弯曲疲劳强度作为开式传动的主要设计准则。

在闭式传动中，蜗杆副多因齿面胶合或点蚀而失效。因此，通常是按蜗轮轮齿的齿面接触疲劳强度进行设计，而按蜗轮轮齿的齿根弯曲疲劳强度进行校核。此外，对于闭式蜗杆传动，由于散热较为困难，还应做热平衡核算。

由上述蜗杆传动的失效形式可知，蜗杆、蜗轮的材料不仅要求具有足够的强度，更重要的是，要具有良好的磨合和耐磨性能。

3.蜗杆和蜗轮的常用材料

针对蜗杆传动的主要失效形式，要求蜗杆蜗轮的材料组合具有良好的减摩和耐磨性。对于闭式传动的材料，还要注意抗胶合性能，并满足强度要求。

蜗杆一般采用碳素钢或合金钢制造(见表6-4)，高速重载蜗杆常用15Cr或20Cr，并经渗碳淬火；也可用40钢、50钢或40Cr并经淬火。这样可以提高表面硬度，增加耐磨性。通常要求蜗杆淬火后的硬度为40~55 HRC，经氮化处理后的硬度为55~62 HRC。一般不太重要的低速中载的蜗杆，可采用40钢或45钢，并经调质处理，其硬度为220~300 HBS。

表 6-4　蜗杆材料及工艺要求

蜗杆材料	热处理	硬度	表面粗糙度/μm
40Cr,40CrNi,42SiMn,35CrMo	表面淬火	40～55 HRC	1.6～0.80
20Cr,20CrMnTi,12CrNi3A	表面渗碳淬火	58～63 HRC	1.6～0.80
45 钢,40Cr,42CrMo,35SiMn	调质	<350 HBS	6.3～3.2
38CrMoAlA,50CrV,35CrMo	表面渗氮	60～70 HRC	3.2～1.6

常用的蜗轮材料为铸锡青铜(ZCuSn10P1,ZCuSn5Pb5Zn5)、铸铝铁青铜(ZCuAl10Fe3)及灰铸铁(HT150,HT200)等。锡青铜耐磨性最好,但价格较高,用于滑动速度 $v_s \geq 3$ m/s 的重要传动;铝铁青铜的耐磨性较锡青铜差一些,但价格较便宜,一般用于滑动速度 $v_s \leq 4$ m/s 的传动;当要求滑动速度不高时,可采用灰铸铁(HT150 或 HT200)制造。

4. 蜗杆和蜗轮的结构形式

1)蜗杆的结构

蜗杆螺旋部分的直径不大,所以常和轴做成一体,称为蜗杆轴,其结构形式见图 6-8。其中,图 6-8(a)所示的结构无退刀槽,加工螺旋部分时只能用铣制的办法;图 6-8(b)所示的结构则有退刀槽,牙齿部分可以车制,也可以铣制,但这种结构的刚度比图 6-8(a)所示的差。当蜗杆牙齿部分的直径较大时,也可以将蜗杆与轴分开制作。

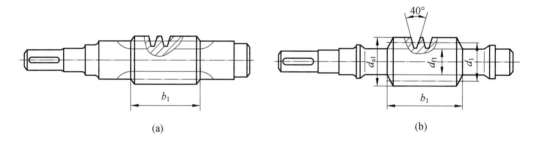

(a)　　　　　　　　　　　　　　　(b)

图 6-8　蜗杆轴的结构形式

2)蜗轮的结构

蜗轮的结构可分为整体式和组合式,如图 6-9(a)所示。整体式适用于铸铁蜗轮、铝合金蜗轮及小尺寸($d_2 < 100$ mm)的青铜蜗轮。其他情况一般采用组合式结构,组合式结构可分为以下几种。

(1)齿圈压配式。

如图 6-9(b)所示,这种结构由青铜齿圈及铸铁轮芯组成。齿圈与轮芯多用(H7/r6;H7/s6)过盈配合,并在接缝处加装 4～6 个紧定螺钉,以增强连接的可靠性。螺钉直径取为(1.2～1.5)m,m 为蜗轮的模数。螺钉拧入深度为(0.3～0.4)B,B 为蜗轮宽度。为了便于钻孔,应将螺孔的中心线由配合缝向材料较硬的轮芯部分偏移 2～3 mm。这种结构多用于尺寸不太大或工作温度变化较小的地方,以免热胀冷缩影响配合的质量。

(2)螺栓连接式。

如图 6-9(c)所示,这种结构可用普通螺栓连接,或用铰制孔用螺栓连接,螺栓的尺寸和数目可参考蜗轮的结构尺寸取定,然后做适当的校核。这种结构拆装比较方便,多用于尺寸较大或容易磨损的蜗轮。

（3）拼铸式。

如图 6-9(d)所示，这是在铸铁轮芯上加铸青铜齿圈，然后切齿形成的。这种结构适用于中等尺寸、成批制造的蜗轮。

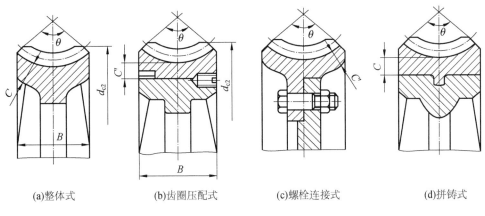

(a)整体式　　　(b)齿圈压配式　　　(c)螺栓连接式　　　(d)拼铸式

图 6-9　蜗轮的结构

$C = 1.5m, C' = 1.6m + 1.5$

6.4　普通圆柱蜗杆传动承载能力及热平衡计算

6.4.1　蜗杆传动的受力分析

蜗杆传动的受力分析和斜齿圆柱齿轮传动相似，如图 6-10 所示。在进行蜗杆传动的受力分析时，通常不考虑摩擦力的影响。那么，蜗轮作用于蜗杆齿面上的法向力 F_n，在节点 P 处可分解为三个相互垂直的分力：圆周力 F_{t1}、轴向力 F_{a1}、径向力 F_{r1}。由图 6-10 可知，蜗轮上的圆周力 F_{t2}、轴向力 F_{a2}、径向力 F_{r2} 与蜗杆上的圆周力 F_{t1}、轴向力 F_{a1}、径向力 F_{r1} 为三对大小相等、方向相反的作用力与反作用力。

1. 计算公式

当不计摩擦力时，各力的大小按下列公式计算：

$$F_{t1} = F_{a2} = \frac{2T_1}{d_1} \tag{6-6}$$

$$F_{a1} = F_{t2} = \frac{2T_2}{d_2} \tag{6-7}$$

$$F_{r1} = F_{r2} = F_{t2}\tan\alpha \tag{6-8}$$

$$F_n = \frac{F_{a1}}{\cos\alpha_n\cos\gamma} = \frac{F_{t2}}{\cos\alpha_n\cos\gamma} = \frac{2T_2}{d_2\cos\alpha_n\cos\gamma} \tag{6-9}$$

式中：T_1, T_2——作用在蜗杆和蜗轮上的公称扭矩，N·mm，$T_2 = T_1 i \eta$，其中 i 为传动比，η 为蜗杆传动的效率；

d_1, d_2——蜗杆和蜗轮的分度圆直径，mm。

2. 力的方向

蜗杆传动中通常蜗杆为主动。蜗杆所受圆周力 F_{t1} 与其传动方向相反，而蜗轮所受圆周

力 F_{t2} 与其转动方向相同,并与蜗杆轴向力 F_{a1} 方向相反。F_{a1} 的方向可按其转动方向及螺旋线方向,用左、右手定则(方法同斜齿圆柱齿轮)确定。蜗杆、蜗轮所受的径向力 F_{r1} 及 F_{r2} 的方向由啮合点分别指向各自的轴心,如图 6-10 所示。

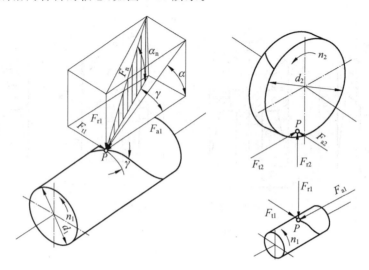

图 6-10　蜗杆传动的受力分析

6.4.2　蜗杆传动的强度计算

由于材料和结构等因素,蜗杆螺旋齿的强度要比蜗轮轮齿的强度高,因而在强度计算中一般只计算蜗轮轮齿的强度。

1. 蜗轮齿面接触疲劳强度计算

蜗轮齿面接触疲劳强度计算的原始公式仍来源于赫兹公式。接触应力 σ_H(单位为 MPa)为

$$\sigma_H = Z_E \sqrt{\frac{KF_n}{L_0 \rho_\Sigma}} \tag{6-10}$$

式中:F_n——啮合齿面上的法向载荷,N;

　　　L_0——接触线总长,mm;

　　　ρ_Σ——综合曲率;

　　　K——载荷系数;

　　　Z_E——材料的弹性影响系数,$\sqrt{\text{MPa}}$,对于青铜或铸铁蜗轮与钢蜗杆配对,取 $Z_E = 160\ \text{MPa}^{1/2}$。

将式(6-10)中的法向载荷 F_n 换算成蜗轮分度圆直径 d_2(mm)与蜗轮扭矩 T_2(N·mm)的关系式,再将 d_2、L_0、ρ_Σ 等换算成中心矩 a(mm)的函数后,即得蜗轮齿面接触疲劳强度的验算公式为

$$\sigma_H = Z_E Z_\rho \sqrt{KT_2/a^3} \leqslant [\sigma_H] \tag{6-11}$$

式中:Z_ρ——蜗杆传动的接触线长度和曲率半径对接触强度的影响系数,简称接触系数,可从图 6-11 中查得;

　　　K——载荷系数,$K = K_A K_\beta K_V$;

　　　σ_H、$[\sigma_H]$——蜗轮齿面的接触应力与许用接触应力,MPa,见表 6-5 和表 6-6。

对于载荷系数,K_A 为使用系数,查表 6-7。K_β 为齿向载荷分布系数,当蜗杆传动在平稳载荷下工作时,载荷分布不均现象将由于工作表面良好的磨合而得到改善,此时可取 $K_\beta=1$;当载荷变化较大,或有冲击振动时,可取 $K_\beta=1.3\sim1.6$。K_V 为动载荷系数,由于蜗杆传动一般较平稳,动载荷要比齿轮传动的小得多,故 K_V 值可取定如下:对于精度制造,且蜗轮圆周速度 $v_2\leqslant3$ m/s 时,取 $K_V=1.0\sim1.1$;$v_2>3$ m/s 时,$K_V=1.1\sim1.2$。

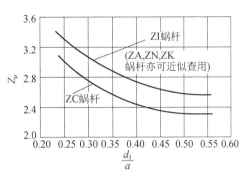

图 6-11　圆柱蜗杆传动的接触系数 Z_ρ

表 6-5　铸锡青铜蜗轮的基本许用接触应力 $[\sigma_H]'$ 　　　　（单位:MPa）

蜗轮材料	铸造方法	蜗杆齿面硬度	
		$\leqslant35$HRC	>45HRC
ZCuSn10P1	砂模	180	200
	金属模	200	220
ZCuSn5Pb5Zn5	砂模	110	125
	金属模	135	150

表 6-6　铸铝铁青铜及灰铸铁蜗轮的许用接触应力 $[\sigma_H]$ 　　　　（单位:MPa）

蜗轮材料	蜗杆材料	滑动速度 v_s/(m/s)						
		0.5	1	2	3	4	6	8
ZCuAl10Fe3	45 钢淬火	245	225	210	180	160	115	90
HT150、HT200 (120~150 HB)	20、20Cr 渗碳	160	130	115	90	—	—	—
HT150 (120~150 HB)	45 钢或 Q275	140	110	90	70	—	—	—

注　蜗杆未经淬火时,需将表中 $[\sigma_H]$ 值降低 20%。

表 6-7　使用系数 K_A

工作类型	载荷性质	每小时启动次数	启动载荷	K_A
I	均匀、无冲击	<25	—	1
II	不均匀、小冲击	25~50	较大	1.15
III	不均匀、大冲击	>50	大	1.2

当蜗轮材料为强度极限 $\sigma_b<300$ MPa 的锡青铜,因蜗轮主要为接触疲劳失效,故应先从表 6-5 中查出蜗轮的基本许用接触应力 $[\sigma_H]'$,再按 $[\sigma_H]=K_{HN}\cdot[\sigma_H]'$ 算出许用接触应力的值。其中,K_{HN} 为接触强度的寿命系数,$K_{HN}=\sqrt[8]{\dfrac{10^7}{N}}$。其中,应力循环次数 $N=60jn_2L_h$,此处 n_2 为蜗轮转速,r/min;L_h 为工作寿命,h;j 为蜗轮每转一转每个轮齿啮合的次数。

当蜗轮材料为灰铸铁或高强度青铜 $\sigma_b \geqslant 300$ MPa 时,蜗杆传动的承载能力主要取决于齿面胶合强度。但因目前尚无完善的胶合强度计算公式,故采用接触疲劳强度计算是一种条件性计算,在查取蜗轮齿面的许用接触应力时,要考虑相对滑动速度的大小。由于胶合不属于疲劳失效,$[\sigma_H]$ 的值与应力循环次数 N 无关,因而可直接从表 6-6 中查出许用接触应力 $[\sigma_H]$ 的值。

从式(6-11)中,可得到按蜗轮接触疲劳强度条件设计计算的公式为

$$a \geqslant \sqrt[3]{KT_2(\frac{Z_E Z_\rho}{[\sigma_H]})^2} \qquad (6\text{-}12)$$

从式(6-12)算出蜗杆传动的中心距 a(mm)后,可根据预定的传动比 $i(z_2/z_1)$ 从表 6-1 中选择一合适的 a 值,以及相应的蜗杆、蜗轮的参数。

2. 蜗轮轮齿齿根弯曲疲劳强度计算

在蜗轮齿数 $z_2 > 90$ 或开式传动中,蜗轮轮齿常因弯曲强度不足而失效。在闭式蜗杆传动中通常只做弯曲强度的校核计算,且这种计算是必须进行的。因为蜗轮轮齿的弯曲强度校核不只是为了判别其弯曲断裂的可能性,对于承受重载的动力蜗杆副,蜗轮轮齿的弯曲变形量直接影响到蜗杆副的运动平稳性精度。

由于蜗轮的形状较复杂,且离中间平面愈远的平行截面上轮齿愈厚,故其齿根弯曲强度高于斜齿轮。因此,蜗轮轮齿的弯曲疲劳强度难以精确计算,只能进行条件性的概略估算。按照斜齿圆柱齿轮的计算方法,经推导可得蜗轮轮齿齿根弯曲疲劳强度的验算公式:

$$\sigma_F = \frac{1.53 KT_2}{d_1 d_2 m} Y_{Fa} Y_\beta \leqslant [\sigma_F] \qquad (6\text{-}13)$$

将 $d_2 = mz_2$ 代入式(6-13)并整理,得设计式:

$$m^2 d_1 \geqslant \frac{1.53 KT_2}{z_2 [\sigma_F]} Y_{Fa} Y_\beta \qquad (6\text{-}14)$$

式中:$[\sigma_F]$——蜗轮的许用弯曲应力,MPa,$[\sigma_F] = Y_N [\sigma_{0F}]$,其中 $[\sigma_{0F}]$ 为考虑齿根应力修正系数后的基本许用弯曲应力,见表 6-8,Y_N 为寿命系数,$Y_N = \sqrt[9]{10^6/N}$,N 为应力循环次数,计算方法同前,当 $N > 25 \times 10^7$ 时,取 $N = 25 \times 10^7$,当 $N < 10^5$ 时,取 $N = 10^5$;

Y_{Fa}——蜗轮的齿形系数,按蜗轮当量齿数 $z_{V2} = z/\cos^3\gamma$ 及蜗轮的变位查图 6-12;

Y_β——蜗轮的螺旋角系数,$Y_\beta = 1 - \gamma/140°$。

表 6-8 蜗轮材料的基本许用弯曲应力 $[\sigma_{0F}]$ (单位:MPa)

蜗轮材料		铸造方法	单侧工作	双侧工作
ZCuSn10P1		砂模	40	29
		金属模	56	40
ZCuSn5Pb5Zn5		砂模	26	22
		金属模	32	26
ZCuAl10Fe3		砂模	80	57
		金属模	90	64
灰铸铁	HT150	砂模	40	28
	HT200	砂模	48	34

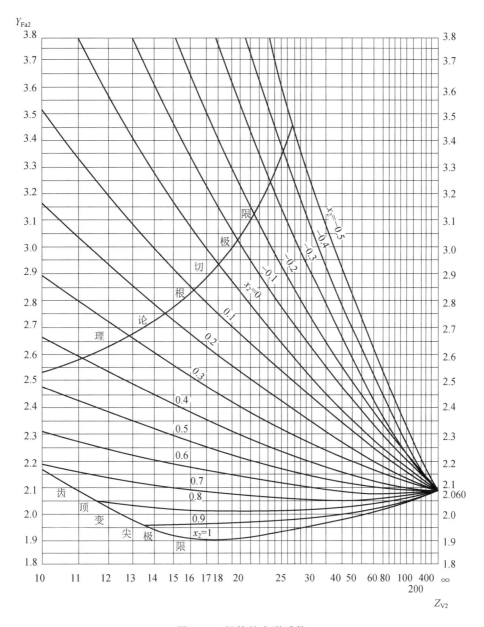

图 6-12　蜗轮的齿形系数

6.4.3　蜗杆传动的刚度计算

蜗杆受力后如产生过大的变形,就会造成轮齿上的载荷集中,影响蜗杆与蜗轮的正确啮合,所以蜗杆还需进行刚度校核。校核蜗杆的刚度时,通常是把蜗杆螺旋部分看作以蜗杆齿根圆直径为直径的轴段,主要校核蜗杆的弯曲刚度,其最大挠度可按下式做近似计算,并得其刚度条件为

$$y = \frac{\sqrt{F_{t1}{}^2 + F_{r1}{}^2}}{48EI}l^3 \leqslant [y] \tag{6-15}$$

式中:y——蜗杆弯曲变形的最大挠度,mm;

I——蜗杆危险截面的惯性矩，mm⁴，$I = \pi d_{f1}^4/64$，其中 d_{f1} 为蜗杆齿根圆直径，mm；

E——蜗杆材料的拉、压弹性模量，MPa，通常 $E = 2.06 \times 10^5$ MPa；

l——蜗杆两端支承间的跨度，mm，视具体结构而定，初步计算时可取 $l \approx 0.9 d_2$，其中 d_2 为蜗轮分度圆直径；

$[y]$——许用最大挠度值，mm，$[y] = d_1/1000$，此处 d_1 为蜗杆分度圆直径，mm。

6.4.4　蜗杆传动的热平衡计算

由于蜗杆传动的效率较低，所以工作时发热量较大，在闭式传动中，如果产生的热量不能及时散逸，将因油温不断升高而使润滑油稀释，从而增大摩擦损失，甚至发生胶合破坏。因此，对于连续运转的动力蜗杆传动，还应进行热平衡计算，以保证油温处于规定的范围内。

在热平衡状态下，蜗杆传动单位时间内由摩擦功耗产生的热量等于箱体散发的热量，即

$$1000P(1-\eta) = K_s A(t_i - t_0)$$

$$t_i = \frac{1000P(1-\eta)}{K_s A} + t_0 \tag{6-16}$$

式中：P——蜗杆传动功率，kW；

K_s——箱体表面散热系数，kW/(m²·℃)，可取 $K_s = 8.15 \sim 17.45$ kW/(m²·℃)，当周围空气流通良好时，取偏大值；

t_0——周围空气温度，℃，常温可取 20 ℃；

t_i——热平衡时油的工作温度，一般限制在 60～70 ℃，最高不超过 80 ℃；

η——传动效率；

A——箱体有效散热面积，即箱体外壁与空气接触而内壁被油飞溅到的箱壳面积，m²。

若传动温升过高，在 $t > 80$ ℃时，说明有效散热面积不足，则需采取措施，以增大蜗杆传动的散热能力。常用方法有：

(1) 增加散热面积，在箱体外加散热片，散热片表面积按总面积的 50% 计算；

(2) 在蜗杆的端部加装风扇，加速空气流通，提高散热效率；

(3) 传动箱内装循环冷却管路。

本 章 习 题

6-1　为什么连续传动的闭式蜗杆传动必须进行热平衡计算？可采用哪些措施改善散热条件？

6-2　图示蜗杆传动均是以蜗杆为主动件。试在图上标出蜗轮（或蜗杆）的转向，蜗轮轮齿的螺旋线方向，蜗杆、蜗轮所受各分力的方向。

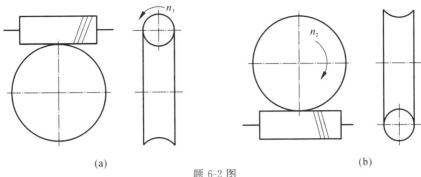

(a)　　　　　　　　　　　(b)

题 6-2 图

6-3　蜗杆传动中为何常以蜗杆为主动件？蜗轮能否作为主动件？为什么？

6-4　图示为简单手动起重装置。若按图示方向转动蜗杆，提升重物 G，试确定：

（1）蜗杆和蜗轮轮齿的旋向；

（2）蜗轮所受作用力的方向（画出）；

（3）当提升重物或降下重物时，蜗轮齿面是单侧受载还是双侧受载？

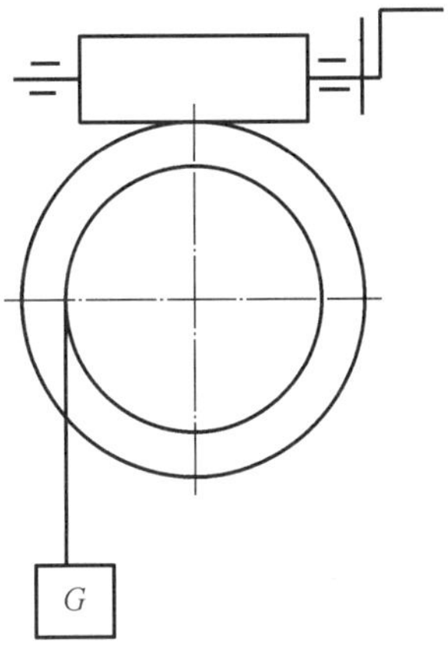

6-5　选择蜗杆、蜗轮材料的原则是什么？

6-6　蜗杆传动设计中为何特别重视发热问题？如何进行热平衡计算？常用的散热措施有哪些？

6-7　为什么普通圆柱蜗杆传动的承载能力主要取决于蜗轮轮齿的强度，用碳钢或合金钢制造蜗轮有何不利？

题 6-4 图

6-8　图示为某起重设备的减速装置。已知各轮齿数 $z_1 = z_2 = 20$，$z_3 = 60$，$z_4 = 2$，$z_5 = 40$，轮 1 转向如图所示，卷筒直径 $D = 136$ mm。试求：

（1）此时重物是上升还是下降？

（2）设系统效率 $\eta = 0.68$，为使重物上升，施加在轮 1 上的驱动力矩 $T_1 = 10$ N·m，问重物的重量是多少？

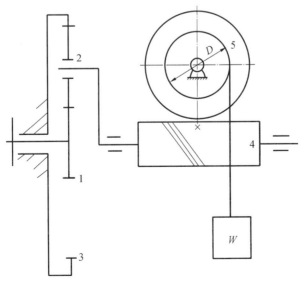

题 6-8 图

6-9　蜗轮滑车如图所示,起重量 $F=10$ kN,蜗杆为双头,模数 $m=6.3$ mm,分度圆直径 $d_1=63$ mm,蜗轮齿数 $z_2=40$,卷筒直径 $D=148$ mm,蜗杆传动的当量摩擦系数 $f_v=0.1$,轴承、溅油和链传动的功率损失为 8%,工人加在链上的作用力 $F'=200$ N。试求链轮直径 D',并验算蜗杆传动是否自锁。

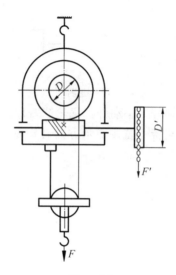

题 6-9 图

6-10　设计用于带式输送机的普通圆柱蜗杆减速器,传递功率 $P_1=7.5$ kW,蜗杆转速 $n_1=970$ r/min,传动比 $i=18$,由电动机驱动,载荷平稳。蜗杆材料为 20Cr 钢,渗碳淬火,硬度大于 58 HRC。蜗轮材料为 ZCuSn10P1,金属模铸造。蜗杆减速器每日工作 8 h,工作寿命为 7 年(每年 250 个工作日)。

第7章 轴

7.1 概　述

1. 轴的功用

轴是机器中的重要零件之一,用来支承回转的机械零件,如齿轮、蜗轮、带轮等,并传递运动和动力。

2. 轴的分类

根据承受载荷的不同,轴可分为转轴、传动轴和心轴三种。转轴既传递扭矩又承受弯矩,如齿轮减速器中的轴(参见图7-1)。传动轴只传递扭矩而不承受弯矩或弯矩很小,如汽车的传动轴(参见图7-2)。心轴则只承受弯矩而不传递扭矩,如铁路车辆的轴(参见图7-3)、自行车的前轴(参见图7-4)。

按轴线的形状,轴还可分为直轴(参见图7-1至图7-4)、曲轴(见图7-5)和挠性钢丝轴(见图7-6)。曲轴常用于往复式机械中。挠性钢丝轴是由几层紧贴在一起的钢丝层构成的,可以把扭矩和旋转运动灵活地传到任何所需的位置。

本章只研究直轴。直轴应用最广泛,根据外形的不同,可分为光轴(参见图7-2)和阶梯轴(参见图7-1)两种。光轴形状简单,加工容易,应力集中源少,但轴上的零件不易装配及定位;阶梯轴则正好与光轴相反。因此光轴主要用于心轴和传动轴,阶梯轴则常用于转轴。

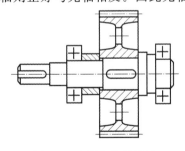

图 7-1　支承齿轮的转轴

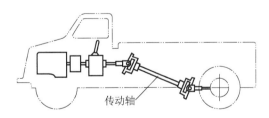

图 7-2　传动轴

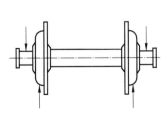

图 7-3　转动心轴

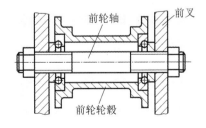

图 7-4　固定心轴

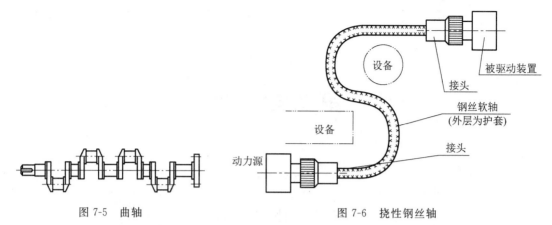

图 7-5　曲轴　　　　　　　　　　图 7-6　挠性钢丝轴

3. 轴的设计要求和设计步骤

轴的失效形式有断裂、磨损、振动和变形。为了保证轴具有足够的工作能力和可靠性,故设计轴时应满足下列要求:具有足够的强度和刚度、良好的振动稳定性和合理的结构。由于轴的工作条件不同,设计中对轴的上述要求也不同,如机床主轴,对于刚度要求严格,主要应满足刚度的要求;对于一些高速轴,如高速磨床主轴、汽轮机主轴等,对振动稳定性的要求应特别加以考虑,以防止共振造成机器的严重破坏。对所有的轴都应该满足强度和结构的基本要求。一般情况下的转轴,其失效形式为交变应力下的疲劳断裂,因此轴的工作能力主要取决于疲劳强度。

轴的设计也和其他零件的设计相似,包括结构设计和工作能力计算两方面的内容。

轴的结构设计是根据轴上零件的安装、定位,以及轴的制造工艺等方面的要求,合理地确定轴的结构形式和尺寸。如果轴的结构设计不合理,则会影响轴的加工和装配工艺,影响轴上零件工作的可靠性,增加制造成本,甚至影响轴的工作能力。因此,轴的结构设计是轴设计中的重要内容。轴的工作能力计算指的是轴的强度、刚度和振动稳定性等方面的计算。多数情况下,轴的工作能力主要取决于轴的强度。这时只需对轴进行强度计算,以防止其断裂或产生塑性变形。而对刚度要求高的轴(如车床主轴、电机轴)和受力大的细长轴,还应进行刚度计算,以防止其在工作时产生过大的弹性变形。对高速运转的轴(如高速磨床主轴、汽轮机主轴),还应进行振动稳定性计算,以防止其发生共振而破坏。

轴的设计步骤一般如下:

(1) 按工作要求选择轴的材料;

(2) 估算轴的基本直径;

(3) 轴的结构设计;

(4) 轴的强度校核计算;

(5) 必要时做刚度或振动稳定性等的校核计算。

在轴的设计计算过程中,应注意轴的设计计算与其他有关零件的设计计算往往相互联系、相互影响,因此必须结合起来进行。

7.2　轴 的 材 料

轴的常用材料种类很多,选择时应主要考虑以下因素:轴的强度、刚度及耐磨性要求,轴的热处理方法,机械加工工艺要求,材料的来源和价格等。

轴的材料常采用碳素钢和合金钢。

碳素钢:35 钢,45 钢,50 钢等优质碳素结构钢因具有较高的综合力学性能,应用较多,其中以 45 钢应用最广泛。为了改善其力学性能,应进行正火或调质处理。不重要或受力较小的轴,则可采用 Q235、Q275 等碳素结构钢。

合金钢:合金钢具有较高的力学性能,但价格较贵,多用于有特殊要求的轴。例如:滑动轴承的高速轴,常用 20Cr、20CrMnTi 等低碳合金结构钢,经渗碳淬火后可提高轴颈的耐磨性;汽轮发电机转子轴在高温、高速和重载条件下工作,必须具有良好的高温力学性能,常采用 40CrNi、40MnB 等合金结构钢。值得注意的是,钢材的种类和热处理对其弹性模量的影响甚小,因此,采用合金钢或通过热处理来提高轴的刚度并无实效。此外,合金钢对应力集中的敏感性较高,因此设计合金钢轴时,更应从结构上避免或减小应力集中,并降低其表面粗糙度。

轴的毛坯一般用圆钢或锻件,有时也可采用铸钢或球墨铸铁。例如,用球墨铸铁制造曲轴、凸轮轴,具有成本低廉、吸振性较好、对应力集中的敏感性较低和强度较好等优点。

表 7-1 列出了几种轴的常用材料及其主要力学性能。

表 7-1　轴的常用材料及其主要力学性能

材料及热处理	毛坯直径/mm	硬度 HBS	强度极限 σ_b	屈服极限 σ_s	弯曲疲劳极限 σ_{-1}	扭转疲劳极限 τ_{-1}	应用说明
					MPa		
Q235			440	240	180	105	用于不重要或载荷不大的轴
35 正火	≤100	149~187	520	270	210	120	塑性好,强度适中,可做一般曲轴、转轴等
	>100~300	149~187	500	260	205	115	
45 正火	≤100	170~217	600	300	240	140	用于较重要的轴,应用最为广泛
	>100~300	162~217	580	290	235	135	
45 调质	≤200	217~255	650	360	270	155	
40Cr 调质	25		1000	800	485	280	用于载荷较大而无很大冲击的重要的轴
	≤100	241~286	750	550	350	200	
	>100~300	229~269	700	500	320	185	
40MnB 调质	25		1000	800	485	280	性能接近于 40Cr,用于重要的轴
	≤200	241~286	750	500	335	195	
35CrMo 调质	≤100	207~269	750	550	350	200	性能接近于 40CrNi,用于重载荷的轴
	>100~300		700	500	320	185	
20Cr 渗碳淬火回火	15	表面 HRC56~62	850	550	375	215	用于要求强度、韧性及耐磨性均较高的轴(如某些齿轮轴、蜗杆等)
	30		650	400	280	160	
	≤60		650	400	280	160	

材料及 热处理	毛坯 直径/mm	硬度 HBS	强度极限 σ_b	屈服极限 σ_s	弯曲疲劳 极限 σ_{-1}	扭转疲劳 极限 τ_{-1}	应用说明
			MPa				
QT400-15	—	156~197	400	300	145	125	
QT450-10		170~207	450	330	160	140	用于结构形状复杂的轴
QT600-3	—	197~269	600	420	215	185	

注 (1)表中所列疲劳极限数值,均按下式计算:$\sigma_{-1}\approx0.27(\sigma_b+\sigma_s)$,$\tau_{-1}\approx0.156(\tau_b+\tau_s)$;

(2)其他性能,一般可取 $\tau_s\approx(0.55\sim0.62)\sigma_s$,$\sigma_0\approx1.4\sigma_{-1}$,$\tau_0\approx1.5\tau_{-1}$;

(3)球墨铸铁,$\sigma_{-1}\approx0.36\sigma_b$,$\tau_{-1}\approx0.31\sigma_b$;

(4)表中抗拉强度符号 σ_b 在 GB/T 228.1—2010 中规定为 R_m。

7.3 轴的结构设计

7.3.1 轴结构设计的要求

轴的结构设计就是使轴的各部分具有合理的形状和尺寸。

轴的结构设计的主要要求:

(1)满足制造安装要求,轴应便于加工,轴上零件要方便装拆;

(2)满足零件定位要求,轴和轴上零件有准确的工作位置,各零件要牢固而可靠地相对固定;

(3)满足结构工艺性要求,使加工方便和节省材料;

(4)改善受力状况,减少应力集中。

由于影响轴的结构的因素较多,且其结构形式又要随着具体情况不同而异,所以轴没有标准的结构形式。设计时,必须针对不同情况进行具体的分析。下面结合图 7-7 所示的单级齿轮减速器的高速轴,说明轴的结构工艺性(设计方法和步骤)。

7.3.2 轴的结构工艺性

1. 拟订轴上零件的装配方案

拟订轴上零件的装配方案是进行轴的结构设计的前提,它决定着轴的基本形式。所谓装配方案,就是预定出轴上主要零件的装配方向、顺序和相互关系。为了方便轴上零件的装拆,常将轴做成阶梯形。例如图 7-7 中的装配方案:依次将齿轮、套筒、左端滚动轴承、轴承盖和带轮从轴的左端安装,另一滚动轴承从右端安装。这样就对各轴段的粗细顺序做了初步安排。拟订装配方案时,一般应考虑几个方案,进行分析比较与选择。

2. 零件轴向和周向定位

1) 轴上零件的轴向定位和固定

阶梯轴上截面变化处叫轴肩,利用轴肩和轴环进行轴向定位,其结构简单、可靠,并能承受较大轴向力。在图 7-7 中,①~⑦代表轴的 7 个轴段。①与②间的轴肩使带轮定位;轴环⑤使齿轮在轴上定位;⑥与⑦间的轴肩使右端滚动轴承定位。定位轴肩的高度 h 一般取 $h=$

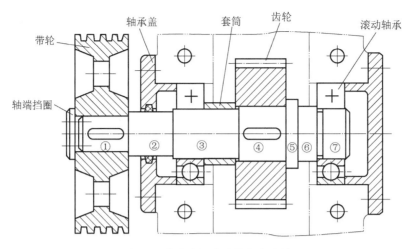

图 7-7 单纹齿轮减速器的高速轴

$(0.07\sim0.1)d,d$ 为与零件相配处的轴的直径,mm。滚动轴承的定位轴肩(如图 7-7 中的轴肩⑥)高度必须低于轴承内圈端面的高度,以便拆卸轴承,轴肩的高度可查手册中轴承的安装尺寸 d_a。为了使零件能靠紧轴肩而得到准确可靠的定位,轴肩处的过渡圆角半径 r 必须小于与之相配的零件毂孔端部的圆角半径 R 或倒角尺寸 C。非定位轴肩是为了加工和装配方便而设置的,其高度没有严格的规定,一般取 $1\sim2$ mm。轴环(如图 7-7 中的⑤)的功用与轴肩相同,轴环宽度 $b\geqslant1.4h$。

轴上零件常见的轴向固定方法、特点与应用见表 7-2。其中轴肩、轴环、套筒、轴端挡圈及圆螺母应用更为广泛。为保证轴上零件沿轴向固定,这时可将表 7-2 中各种方法联合使用;为确保固定可靠,与轴上零件相配合的轴端长度应比轮毂略短,如表 7-2 中的套筒结构简图所示,$l=B-(1\sim3)$mm。

2) 轴上零件的周向固定

轴上零件周向固定的目的是使其能同轴一起转动并传递扭矩。轴上零件的周向固定,大多采用平键、花键、销、紧定螺钉或过盈配合等连接形式,常见的固定方法见图 7-8。

表 7-2 轴上零件常见的轴向固定方法、特点与应用

轴向固定方法及结构简图		特点和应用	设计注意要点
轴肩与轴环	(a)轴肩 (b)轴环	简单可靠,不需附加零件,能承受较大轴向力。广泛应用于各种轴上零件的固定。 该方法会使轴径增大,阶梯处形成应力集中,且阶梯过多将不利于加工	为保证零件与定位面靠紧,轴上过渡圆角半径 r 应小于零件圆角半径 R 或倒角 C,即 $r<C<a$,$r<R<a$;一般取定位高度 $a=(0.07\sim0.1)d$,轴环宽度 $b=1.4a$

轴向固定方法及结构简图		特点和应用	设计注意要点
套筒		简单可靠,简化了轴的结构且不削弱轴的强度。 常用于轴上两个近距零件间的相对固定; 不宜用于高速轴	套筒内孔与轴的配合较松,套筒结构、尺寸可视需要灵活设计
轴端挡圈	轴端挡圈GB 891—1986, GB 892—1986 	工作可靠,结构简单,能承受较大轴向力,应用广泛	只用于轴端; 应采用止动垫片等防松措施
锥面		装拆方便,可兼作周向固定。 宜用于高速、冲击及对中性要求高的场合	只用于轴端; 常与轴端挡圈联合使用,实现零件的双向固定
圆螺母	圆螺母(GB/T 812—1988) 止动垫圈(GB/T 858—1988)	固定可靠,可承受较大轴向力,能实现轴上零件的间隙调整。 常用于轴上两零件间距较大处及轴端	为减小对轴端强度的削弱,常用细牙螺纹; 为防松,必须加止动垫圈或使用双螺母
弹性挡圈	弹性挡圈(GB 894.1—1986, GB 894.2—1986) 	结构紧凑、简单,装拆方便,但受力较小,且轴上切槽将引起应力集中。 常用于轴承的固定	轴上切槽尺寸见 GB 894.1—1986

续表

轴向固定方法及结构简图	特点和应用	设计注意要点
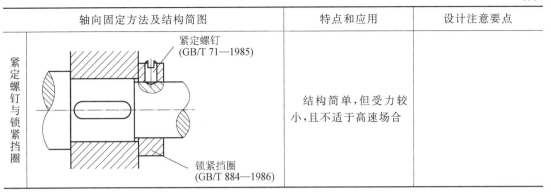	结构简单,但受力较小,且不适于高速场合	

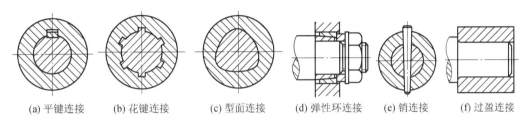

(a) 平键连接　　(b) 花键连接　　(c) 型面连接　　(d) 弹性环连接　　(e) 销连接　　(f) 过盈连接

图 7-8　轴上零件的周向固定方法

3. 各轴段直径和长度的确定

零件在轴上的装配方案及定位方式确定后,轴的形状便大体确定。各轴段所需的直径与轴上的载荷大小有关。初步确定轴的直径时,通常还不知道支反力的作用点,不能决定弯矩的大小和分布情况,因而还不能按轴所受的具体载荷及其引起的应力来确定轴的直径。但在进行轴的结构设计前,通常已能求得轴所受的扭矩。因此,可按轴所受的扭矩初步估算轴所需的直径(见"7.4 轴的强度计算")。将初步求出的直径作为承受扭矩的轴段的最小直径 d_{min},然后再按轴上零件的装配方案和定位要求,从 d_{min} 处逐一确定各段的直径。在实际设计中,轴的直径亦可凭设计者的经验取定,或参考同类机器用类比的方法确定。

有配合要求的轴段,应尽量采用标准直径。安装标准件(如滚动轴承、联轴器和密封圈等)部位的轴径,应取相应的标准值及与所选配合的公差。

确定各轴段长度时,应尽可能使结构紧凑,同时还要保证零件所需的装配或调整空间。轴的各段长度主要是根据各零件与轴配合部分的轴向尺寸和相邻零件间必要的空隙来确定的。为了保证轴向定位可靠,与齿轮和联轴器等零件相配合部分的轴段长度一般应比轮毂长度短 2～3 mm。

4. 结构工艺性要求

轴的形状,从满足强度和节省材料方面考虑,最好是等强度的抛物线回转体。但这种形状的轴既不便于加工,也不便于轴上零件的固定。从加工方面考虑,最好是直径不变的光轴,但光轴不利于轴上零件的装拆和定位。由于阶梯轴接近于等强度,而且便于加工和轴上零件的定位、装拆,所以实际上轴的形状多呈阶梯形。

为了保证轴上零件紧靠定位面(轴肩),轴肩的圆角半径 r 必须小于相配零件的倒角 C_1 或圆角半径 R,轴肩高 h 必须大于 C_1 或 R(见表 7-2)。

在采用套筒、螺母、轴端挡圈作轴向固定时,应把装零件的轴段长度做得比零件轮毂短 2～3 mm,以确保套筒、螺母或轴端挡圈能靠紧零件端面。

　　为了便于切削加工,一根轴上的圆角应尽可能取相同的半径,退刀槽取相同的宽度,倒角尺寸相同;一根轴上各键槽应开在轴的同一母线上(见图7-9),当开有键槽的轴段直径相差不大时,应尽可能采用相同宽度的键槽,以减少换刀的次数;需要磨削的轴段,应留有砂轮越程槽(见图7-10(a)),以便磨削时砂轮可以磨到轴肩的端部;需切制螺纹的轴段,应留有退刀槽(见图7-10(b)),以保证螺纹牙均能达到预期的高度。

　　为了便于加工和检验,轴的直径应取圆整值;与滚动轴承相配合的轴颈直径应符合滚动轴承内径标准;有螺纹的轴段直径应符合螺纹标准直径。为了便于装配,轴端应加工出倒角(一般为 $45°$,见图7-10(c)),以免装配时把轴上零件的孔壁擦伤;过盈配合零件的装入端常加工出导向锥面(见图7-10(d)),以使零件能较顺利地压入。

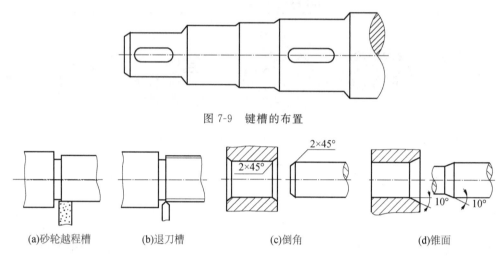

图 7-9　键槽的布置

(a)砂轮越程槽　　(b)退刀槽　　(c)倒角　　(d)锥面

图 7-10　砂轮越程槽、退刀槽、倒角和锥面

7.3.3　提高轴的疲劳强度

　　轴和轴上零件的结构工艺,以及轴上零件的安装布置等对轴的强度有很大的影响,所以应在这些方面进行充分考虑,以提高轴的承载,减小轴的尺寸和机器的质量,降低制造成本。

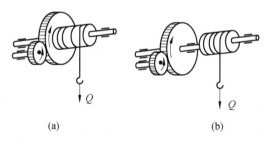

(a)　　　　(b)

图 7-11　起重机卷筒两种方案

　　(1)改进轴上零件的结构,以减小轴的载荷。

　　改进轴上零件的结构可以减小轴的载荷。例如,在起重机卷筒的两种不同安装方案中,图7-11(a)所示的结构是大齿轮和卷筒连成一体,扭矩经大齿轮直接传给卷筒,卷筒轴只受弯矩而不传递扭矩;而图7-11(b)所示的方案是大齿轮将扭矩通过轴传到卷筒,因而卷筒轴既受弯矩又受扭矩。这样,起重同样载荷 Q,图7-11(a)中轴的直径显然可以比图7-11(b)中的轴径小。

　　(2)合理布置轴上的零件,以减小轴的载荷。

　　当动力需从两个轮输出时,为了减小轴上的载荷,应尽量将输入轮放在中间(见图7-12(a)),当输入扭矩为 T_1+T_2 而 $T_1>T_2$ 时,轴的最大扭矩为 T_1;而将输入轮放在一侧(见图7-12(b))时,轴的最大扭矩为 T_1+T_2。

此外,在车轮轴中,如把轮毂配合面分为两段(见图 7-13(a)),可以减小轴的弯矩,从而提高其强度和刚度。把转动的心轴(见图 7-13(b))改成固定的心轴(见图 7-13(a)),可使轴不承受交变应力。

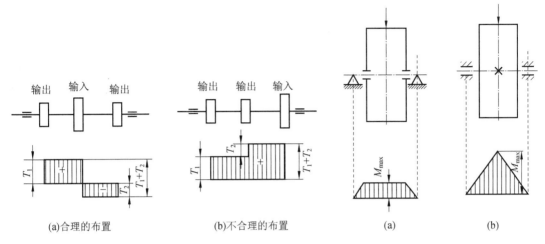

(a)合理的布置　　　　　　　(b)不合理的布置　　　　　　　　(a)　　　　　　　(b)

图 7-12　轴上零件的两种布置方案　　　　图 7-13　两种不同结构产生的轴弯矩

(3) 改进轴的结构,减小轴的应力集中。

在零件截面尺寸发生变化处会产生应力集中现象,从而削弱材料的强度。因此,进行结构设计时,应尽量减小应力集中,特别是合金材料对应力集中比较敏感,应当特别注意。在阶梯轴的截面尺寸变化处应采用圆角过渡,且圆角半径不宜过小。另外,设计时尽量不要在轴上开横孔、切口或凹槽,必须开横孔须将边倒圆。在重要轴的结构中,可采用卸载槽 B(见图 7-14(a))、过渡肩环(见图 7-14(b))或凹切圆角(见图 7-14(c))增大轴肩圆角半径,以减小局部应力。在轮毂上做出卸载槽 B(见图 7-15),也能减小过盈配合处的局部应力。

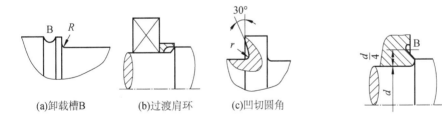

(a)卸载槽B　　　　(b)过渡肩环　　　　(c)凹切圆角

图 7-14　减小应力集中的措施　　　　图 7-15　减小过盈配合处的局部应力措施

(4) 改进轴的表面质量。

轴的表面粗糙度和表面强化处理方法也会对轴的疲劳强度产生影响。轴的表面愈粗糙,疲劳强度也愈低。因此,应合理减小轴的表面及圆角处的加工粗糙度值。当采用对应力集中甚为敏感的高强度材料制作轴时,表面质量尤应予以注意。

表面强化处理的方法:表面高频淬火等热处理;表面渗碳、氰化、氮化等化学热处理;碾压、喷丸等强化处理。通过碾压、喷丸进行表面强化处理时,可使轴的表面产生预压应力,从而提高轴的抗疲劳能力。

7.4 轴的强度计算

轴的强度计算主要有三种方法:按扭转强度计算;按弯扭合成强度计算;精确强度校核计算。按扭转强度计算只需要知道扭矩的大小,方法简便,常用于传动轴的强度计算和转轴基本直径的估算。按弯扭合成强度计算必须先知道作用力的大小和作用点的位置、轴承跨距、各段轴径等参数,主要用于计算一般重要的、弯扭复合作用的轴。精确强度校核计算要在结构设计后进行,不仅要先已知轴的各段轴径,而且要已知过渡圆角、过盈配合、表面粗糙度等细节,主要用于重要轴的强度计算,在这里就不详细介绍了。

7.4.1 按扭转强度计算

传动轴只受扭矩的作用,可直接按扭转强度设计其轴径。通常是按轴所传递的扭矩估算出轴上受扭转轴段的最小直径,并以其作为基本参考尺寸进行轴的结构设计。需注意的是,转轴受弯扭复合力的作用,在设计开始时,因为各轴段长度未定,轴的跨距和轴上弯矩大小是未知的,所以不能按轴所受弯矩计算轴径。

由材料力学可知,对于传递扭矩的圆截面轴,其扭转强度条件为

$$\tau = \frac{T}{W_T} = \frac{9.55 \times 10^6 P}{0.2 d^3 n} \leqslant [\tau] \tag{7-1}$$

式中:τ——扭矩 $T(\text{N} \cdot \text{mm})$在轴上产生的扭切应力,MPa;

$[\tau]$——材料的许用扭切应力,MPa;

W_T——抗扭截面系数,mm^3,对圆截面轴,$W_T = \frac{\pi d^3}{16} \approx 0.2 d^3$;

P——轴所传递的功率,kW;

n——轴的转速,r/min;

d——轴的直径,mm。

由此得到轴的基本直径:

$$d \geqslant \sqrt[3]{\frac{9.55 \times 10^6}{0.2[\tau]}} \sqrt[3]{\frac{p}{n}} \geqslant C \sqrt[3]{\frac{p}{n}} \tag{7-2}$$

式中:C——由轴的材料和承载情况确定的常数(见表 7-3)。应用式(7-2)求出的 d 值作为轴最细处的直径。

表 7-3　常用材料的$[\tau]$值和 C 值

轴的材料	$[\tau]/\text{MPa}$	C
Q235,20	15~25	149~126
Q275,35	20~35	135~112
45	25~45	126~103
40Cr,35SiMn	35~55	112~97

注 (1)当作用在轴上的弯矩比扭矩小或只传递扭矩时,C 取最小值;否则取最大值。
　　(2)在计算减速器中间轴的危险截面处(安装小齿轮处)的直径时,若轴的材料为 45 钢,则可取 $C=130\sim165$。其中二级减速器的中间轴及三级减速器的高速中间轴取 $C=155\sim165$,三级减速器的低速中间轴取 $C=130$。

此外,也可采用经验公式来估算轴的直径。例如在一般减速器中,高速输入轴的直径可按与其相连的电动机轴的直径 D 估算,$d=(0.8\sim1.2)D$;各级低速轴的轴径可按同级齿轮中心距 a 估算,$d=(0.3\sim0.4)a$。

另外,当按式(7-2)求得直径的轴段上开有键槽时,应适当增大轴径,单键槽增大 3%,双键槽增大 7%;然后将轴径圆整。

7.4.2 按弯扭合成强度计算

通过轴的结构设计,轴的主要结构尺寸、轴上零件的位置,以及外载荷和支反力的作用位置均已确定,轴上的载荷(弯矩和扭矩)已可以求得,因而可按弯扭合成强度条件对轴进行强度校核计算。一般的轴用这种方法计算即可。现以图 7-16 所示的输出轴为例来介绍轴的弯扭合成强度校核轴强度的方法,其计算步骤如下。

(1) 作出轴的计算简图(即力学模型)。

轴所受的载荷是从轴上零件传来的。计算时,常将轴上的分布载荷简化为集中力,其作用点取载荷分布段的中点。作用在轴上的扭矩,一般从传动

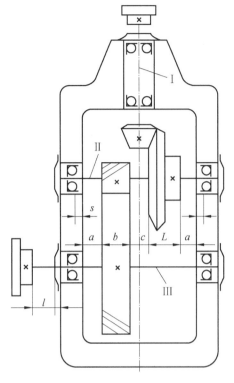

图 7-16 圆锥-圆柱齿轮减速器简图
Ⅰ,Ⅱ,Ⅲ—轴

件轮毂宽度的中点算起。通常把轴当作置于铰链支座上的梁,支反力的作用点与轴承的类型和布置方式有关,可按图 7-17 来确定。图 7-17(b)中的 a 值可查滚动轴承样本或手册,图 7-17(d)中的 e 值与滑动轴承的宽径比 B/d 有关。当 $B/d\leqslant1$ 时,取 $e=0.5B$;当 $B/d>1$ 时,取 $e=0.5d$,但不小于 $(0.25\sim0.35)B$;对于调心轴承,$e=0.5B$。

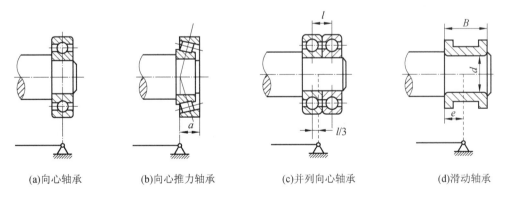

(a)向心轴承   (b)向心推力轴承   (c)并列向心轴承   (d)滑动轴承

图 7-17 轴的支反力作用点

在作计算简图时,应先求出轴上受力零件的载荷(若为空间力系,应把空间力系分解为圆周力、径向力和轴向力,然后把它们全部转化到轴上),并将其分解为水平分力 F_{NH} 和垂直分力 F_{NV},如图 7-18(a)所示。然后求出各支承处的水平反力和垂直反力。(轴向反力可表示在适当的图上,图 7-18(c)是表示在垂直面上,故标以 F'_{NV1})。

（2）作出弯矩图。

根据上述简图，分别按水平面和垂直面计算各力产生的弯矩，并按计算结果分别作出水平面上的弯矩图 M_H（见图 7-18(b)）和垂直面上的弯矩图 M_V（图 7-18(c)）；然后按下式计算总弯矩并做出图 M（见图 7-18(d)）。

$$M = \sqrt{M_H^2 + M_V^2}$$

（3）作出扭矩图。

扭矩图如图 7-18(e)所示。

（4）校核轴的强度。

已知轴的弯矩和扭矩后，可针对某些危险截面（即弯矩和扭矩大而轴径可能不足的截面）做弯扭合成强度校核计算。对于一般钢制的轴，可用第三强度理论求出危险截面的应力 σ_e，其强度条件为

$$\sigma_e = \sqrt{\sigma_b^2 + 4\tau^2} \leqslant [\sigma_b] \tag{7-3}$$

式中：σ_b——危险截面上弯矩 M 产生的弯曲应力。对于直径为 d 的圆轴：

$$\sigma_b = \frac{M}{W}$$

$$\tau = \frac{T}{W_T} = \frac{T}{2W}$$

其中，W、W_T——轴的抗弯和抗扭截面系数。将 σ_b 和 τ 值代入式(7-3)，得

$$\sigma_e = \sqrt{\left(\frac{M}{W}\right)^2 + 4\left(\frac{T}{2W}\right)^2} = \frac{1}{W}\sqrt{M^2 + T^2} \leqslant [\sigma_b] \tag{7-4}$$

由于一般转轴，其 σ_b 为对称循环变应力，而 τ 的循环特性往往与 σ_b 不同，为了考虑两者循环特性不同的影响，对式(7-4)中的扭矩 T 乘以折合系数 α，即

$$\sigma_e = \frac{M_e}{W} = \frac{\sqrt{M^2 + (\alpha T)^2}}{W} \leqslant [\sigma_{-1b}] \tag{7-5}$$

式中：M_e——当量弯矩，N·mm，$M_e = \sqrt{M^2 + (\alpha T)^2}$；

α——根据轴所传递的扭矩性质而定的折合系数，对不变的扭矩，$\alpha \approx 0.3$，当扭矩脉动循环变化时，$\alpha \approx 0.6$，对于频繁正反转的轴，τ 可看作对称循环变应力，$\alpha = 1$，若扭矩变化规律不清楚，一般也按脉动循环处理；

$[\sigma_{-1b}]$、$[\sigma_{0b}]$ 和 $[\sigma_{+1b}]$——对称循环、脉动循环及静应力状态下的许用弯曲应力，MPa，见表 7-4。

通常外载荷不是作用在同一平面内，这时应先将这些力分解到水平面和垂直面内，并求出各面的支反力，再绘出水平面弯矩 M_H 图、垂直面弯矩 M_V 图和合成弯矩 M 图，$M = \sqrt{M_H^2 + M_V^2}$；绘制扭矩 T 图，最后由公式 $M_e = \sqrt{M^2 + (\alpha T)^2}$ 绘出当量弯矩图。

计算轴的直径时，$W = \frac{\pi d^3}{32} \approx 0.1 d^3$，则式(7-2)可写成

$$d \geqslant \sqrt[3]{\frac{M_e}{0.1[\sigma_{-1b}]}} \tag{7-6}$$

若该截面有键槽，则可将计算出的轴径加大 4%。计算出的轴径还应与结构设计中初步确定的轴径相比较，若初步确定的直径较小，说明强度不够，结构设计要进行修改；若计算出的轴径较小，除非相差很大，一般就以结构设计的轴径为准。

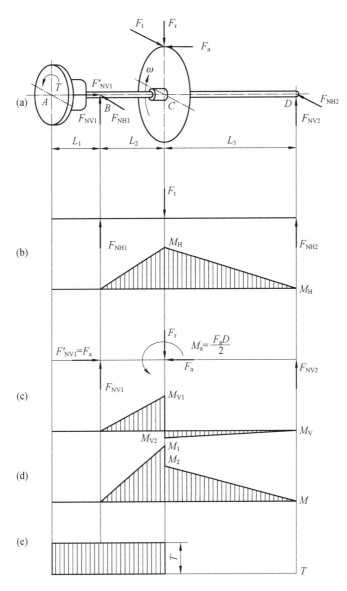

图 7-18　轴的载荷分析图

表 7-4　轴的许用弯曲应力　　　　　　　　　　　（单位：MPa）

材料	σ_b	$[\sigma_{+1b}]$	$[\sigma_{0b}]$	$[\sigma_{-1b}]$
碳素钢	400	130	70	40
	500	170	75	45
	600	200	95	55
	700	230	110	65
合金钢	800	270	130	75
	900	300	140	80
	1000	330	150	90

材料	σ_b	$[\sigma_{+1b}]$	$[\sigma_{0b}]$	$[\sigma_{-1b}]$
铸钢	400	100	50	30
	500	120	70	40
灰铸铁	400	65	32	25

由于心轴工作时只承受弯矩而不承受扭矩,所以在应用式(7-5)时,应取 $T=0$。转动心轴的弯矩在轴截面所引起的应力是对称循环变应力。对于固定心轴,考虑启动、停车等的影响,弯矩在轴截面上所引起的应力可视为脉动循环变应力,所以在应用式(7-5)时,固定心轴的许用弯曲应力为$[\sigma_{0b}]$($[\sigma_{0b}]$为脉动循环变应力时的许用弯曲应力),$[\sigma_{0b}]≈1.7[\sigma_{-1b}]$。

7.4.3　按精确强度校核轴的疲劳强度

这种校核计算的实质在于确定变应力情况下轴的安全程度(也称为安全系数法)。在已知轴的外形、尺寸及载荷的基础上,即可通过分析确定出一个或几个危险截面(这时不仅要考虑轴的弯曲应力和扭切应力的大小,而且要考虑应力集中和绝对尺寸等因素影响的程度),求出计算安全系数 S_{ca} 并应使其稍大于或至少等于许用安全系数,即

$$S_{\sigma} = \frac{\sigma_{-1}}{\frac{K_{\sigma}}{\beta \varepsilon_{\sigma}}\sigma_a + \varphi_{\sigma}\sigma_m} \tag{7-7}$$

$$S_{\tau} = \frac{\tau_{-1}}{\frac{K_{\tau}}{\beta \varepsilon_{\tau}}\tau_a + \varphi_{\tau}\tau_m} \tag{7-8}$$

$$S_{ca} = \frac{S_{\sigma} \cdot S_{\tau}}{\sqrt{S_{\sigma}^2 + S_{\tau}^2}} \geq [S] \tag{7-9}$$

式中:S_{ca}——计算安全系数;

S_{σ}、S_{τ}——受弯矩、扭矩作用时的安全系数;

σ_{-1}、τ_{-1}——对称循环应力时试件材料的弯曲、扭转的疲劳极限(见表7-1);

K_{σ}、K_{τ}——受弯曲、扭转时轴的有效应力集中系数(参见附表1、2、3);

φ_{σ}、φ_{τ}——弯曲、扭转时平均应力折合为应力幅的等效系数(参见附表4);

ε_{σ}、ε_{τ}——受弯曲、扭转时轴的尺寸系数(参见附表5);

β——轴的表面质量系数(参见附表6、7);

σ_a、τ_a——弯曲、扭转的应力幅;

σ_m、τ_m——弯曲、扭转的平均应力(参见附表9);

$[S]$——许用安全系数。$[S]=1.3\sim1.5$,用于材料均匀,载荷与应力计算精确时;$[S]=1.5\sim1.8$,用于材料不够均匀,计算精确度较低时;$[S]=1.8\sim2.5$,用于材料均匀性及计算精确度很低,或轴的直径 $d>200$ mm 时。

7.5　轴的刚度计算

轴受弯矩作用会产生弯曲变形(见图7-19),受扭矩作用会产生扭转变形(见图7-20)。如

果轴的刚度不够,就会影响轴的正常工作。例如,电机转子轴的挠度过大,会改变转子与定子的间隙而影响电机的性能。又如机床主轴的刚度不够,将会影响加工精度。

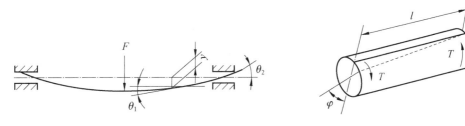

图 7-19　轴的挠度和弯角　　　　　　　　图 7-20　轴的扭转角

因此,为了使轴不致因刚度不足而失效,设计时必须根据轴的工作条件限制其变形量,即

$$\begin{cases} 挠度 & y \leqslant [y] \\ 偏转角 & \theta \leqslant [\theta] \\ 扭转角 & \varphi \leqslant [\varphi] \end{cases} \tag{7-10}$$

式中:$[y]$、$[\theta]$、$[\varphi]$——许用挠度、许用偏转角和许用扭转角,其值见表 7-5。

表 7-5　轴的许用挠度$[y]$、许用偏转角$[\theta]$和许用扭转角$[\varphi]$

变形种类	适用场合	许用值	变形种类	适用场合	许用值
挠度 y/mm	一般用途的轴	$(0.0003 \sim 0.0005)l$	偏转角 θ/rad	滑动轴承	<0.001
	刚度要求较高的轴	$<0.0002l$		径向球轴承	<0.005
	感应电机轴	$<0.1\Delta$		调心球轴承	<0.05
	安装齿轮的轴	$(0.01 \sim 0.05)m_\mathrm{n}$		圆柱滚子轴承	<0.0025
	安装蜗轮的轴	$(0.02 \sim 0.05)m_\mathrm{t}$		圆锥滚子轴承	<0.0016
	l——支承间跨距; Δ——电机定子与转子间的空隙; m_n——齿轮法面模数; m_t——蜗轮端面模数			安装齿轮处的截面	$<0.001 \sim 0.002$
			每米长的扭转角 $\varphi/(°/\mathrm{m})$	一般传动	$0.5 \sim 1$
				较精密的传动	$0.25 \sim 0.5$
				重要传动	<0.25

1. 弯曲变形计算

计算轴在弯矩作用下所产生的挠度 y 和偏转角 θ 的方法很多。在材料力学课程中已介绍过两种:① 按挠曲线的近似微分方程式积分求解;② 变形能法。对于等直径轴,用①方法较简便;对于阶梯轴,用②方法较适宜。

2. 扭转变形的计算

等直径的轴受扭矩 T 作用时,其扭转角 $\varphi(\mathrm{rad})$可按材料力学中的扭转变形公式求出,即

$$\varphi = \frac{Tl}{GI_\mathrm{P}} \tag{7-11}$$

式中:T——扭矩,N·mm;

　　　l——轴受扭矩作用的长度,mm;

　　　G——材料的切变模量,MPa;

　　　I_P——轴截面的极惯性矩,mm⁴,$I_\mathrm{P} = \dfrac{\pi d^4}{32}$。

对阶梯轴,其扭转角 $\varphi(\text{rad})$ 的计算式为

$$\varphi = \frac{1}{G} \sum_{i=1}^{n} \frac{T_i l_i}{I_{\text{P}i}} \tag{7-12}$$

式中: $T_i, l_i, I_{\text{P}i}$ ——阶梯轴第 i 段上所传递的扭矩、长度和极惯性矩,单位同式(7-8)。

7.6　轴的振动稳定性概念

受周期性载荷作用的轴,当载荷的频率与轴的自振频率相同或接近时,就要发生共振。发生共振时的转速,称临界转速。当轴的转速与临界转速接近或成整数倍关系时,轴的变形将迅速增大,以致轴或轴上零件甚至整个机械受到破坏。

大多数机械中的轴,虽然不受周期性的载荷作用,但由于轴上零件材质不均,制造、安装误差等使回转零件重心偏移,回转时会产生离心力,使轴受到周期性变化载荷作用;因此,对于高转速的轴和受周期性变化外载荷的轴,都必须进行振动稳定性计算。所谓轴的振动稳定性计算,就是计算其临界转速,并使轴的工作转速远离临界转速,避免共振。

轴的临界转速可以有多个,最低的一个称为一阶临界转速 $n_{\text{e}1}$,其余依次为二阶临界转速 $n_{\text{e}2}$、三阶临界转速 $n_{\text{e}3}$……在一阶临界转速下,振动激烈,最为危险,所以通常主要计算一阶临界转速。工作转速低于一阶临界转速的轴称为刚性轴;工作转速超过一阶临界转速的轴称为挠性轴。

【**例 7-1**】　试设计图 7-21(a)所示的单级平行轴斜齿轮减速器的低速轴,已知该轴传递功率 $P = 2.33$ kW,转数 $n = 104$ r/min;大齿轮分度圆直径 $d_2 = 300$ mm,齿宽 $b_2 = 80$ mm,螺旋角 $\beta = 80°3'20''$,左旋;链轮轮毂宽度 $b_3 = 60$ mm,链轮对轴的压轴力 $Q = 4000$ N,水平方向;减速器长期工作,载荷平稳。

【**解**】　过程如下。

(1)估算轴的基本直径。

选用 45 钢,正火处理,估计直径 $d < 100$ mm,由表 7-1 查得 $\sigma_b = 600$ MPa。查表 7-3,取 $C = 118$,由式(7-2)得

$$d \geqslant C\sqrt[3]{\frac{P}{n}} = 118 \times \sqrt[3]{\frac{2.33}{104}} \text{ mm} = 33.27 \text{ mm}$$

所求 d 应为受扭部分的最细处,即装链条处的轴径。但因该处有一个键槽,故轴径应增大 3%,即 $d = 1.03 \times 33.27$ mm = 34.27 mm,取 $d = 35$ mm。

(2)轴的结构设计。

① 初定各段直径,见表 7-6。

表 7-6　各段直径

位置	轴段直径/mm	说明
链轮处	35	按传递扭矩估算的基本直径
油封处	40	为满足链轮的轴向固定要求而设一轴肩,根据表 7-2,轴肩高度 $a = (0.07 \sim 0.1)d = (0.07 \sim 0.1) \times 35$ mm = $2.45 \sim 3.5$ mm,取 $a = 2.5$ mm。该段轴径应满足油封标准

位置	轴段直径/mm	说明
轴承处	45	因轴承要承受径向力和轴向力,故选用角接触球轴承,为便于轴承从右端装拆,轴承内径应稍大于油封处轴径,并符合滚动轴承标准内径,故取轴径为 45 mm,初定轴承型号为 7209C,两端相同
齿轮处	48	考虑齿轮从右端装入,故齿轮孔径应大于轴承处轴径,并为标准直径
轴环处	56	齿轮左端用轴环定位,按齿轮处轴径为 48 mm,根据表 7-2,轴环 $a=(0.07\sim0.1)d=(0.07\sim0.1)\times48$ mm$=3.36\sim4.8$ mm,取 $a=4$ mm
左端轴承、轴肩处	52	为便于轴承拆卸,轴间高度不能过高,按 7209C 型轴承安装尺寸(见轴承手册),取轴肩高度为 3.5 mm

② 确定各段长度(由右至左),如表 7-7 所示。

表 7-7 各段长度

位置	轴段长度/mm	说明
链轮处	58	已知链轮轮毂宽度为 60 mm,为保证轴端挡圈能压紧链轮,此轴段应略小于链轮轮毂宽度,故取 58 mm
油封处	45	此段长度包括两部分:为便于轴承端盖的拆装及对轴承加润滑脂,本例取轴承盖外端面与链轮左端面的间距为 25 mm;根据减速器及轴承盖的结构设计,取轴承右端面与轴承盖外端面的间距为 20 mm。故该轴段长度为 25 mm+20 mm=45 mm
齿轮处	78	已知齿轮轮毂宽度为 80 mm,为保证套筒能压紧齿轮,此轴段长度应略小于齿轮轮毂宽度,故取 78 mm
右端轴承处（含套筒）	46	此轴段包括:轴承内圈宽度为 19 mm;考虑到箱体的铸造误差,装配时留有余地,轴承左端面与箱体内壁的间距取 5mm;箱体内壁与齿轮右端面的间距取 20 mm,齿轮对称布置,齿轮左右两侧上述两值取同值;齿轮轮毂宽度与齿轮处轴段长度之差为 2 mm。故该轴段长度为 19 mm+5 mm+20 mm+2 mm=46 mm
轴环处	10	轴环宽度 $b=1.4a=1.4\times4$ mm$=5.6$ mm,取 $b=10$ mm
左端轴承、轴肩处	15	轴承右端面至齿轮左端面的距离与轴环宽度之差,即(20 mm+5 mm)−10 mm=15 mm
左端轴承处	19	等于 7209C 型轴承内圈宽度 19 mm
全轴长	271	58 mm+45 mm+78 mm+46 mm+10 mm+15 mm+19 mm=271 mm

③ 传动零件的周向固定。

齿轮及链轮处均采用普通型平键,其中齿轮处为键 14×70(GB/T 1096—2003);链轮处为键 10×50(GB/T 1096—2003)。

④ 其他尺寸。

为加工方便,并参照 7209C 型轴承的安装尺寸,轴上过渡圆角半径全部取 $r=1$ mm;轴端倒角为 2×45°。

(3) 轴的受力分析。

① 求轴传递的扭矩。

$$T = 9.55 \times 10^6 \frac{P}{n} = 9.55 \times 10^6 \times \frac{2.33}{104} \text{ N} \cdot \text{mm} = 214 \times 10^3 \text{ N} \cdot \text{mm}$$

② 求轴上作用力。

齿轮上的圆周力：

$$F_{t2} = \frac{2T}{d_2} = \frac{2 \times 214 \times 10^3}{300} \text{ N} = 1427 \text{ N}$$

齿轮上的径向力：

$$F_{r2} = \frac{F_{t2} \tan\alpha_n}{\cos\beta} = \frac{1427 \text{ N} \times \tan20°}{\cos8°3'20''} = 524.6 \text{ N}$$

齿轮上的轴向力：

$$F_{a2} = F_{t2} \tan\beta = 1427 \text{ N} \times \tan8°3'20'' = 202 \text{ N}$$

③ 确定轴的跨距。

由机械设计手册查得 7209C 型轴承的 a 值为 16.4 mm，故左右轴承的支反力作用点至齿轮力作用点的间距皆为

$$(0.5 \times 80 + 20 + 25 + 5 + 19 - 16.4) \text{ mm} = 67.6 \text{ mm}$$

链轮力作用点与右端轴承支反力作用点的间距为

$$(16.4 + 20 + 25 + 0.5 \times 60) \text{ mm} = 91.4 \text{ mm}$$

(4) 按当量弯矩校核轴的强度。

① 作轴的空间受力简图，见图 7-21(b)。

② 作水平面受力图及弯矩 M_H 图，见图 7-21(c)。

$$F_{AH} = \frac{Q \times 91.4 - F_{r2} \times 67.6 - F_{a2} \times \frac{d_2}{2}}{135.2}$$

$$= \frac{4000 \times 91.4 - 524.6 \times 67.6 - 202 \times \frac{300}{2}}{135.2} \text{ N} = 2217.7 \text{ N}$$

$$F_{BH} = \frac{Q \times 226.6 + F_{r2} \times 67.6 - F_{a2} \times \frac{d_2}{2}}{135.2}$$

$$= \frac{4000 \times 226.6 + 524.6 \times 67.6 - 202 \times \frac{300}{2}}{135.2} \text{ N} = 6742.3 \text{ N}$$

$$M_{CHL} = F_{AH} \times 67.6 = 2217.7 \times 67.6 \text{ N} \cdot \text{mm} = 149.9 \times 10^3 \text{ N} \cdot \text{mm}$$

$$M_{CHR} = M_{CHL} + F_{a2} \times \frac{d_2}{2} = 149.9 \times 10^3 \text{ N} \cdot \text{mm} + 202 \times \frac{300}{2} \text{ N} \cdot \text{mm} = 180.2 \times 10^3 \text{ N} \cdot \text{mm}$$

$$M_{BH} = Q \times 91.4 = 4000 \times 91.4 \text{ N} \cdot \text{mm} = 365.6 \times 10^3 \text{ N} \cdot \text{mm}$$

③ 作垂直面受力图及弯矩 M_V 图，见图 7-21(d)。

$$F_{AV} = F_{BV} = \frac{F_{t2}}{2} = \frac{1427}{2} \text{ N} = 713.5 \text{ N}$$

$$M_{CV} = F_{AV} \times 67.6 = 713.5 \times 67.6 \text{ N} \cdot \text{mm} = 48.2 \times 10^3 \text{ N} \cdot \text{mm}$$

④ 作合成总弯矩 M 图，见图 7-21(e)。

$$M_{CL} = \sqrt{M_{CHL}^2 + M_{CV}^2} = \sqrt{(149.9 \times 10^3)^2 + (48.2 \times 10^3)^2} \text{ N} \cdot \text{mm} = 157.5 \times 10^3 \text{ N} \cdot \text{mm}$$

$$M_{CR} = \sqrt{M_{CHR}^2 + M_{CV}^2} = \sqrt{(180.2 \times 10^3)^2 + (48.2 \times 10^3)^2} \text{ N} \cdot \text{mm} = 186.5 \times 10^3 \text{ N} \cdot \text{mm}$$

$$M_{\mathrm{B}} = \sqrt{M_{\mathrm{BH}}^2 + M_{\mathrm{BV}}^2} = \sqrt{(365.6 \times 10^3)^2 + 0^2}\ \mathrm{N \cdot mm} = 365.6 \times 10^3\ \mathrm{N \cdot mm}$$

⑤ 作扭矩 T 图,见图 7-21(f)。

$$T = 214 \times 10^3\ \mathrm{N \cdot mm}$$

⑥ 作当量弯矩图 M_{e},见图 7-21(g)。

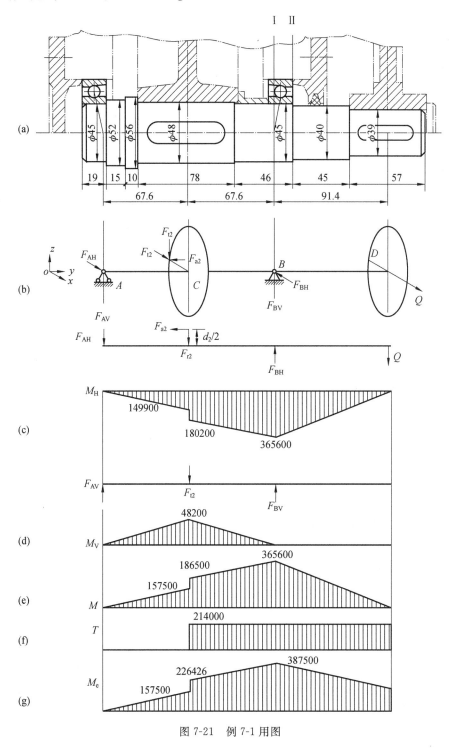

图 7-21　例 7-1 用图

⑦ 按当量弯矩校核轴的强度。

a. 由图 7-21(a)(g)可见，截面 I 处当量弯矩最大，故应对此校核。截面 I 处的当量弯矩为

$$M_{\mathrm{I}} = M_{\mathrm{Be}} = \sqrt{M_{\mathrm{B}}^2 + (\alpha T)^2}$$
$$= \sqrt{(365.6 \times 10^3)^2 + (0.6 \times 214 \times 10^3)^2} \ \mathrm{N \cdot mm}$$
$$= 387.5 \times 10^3 \ \mathrm{N \cdot mm}$$

由表 7-4 查得，对于 45 钢，$\sigma_\mathrm{b} = 600$ MPa，$[\sigma_{-1\mathrm{b}}] = 55$ MPa，故按式(7-5)得

$$\sigma_{\mathrm{Be}} = \frac{M_{\mathrm{Be}}}{0.1 d^3} = \frac{387.5 \times 10^3}{0.1 \times 45^3} \ \mathrm{MPa} = 42.5 \ \mathrm{MPa} < [\sigma_{-1}]，故轴的强度足够。$$

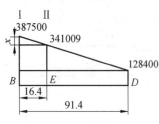

图 7-22　比例法求当量弯矩

b. 考虑 II 截面相对尺寸较 I 截面小，且当量弯矩也较大，故也应进行校核。在当量弯矩图上用比例法求 II 截面的当量弯矩 M_{II}，如图 7-22 所示。

$$M_{\mathrm{De}} = \sqrt{M_{\mathrm{D}}^2 + (\alpha T)^2} = \alpha T = 0.6 \times 214 \times 10^3 \ \mathrm{N \cdot mm}$$
$$= 128.4 \times 10^3 \ \mathrm{N \cdot mm}$$

II 截面距 I 截面 16.4 mm，间距为 91.4 mm，设 II 截面的当量弯矩比 I 截面的当量弯矩小，则

$$\frac{x}{16.4} = \frac{387500 - 128400}{91.4}$$

得

$$x = 46491 \ \mathrm{N \cdot mm}$$

II 截面的当量弯矩为

$$M_{\mathrm{II}} = M_{\mathrm{I}} - x = 387500 \ \mathrm{N \cdot mm} - 46491 \ \mathrm{N \cdot mm} = 341009 \ \mathrm{N \cdot mm}$$

则 II 截面即 E 点处当量应力为

$$\sigma_{\mathrm{Ee}} = \frac{M_{\mathrm{II}}}{0.1 d^3} = \frac{341009}{0.1 \times 40^3} \ \mathrm{MPa} = 53.3 \ \mathrm{MPa} < [\sigma_{-1\mathrm{b}}]$$

故轴的强度足够。

(5) 按安全系数法校核轴的强度。

如果单独使用安全系数校核法，上面当量弯矩校核法中的步骤①～⑤仍需进行，一般也需校核两个或更多截面。

通过前面的计算发现 II 截面更危险，且有应力集中，所以下面以 II 截面为例进行安全系数校核。

① 疲劳极限及等效系数。

a. 对称循环疲劳极限。由表 7-1 得

$$\sigma_{-1} = 240 \ \mathrm{MPa}$$
$$\tau_{-1} = 140 \ \mathrm{MPa}$$

b. 脉动循环疲劳极限。由表 7-1 得

$$\sigma_0 = 1.4 \sigma_{-1} = 1.4 \times 240 \ \mathrm{MPa} = 336 \ \mathrm{MPa}$$
$$\tau_0 = 1.5 \tau_{-1} = 1.5 \times 140 \ \mathrm{MPa} = 210 \ \mathrm{MPa}$$

c. 等效系数

$$\varphi_\sigma = \frac{2\sigma_{-1} - \sigma_0}{\sigma_0} = \frac{2 \times 240 - 336}{336} = 0.43$$

$$\varphi_\tau = \frac{2\tau_{-1} - \tau_0}{\tau_0} = \frac{2 \times 140 - 210}{210} = 0.33$$

② Ⅱ截面上的应力。

a. 弯矩：

$$M_{\text{Ⅱ}} = 341009 \text{ N} \cdot \text{mm}$$

b. 弯曲应力幅：

$$\sigma_a = \sigma = \frac{M_{\text{Ⅱ}}}{W} = \frac{341009}{0.1 \times 40^3} \text{ MPa} = 53.3 \text{ MPa}$$

c. 平均弯曲应力：

$$\sigma_m = 0$$

d. 扭切应力：

$$\tau = \frac{T}{W_T} = \frac{214000}{0.2 \times 40^3} \text{ MPa} = 16.7 \text{ MPa}$$

e. 扭切应力幅和平均扭切应力：

$$\tau_a = \tau_m = \frac{\tau}{2} = \frac{16.7}{2} \text{ MPa} = 8.36 \text{ MPa}$$

③ 应力集中系数。

a. 有效应力集中系数。因为该截面有轴径变化，过渡圆角半径 $r = 2$ mm，则

$$\frac{D-d}{r} = \frac{45-40}{2} = 2.5, \frac{r}{d} = \frac{2}{40} = 0.05, \sigma_b = 600 \text{ MPa}$$

故由附表 2 知，$K_\sigma = 1.685$，$K_\tau = 1.473$。

如果一个截面上有多种产生应力集中的结构，则分别求出其有效应力集中系数，从中取大值。

b. 表面状态系数。该截面表面粗糙度 $Ra = 3.2$ μm，$\sigma_b = 600$ MPa，由附表 7 知，$\beta = 0.925$。

c. 尺寸系数。由附表 5 知，$\varepsilon_\sigma = 0.88$，$\varepsilon_\tau = 0.81$。

④ 安全系数。

由式(7-7)至式(7-9)得

$$S_\sigma = \frac{\sigma_{-1}}{\dfrac{K_\sigma}{\beta\varepsilon_\sigma}\sigma_a + \varphi_\sigma\sigma_m} = \frac{240}{\dfrac{1.685}{0.925 \times 0.88} \times 53.3 + 0} = 2.18$$

$$S_\tau = \frac{\tau_{-1}}{\dfrac{K_\tau}{\beta\varepsilon_\tau}\tau_a + \varphi_\tau\tau_m} = \frac{140}{\dfrac{1.473}{0.925 \times 0.81} \times 8.36 + 0.33 \times 8.36} = 7.29$$

$$S_{ca} = \frac{S_\sigma \cdot S_\tau}{\sqrt{S_\sigma^2 + S_\tau^2}} = \frac{2.18 \times 7.29}{\sqrt{2.18^2 + 7.29^2}} = 2.09 > 1.5 = [S]$$

所以 Ⅱ 截面安全。至于其他截面的安全系数法校核，读者可按上述分析过程自行完成。

【例 7-2】 一钢制等直径轴，传递的扭矩 $T = 4000 \times 10^3$ N·m。已知轴的许用切应力$[\tau] = 40$ MPa，轴的长度 $l = 1700$ mm，轴在全长上的扭转角 φ 不得超过 1°，钢的切变模量 $G = 8 \times 10^4$ MPa，试求该轴的直径。

【解】 过程如下。

（1）按强度要求，应使

$$\tau = \frac{T}{W_T} = \frac{T}{0.2d^3} \leqslant [\tau]$$

故轴的直径为

$$d \geqslant \sqrt[3]{\frac{T}{0.2[\tau]}} = \sqrt[3]{\frac{4000 \times 10^3}{0.2 \times 40}}\ \text{mm} = 79.4\ \text{mm}$$

（2）按扭转刚度要求，应使

$$\varphi = \frac{Tl}{GI_P} = \frac{32Tl}{G\pi d^4} \leqslant \varphi$$

按题意 $l = 1700$ mm，在轴的全长上，$[\varphi] = 1° = \frac{\pi}{180}$ rad。故

$$d \geqslant \sqrt[4]{\frac{32Tl}{\pi G[\varphi]}} = \sqrt[4]{\frac{32 \times 4000 \times 10^3 \times 1700}{\pi \times 8 \times 10^4 \times \frac{\pi}{180}}}\ \text{mm} = 83.9\ \text{mm}$$

因此，该轴的直径取决于刚度要求，圆整后可取 $d = 85$ mm。

本 章 习 题

7-1　何为转轴、心轴和传动轴？自行车的前轴、中轴、后轴及脚踏板轴分别是什么轴？

7-2　试说明下面几种轴材料的适用场合：Q235-A,45,1Cr18Ni9Ti,QR600-2,40CrNi。

7-3　轴的强度计算方法有哪几种？各适用于何种情况？

7-4　按弯扭合成强度和按疲劳强度校核轴时，危险截面应如何确定？确定危险截面时考虑的因素有何区别？

7-5　为什么要进行轴的静强度校核计算？这时是否要考虑应力集中等因素的影响？

7-6　经校核发现轴的疲劳强度不符合要求时，在不增大轴径的条件下，可采取哪些措施来提高轴的疲劳强度？

7-7　何谓轴的临界转速？轴的弯曲振动临界转速大小与哪些因素有关？

7-8　何谓刚性轴？何谓挠性轴？设计高速运转的轴时，应如何考虑轴的工作转速范围？

7-9　图示为一台二级圆锥-圆柱齿轮减速器简图，输入轴由左端看为逆时针转动。已知 $F_{t1} = 5000$ N，$F_{r1} = 1690$ N，$F_{a1} = 676$ N，$d_{m1} = 120$ mm，$d_{m2} = 300$ mm，$F_{t3} = 10000$ N，$F_{r3} = 3751$ N，$F_{a3} = 2493$ N，$d_{m3} = 150$ mm，$l_1 = l_3 = 60$ mm，$l_2 = 120$ mm，$l_4 = l_5 = l_6 = 100$ mm。试画出输入轴的计算简图，计算轴的支承反力，画出轴的弯矩图和扭矩图，并将计算结果标在图中。

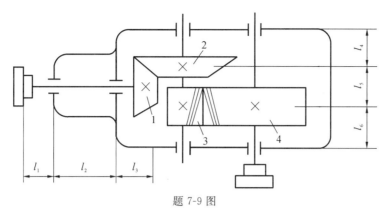

题 7-9 图

1,2—圆锥齿轮;3,4—斜齿圆柱齿轮

7-10　两级展开式斜齿圆柱齿轮减速器的中间轴的尺寸和结构如图所示。轴的材料为 45 钢,调质处理,轴单向运转,齿轮与轴均采用 H7/k6 配合,并采用圆头普通平键连接,轴肩处的圆角半径均为 $r=1.5$ mm。若已知轴所受扭矩 $T=292$ N·m,轴的弯矩图如图所示。试按弯扭合成理论验算轴上截面 I 和 II 的强度,并精确验算轴的疲劳强度。

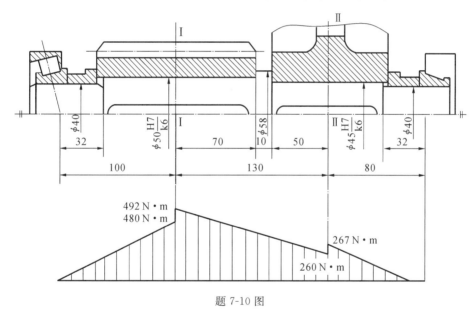

题 7-10 图

7-11　试指出图示小圆锥齿轮轴系中的错误结构,并画出正确结构图。

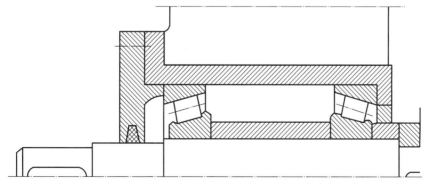

题 7-11 图

7-12　试指出图示斜齿圆柱齿轮轴系中的错误结构,并画出正确结构图。

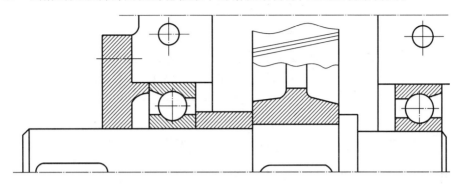

题 7-12 图

7-13　分析如图所示轴系结构中的错误,并加以改正。

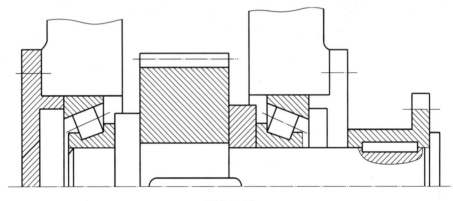

题 7-13 图

第8章 摩擦、磨损及滑动轴承

8.1 概 述

在正压力作用下,相互接触的两个物体受到切向外力的作用而产生相对切向运动或相对运动趋势时,在接触表面之间就会产生阻碍相对运动的力,这种现象叫作摩擦,这种阻碍相对运动的力叫作摩擦力。如果这种相对运动(趋势)是滑动,则称为滑动摩擦;如果这种相对运动(趋势)是滚动,则称为滚动摩擦。滑动摩擦中,如果两接触表面间有相对运动,则这种摩擦称为动摩擦;如果两接触表面间只有相对运动趋势,则这种摩擦称为静摩擦。

摩擦将导致能量的损耗、温度的升高及摩擦表面上物质的损失,这种由于摩擦而导致摩擦表面上物质的损失,叫作磨损。据估计,由于摩擦而失效的机械零件占失效机械零件总量的80%左右,全世界工业能源消耗量的30%多是由于克服摩擦而消耗的。摩擦除了有对机械运转有害的一面,也有有利的一面,如摩擦传动、各种运转机器的制动等都是利用摩擦工作的。

在机械中,支撑机器运转的轴承根据轴承相对运动表面间的摩擦形式可以分为滑动轴承和滚动轴承。虽然广泛采用滚动轴承,但在许多情况下又必须采用滑动轴承,这是因为滑动轴承具有一些滚动轴承不能替代的特点。

滑动轴承主要特点:
(1)结构简单,制造、装拆方便;
(2)具有良好的耐冲击性和吸振性能,运转平稳,旋转精度高;
(3)寿命长;
(4)可以做成剖分式结构;
(5)维护复杂,对润滑条件要求高;
(6)边界润滑轴承,摩擦损耗较大。

滑动轴承主要应用在高速、高精度、重载、结构上要求剖分等场合。如在航空发动机附件、仪表、金属切削机床、内燃机、车辆、轧钢机、雷达、卫星通信地面站及天文望远镜中,多采用滑动轴承。此外,工作在低速、有冲击和恶劣环境的机器,如水泥搅拌机、滚筒清砂机、破碎机等也常采用滑动轴承。

8.2　摩　　擦

摩擦可分两大类：一类是发生在物质内部，阻碍分子间相对运动的内摩擦；另一类是当相互接触的两个物体发生相对滑动或有相对滑动的趋势时，在接触表面上产生的阻碍相对滑动的外摩擦。根据摩擦表面间存在润滑剂的情况，又可将摩擦分为干摩擦、边界摩擦（边界润滑）、流体摩擦（流体润滑）及混合摩擦（混合润滑）。

1. 摩擦状态

1）干摩擦

干摩擦指表面间无任何润滑剂或保护膜的纯金属接触时的摩擦，如图 8-1（a）所示。此时，摩擦系数最大，通常摩擦系数 $\mu > 0.3$，会产生大的摩擦功损耗及严重的磨损，在滑动轴承中表现为强烈的升温，甚至把轴瓦烧毁。所以在滑动轴承中不允许出现干摩擦。

2）边界摩擦

两摩擦面间加入润滑油后，在金属表面会形成一层边界膜，它可能是物理吸附膜，也可能是化学反应膜。边界油膜很薄（厚度小于 1 μm），不足以将两金属表面分隔开来，在相互运动时，两金属表面微观的凸峰部分仍将相互接触，这种状态称为边界摩擦，如图 8-1（b）所示。由于边界膜也有一定的润滑作用，摩擦系数 $\mu = 0.1 \sim 0.3$，故磨损也较轻。但边界膜强度不高，在较大压力作用下容易破坏，而且温度高时强度显著降低，所以，使用中对压力、温度和运动速度要加以限制，否则边界膜被破坏，将会出现干摩擦状态，进而产生严重磨损。

3）流体摩擦

两摩擦表面被流体（液体或气体）完全隔开，如图 8-1（c）所示，此时，只有流体之间的摩擦，这种摩擦称为流体摩擦，属于内摩擦。这种摩擦是在流体内部分子之间进行的，此时不会发生金属表面的磨损，摩擦系数极小，是理想的摩擦状态。但实现流体摩擦必须具备一定的条件。

4）混合摩擦

两摩擦面间同时存在干摩擦、边界摩擦和流体摩擦的摩擦状态称为混合摩擦，如图 8-1（d）所示。

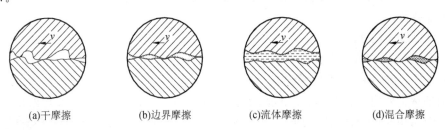

(a)干摩擦　　　　　(b)边界摩擦　　　　　(c)流体摩擦　　　　　(d)混合摩擦

图 8-1　摩擦状态

2. 干摩擦理论

干摩擦理论分为黏着理论和机械理论。

黏着理论是建立在大量实验的基础上的。实验表明，相互接触的两物体表面并不是完全接触的，实际接触面积只占名义接触面积的 $1/1000 \sim 1/100$，这使得接触区压力很高，从而使材料发生塑性变形，表面污染膜遭到破坏，进而使基体金属发生黏着现象，形成冷焊黏结点，如图 8-2(a)所示。当两摩擦表面发生相对滑动时,必须先将黏结点剪断,如图 8-2(b)所示。同时,当较硬的凸峰在较软的材料上滑过时,还将在较软的材料表面切出沟纹(犁沟),从而相对滑动时的摩擦力为上述两种因素所形成的阻力之和,如图 8-2(c)所示。由于后者相对来说较小,通常可以忽略。

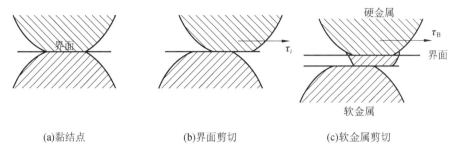

|(a)黏结点|(b)界面剪切|(c)软金属剪切|

图 8-2　冷焊黏结点及剪切

机械理论认为摩擦力是两表面凸峰的机械啮合力的总和,因而可解释为什么表面越粗糙摩擦力越大;分子-机械理论认为,摩擦力由表面凸峰间的机械啮合力和表面分子间相互吸引力两部分组成,所以这一理论可解释为什么当接触表面光滑时,摩擦力也会很大。但上述两种理论不能解释能量是如何被消耗的。

此外还有能量理论等。目前应用较多的是修正后的黏着理论。

3. 摩擦系数

在没有润滑的固体表面间,产生摩擦的主要原因是表面形貌的粗糙不平、表面间存在分子之间的吸引力和表面凸峰间的"焊-剪-刨"作用。在黏着中,设黏结点较软材料的剪切强度极限为 τ_B,压缩屈服极限为 σ_{sy},实际接触面积为 A_r,两表面间的压力为 F_n。则摩擦力为

$$F_\mu = A_r \tau_B$$

式中:$A_r = \dfrac{F_n}{\sigma_{sy}}$。

所以

$$F_\mu = A_r \tau_B = \frac{F_n}{\sigma_{sy}} \tau_B$$

修正后的黏着理论认为,接触表面间的摩擦系数 μ 为

$$\mu = \frac{F_\mu}{F_n} = \frac{\tau_B}{\sigma_{sy}} = \frac{界面剪切强度极限}{两种材料中较软材料的压缩屈服极限} \qquad (8\text{-}1)$$

影响摩擦系数的因素很多,主要包括摩擦副配对材料、表面膜、镀层或涂层的性质,滑动速度,环境温度,及表面粗糙度等。

流体润滑条件下,摩擦力(摩擦系数)的大小取决于流体的内摩擦力。边界润滑条件下,摩擦力的大小取决于表面膜的性质。对有机化合物物理吸附膜,主要由吸附膜的类型及分子参数决定。试验发现,当吸附膜中碳分子含量增加时,摩擦系数和磨损都减小。

4. 摩擦特性曲线

如前所述,流体摩擦状态是最理想的润滑状态;而干摩擦状态是恶劣的摩擦状态,在工程实际中应该避免干摩擦状态的出现;边界摩擦和混合摩擦是最常见的摩擦状态,也称为边界润滑状态和混合润滑状态。试验证明,随某些参数的改变,这些摩擦润滑状态是相互转化的。它们的摩擦系数 μ 与流体黏度 η、两摩擦表面相对滑动速度 v、单位面积上的载荷 p 之间的关

系如图 8-3 所示。

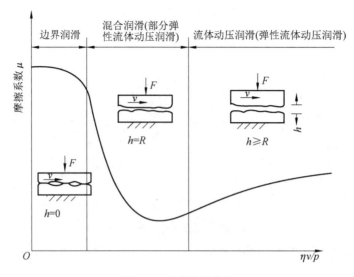

图 8-3　摩擦特性曲线

　　由图 8-3 可知,无量纲系数 $\eta v / p$ 由 0 逐渐增大时,油膜的厚度也逐渐增大,摩擦系数逐渐减小,润滑情况逐步得到改善。当 $\eta v / p$ 达到混合润滑区域的某一临界值时,摩擦系数达到最小值;当 $\eta v / p$ 继续增大时,摩擦系数很快进入流体动压润滑区,在流体动压润滑情况下,随着 $\eta v / p$ 的增大,摩擦系数也在缓慢增加,此时的摩擦是由于润滑剂的黏性内摩擦产生的,摩擦系数仍然很小。

8.3　磨　　损

1. 磨损过程及曲线

　　由于运动副之间的摩擦而导致零件表面材料的逐渐丧失或转移,即磨损。磨损会降低零件工作的可靠性,甚至使机器提前报废。因此,在设计时预先考虑如何避免或减轻磨损,以保证机器达到设计寿命,就具有很大的现实意义。磨损过程如图 8-4 所示。磨损大致可分为三个阶段:跑合磨损阶段、稳定磨损阶段和剧烈磨损阶段。

　　在跑合磨损阶段,由于机械加工的表面具有不同程度的粗糙度,而且在运转初期,相对运动表面的实际接触面积较小,单位面积上的实际载荷较大;因此,此阶段磨损速度较快,很快进入稳定磨损阶段。

　　在稳定磨损阶段,由于跑合后,尖峰高度降低,峰顶半径增大,尖顶变钝,实际接触面积增加,磨损速度降低,运动表面间以平稳缓慢的速度磨损。这个阶段的时间长短就代表零件使用寿命的长短。

　　在剧烈磨损阶段,经长时间的稳定磨损阶段后,机器各运动表面间的精度降低、间隙增大,从而产生振动、冲击和噪声,磨损加剧,温度升高,短时间内零件迅速报废。

　　在实际工程中,应尽量延长稳定磨损阶段,提高零件的使用寿命。

　　在正常情况下,零件经短期跑合磨损后,进入稳定磨损阶段,但若跑合磨损期压强过大、速度过高,润滑不良时,则跑合磨损期很短,并立即进入剧烈磨损阶段,使零件很快报废。在

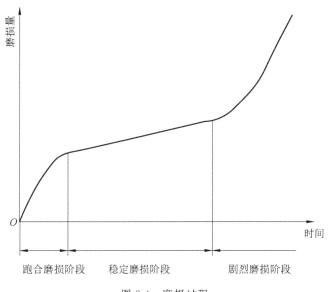

图 8-4　磨损过程

润滑油中加入一定的添加剂,可以缩短跑合磨损时间,提高跑合磨损后的质量。我们设计机器时的目标就是缩短跑合磨损时间,延长稳定磨损时间,拖后剧烈磨损期的到来。

2. 磨损分类及其影响

根据磨损机理来分类,磨损可分为黏着磨损、磨粒磨损、疲劳磨损,以及腐蚀磨损。磨损的机理及影响因素如下。

1) 黏着磨损

相对运动的两表面经常处于混合摩擦或边界摩擦状态。当载荷较大,相对运动速度较高时,边界膜可能被破坏,金属直接接触,形成黏结点。继续运动时会发生材料在表面间的转移、表面刮伤以至胶合。这种现象称为黏着磨损。黏着磨损与材料的硬度、相对滑动速度、工作温度,及载荷大小等因素有关。

2) 磨粒磨损

从外部进入摩擦面间的游离硬颗粒(如空气中的尘土或磨损造成的金属微粒),其硬的微凸峰尖在较软材料的表面上刨出很多沟纹,被移去的材料,一部分滑移至沟纹的两旁,一部分则形成一连串的碎片,脱落下来后成为新的游离颗粒,这样的微切削过程就叫磨粒磨损。影响这种磨损的因素主要有材料的硬度和磨粒的大小,一般情况下,材料的硬度越高,耐磨性越好;金属的磨损量随磨粒平均尺寸的增加而增大,随磨粒硬度的增高而加大。

3) 疲劳磨损

在循环接触应力作用下,零件表面会形成疲劳裂纹,随着应力循环次数的增加,裂纹逐步扩展进而使表面金属脱落,致使表面上出现许多凹坑,这种现象叫疲劳磨损,又称点蚀。点蚀使零件不能正常工作而失效。

4) 腐蚀磨损

摩擦副受到空气中的酸或润滑油、燃油中残存的少量无机酸(如硫酸),及水分的化学作用或电化学作用,在相对运动中造成表面材料的损失称为腐蚀磨损。

人们为了控制摩擦、磨损,提高机器效率,减小能量损失,降低材料消耗,保证机器工作的可靠性,已经找到了一个有效的手段——润滑。

8.4　润　滑

8.4.1　润滑剂的分类及其特点

在相对运动摩擦面间加入润滑剂可以降低摩擦、减少磨损、提高效率,同时还有冷却、减振、防锈和排污等作用。机械中所用的润滑剂有气体润滑剂、液体润滑剂、润滑脂和固体润滑剂。

1) 气体润滑剂

一般气体都可以作为润滑剂,最常用的是空气,其特点是黏度低、功耗少、温升小、黏度随温度变化小,故适于各种温度条件下的高速轴承的润滑,但承载能力低。

2) 液体润滑剂

液体润滑剂主要分为三类。一是有机油(动、植物油),因动、植物油中含有较多的硬脂酸,在边界润滑时有很好的润滑性能,但其稳定性差且来源有限,所以使用不多。二是矿物油,主要是石油产品,因其来源充足、成本低廉,适用范围广且稳定性好,故应用最多。三是化学合成油,合成油多是针对某种特定需要而制,适用面窄且费用极高,故应用很少。

3) 润滑脂

润滑脂是润滑油与稠化剂(如钙、钠、锂的金属皂)的膏状混合物。根据调制润滑脂所用皂基的不同,润滑脂主要有以下几类。

(1) 钙基润滑脂:具有良好的抗水性,但耐热能力差,工作温度不宜超过 65 ℃。

(2) 钠基润滑脂:具有较高的耐热性,工作温度可达 120 ℃,但抗水性差。由于它能与少量水乳化,从而保护金属免遭腐蚀,因此其比钙基润滑脂有更好的防锈能力。

(3) 锂基润滑脂:既能抗水又耐高温(工作温度不宜高于 145 ℃),但价格较贵。

4) 固体润滑剂

固体润滑剂分无机化合物(石墨、二硫化钼、硼砂等)与有机化合物(金属皂、动物脂等)两类,常将润滑剂粉末与胶黏剂混合起来使用,也可与金属或塑料等混合后制成自润滑复合材料使用。固体润滑剂适用于高温、大载荷,以及不宜采用液体润滑剂和润滑脂的场合。

8.4.2　润滑剂的性能指标

1. 流体润滑剂的性能指标

1) 黏度

流体(通常为液体)润滑剂黏度指流体抵抗剪切变形的能力,它表示流体内摩擦阻力的大小,是选择流体润滑剂的重要指标。

(1) 动力黏度。

如图 8-5(a)所示,在两个平行的平板间充满具有一定黏度的润滑油,若平板 A 以速度 v 移动,另一平板 B 静止不动,则润滑油呈层流流动,在各层间存在切应力。根据牛顿流体内摩擦定律,在流体各层流间的切应力与流体层流间速度梯度成正比,即

$$\tau = -\eta \frac{\mathrm{d}v}{\mathrm{d}y} \tag{8-2}$$

式中:τ——流体的切应力;

v——流体任意层处的速度；

$\dfrac{\mathrm{d}v}{\mathrm{d}y}$——流体各层流间的速度梯度；

η——比例系数,即流体的动力黏度或绝对黏度。式中,"-"表示切应力的方向与相对速度方向相反。

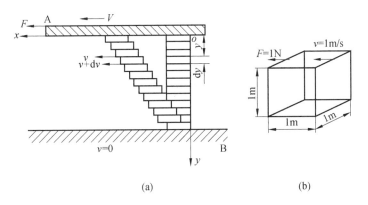

图 8-5　油膜中的黏性流动的动力黏度

如图 8-5(b)所示,相距 1 m,面积各为 1 m² 的两层平行液体间,产生 1 m/s 的相对滑动速度所需要的切向力为 1 N 时,则这种液体的动力黏度为 1 N·s/m²,动力黏度的国际单位是 Pa·s(帕·秒),1 Pa·s＝1 N·s/m²。

(2) 运动黏度。

工程上把同温度下动力黏度 η 与流体密度 ρ 的比值 η/ρ 称为润滑剂的运动黏度 v,记为 $v＝\eta/\rho$。在国际单位制中,ρ 的单位为 kg/m³,所以运动黏度的单位为 m²/s,工程上常用 mm²/s(cSt,厘斯)。

(3) 相对黏度。

用润滑油与水作比较所测得的黏度,称为相对黏度,我国常用恩氏黏度。在一定温度下,200 cm³ 的油样流过直径为 2.8 mm 的孔所需时间与同体积 20 ℃ 的蒸馏水流过 2.8 mm 的孔所需时间的比值,即该油样的恩氏黏度,以符号 °E 表示。°E20 表示测定温度为 20 ℃。

对工业用润滑油的黏度分类,新旧标准不同,运动黏度新标准是以 40 ℃ 为基础,而旧标准是以 50 ℃ 或 100 ℃ 为基础。其标准的黏度牌号分类、运动黏度中心值及相应范围列于表 8-1 中。

表 8-1　工业用润滑油标准的黏度牌号分类、运动黏度中心值及相应范围

黏度牌号	40 ℃时运动黏度中心值/(mm²/s)	40 ℃时运动黏度范围/(mm²/s)	黏度牌号	40 ℃时运动黏度中心值/(mm²/s)	40 ℃时运动黏度范围/(mm²/s)
2	2.2	1.98～2.42	68	68	61.2～74.8
3	3.2	2.88～3.52	100	100	90.0～110
5	4.6	4.14～5.06	150	150	135～165
7	6.8	6.12～7.48	220	220	198～242
10	10	9.00～11.0	320	320	288～352
15	15	13.5～16.5	460	460	414～506

续表

黏度牌号	40 ℃时运动黏度中心值/(mm²/s)	40 ℃时运动黏度范围/(mm²/s)	黏度牌号	40 ℃时运动黏度中心值/(mm²/s)	40 ℃时运动黏度范围/(mm²/s)
22	22	19.8～24.2	680	680	612～748
32	32	28.8～35.2	1000	1000	900～1100
46	46	41.4～50.6	1500	1500	1350～1650

（4）润滑油黏度与温度、压力之间的关系。

影响润滑油黏度的主要因素是温度和压力，其中温度的影响最显著。润滑油的黏度随温度变化而变化，温度愈高，黏度愈小。常用黏度指数来衡量黏度随温度变化的程度，黏度指数大，黏度随温度变化小，品质越高。图 8-6 给出了压力不变的情况下，几种润滑油的黏度随温度变化的曲线。

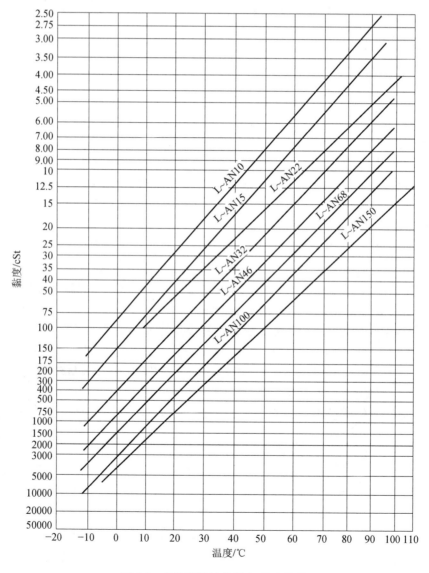

图 8-6　几种润滑油的黏度-温度特性

压力对润滑油的黏度也有影响。黏度随压力的增高而增大,但对润滑油来说,在低压时变化很小,可忽略不计。高压(大于 5 MPa)时,影响较大,特别是在弹性流体动压润滑中不容忽视。试验研究表明,油的黏度随压力和温度变化可用式(8-3)表示,即

$$\eta = \eta_0 \, e^{[\alpha p - \beta(T - T_0)]} \tag{8-3}$$

式中:α——黏压系数;

β——黏温系数;

T——工作温度;

T_0——环境温度;

η——工作压力和工作温度下的黏度;

η_0——正常大气压和常温下的黏度;

p——工作压强,MPa。

2)油性

润滑油能在金属摩擦表面形成吸附膜的性能称为油性。油性越好,越有利于边界润滑。

3)凝点

润滑油冷却到不能流动的温度称为凝点。低温工作的场合应选凝点低的润滑油。

4)闪点

润滑油蒸汽在火焰下闪烁的温度称为闪点。高温工况的场合应选闪点高的润滑油。

2. 润滑脂的性质指标

1)滴点

润滑脂受热开始滴下的温度称为滴点。润滑脂的工作温度至少要低于滴点 20 ℃。

2)锥入度(针入度)

质量为 150 g 的标准锥体,于 25 ℃恒温下,由润滑脂表面经 5 s 后锥入润滑脂的深度称为锥入度(针入度)。锥入度是润滑脂稠度指标。锥入度越小,稠度越大、流动性越小,承载能力越强,密封越好,但摩擦阻力也越大。

8.4.3 润滑剂的选择

润滑剂中,用得最多的是润滑油和润滑脂。选择滑动轴承的润滑油时,主要考虑黏度和油性两项性能指标。对液体摩擦轴承,黏度起主要作用,对不完全液体摩擦轴承,油性起主要作用(主要是吸附性)。

由于目前油性尚无具体性能指标,因此,对不完全液体摩擦轴承,通常也是参考黏度来选择润滑油。当转速高、压强小时,可选黏度低的润滑油;反之,应选黏度高的润滑油。在高温环境下工作时,选择高黏度的润滑油;反之,选择低黏度的润滑油。

对于要求不高、难以经常供油或摆动工作的不完全液体摩擦轴承,通常采用润滑脂润滑。

钙基润滑脂有良好的抗水性,但耐热能力差,工作温度不宜超过 65 ℃;钠基润滑脂有较高的耐热性,工作温度可达 120 ℃,但抗水性差;锂基润滑脂既能抗水,又能在较高温度下工作,适用于−20~120 ℃的环境,但价格较贵。

普通润滑剂在工作条件恶劣的情况下将很快恶化变质,为了提高油的品质和性能,通常在润滑剂中加入少量的添加剂,以改变润滑剂的性能:主要是提高油性、工作能力,推迟老化,改善物理性能(如降低凝点、提高黏度、改进黏度-温度特性等)。常用的润滑油添加剂有硫系、磷系、氯系和复合添加剂。

8.5　滑动轴承的主要结构形式

滑动轴承按摩擦状态分为液体摩擦轴承和处于混合摩擦状态的非液体摩擦轴承,按所受载荷的方向分为径向滑动轴承和推力滑动轴承。

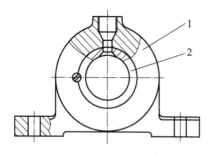

图 8-7　整体式径向滑动轴承
1—轴承座;2—轴套

1. 径向滑动轴承

径向滑动轴承被用来承受径向载荷。径向滑动轴承的结构形式主要有整体式和剖分式两大类。

1) 整体式径向滑动轴承

图 8-7 所示为整体式径向滑动轴承的典型结构,由轴承座 1 和轴套 2 组成。轴套压装在轴承座中。轴承座用螺栓与机座连接,顶部设有安装注油油杯的螺纹孔。这种轴承结构简单、成本低,但磨损后间隙过大时无法调整,且轴颈只能从端部装入,安装不方便。因此,整体式轴承常用于低速、轻载及间歇工作的机械中,如手动机械、农业机械等。

2) 剖分式径向滑动轴承

如图 8-8 所示,剖分式径向滑动轴承由双头螺柱 1、剖分轴瓦 2、轴承盖 3 和轴承座 4 等组成。根据所受载荷的方向,剖分面应尽量取在垂直于载荷的直径平面内,通常为 180°剖分。当剖分面为水平面时,轴承称为对开式正滑动轴承(见图 8-8(a)),当剖分面与水平面成一定角度时,轴承称为对开式斜滑动轴承(见图 8-8(b))。为防止轴承盖和轴承座错位并便于装配时对中,轴承盖和轴承座的剖分面均制成阶梯状。剖分式径向滑动轴承在拆装轴时,轴颈不需要轴向移动,拆装方便。适当增减轴瓦剖分面间的调整垫片,可调节轴颈与轴承间的间隙。间隙调整后修刮轴瓦。图 8-8 中给出的 35°角为允许载荷方向偏转的范围。

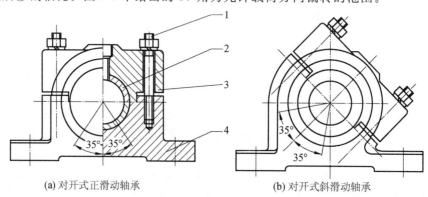

(a) 对开式正滑动轴承　　　　　　　　　　(b) 对开式斜滑动轴承

图 8-8　剖分式径向滑动轴承
1—双头螺柱;2—剖分轴瓦;3—轴承盖;4—轴承座

2. 推力滑动轴承

推力滑动轴承用来承受轴向载荷。最简单的结构形式如图 8-9(a)所示,轴颈端面与止推轴瓦组成摩擦副。由于工作面上相对滑动速度不等,越靠近中心处相对滑动速度越小,摩擦越轻;越靠近边缘处相对滑动速度越大,摩擦越重,会造成工作面上压强分布不均。经常设计成如图 8-9(a)所示的空心轴颈。为避免工作面上压强严重不均,通常采用环状端面(见图 8-9

（b）和图 8-9（c））。当载荷较大时，可采用多环轴颈，如图 8-9（d）所示，这种结构的轴承能承受双向载荷。推力环数目不宜过多，一般为 2～5 个，否则载荷分布不均现象更严重。

　　上述结构形式的推力轴承由于轴颈端面与止推轴瓦之间为平行平面的相对滑动，不易形成流体动力润滑，故轴承通常处在边界润滑状态下工作，多用于低速、轻载机械。

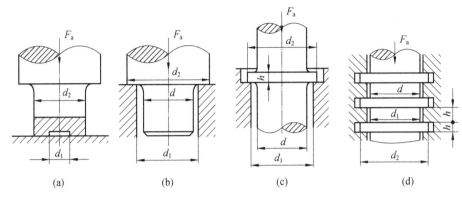

图 8-9　推力滑动轴承

8.6　滑动轴承的失效形式和常用材料

1. 滑动轴承的失效形式

滑动轴承工作时，都是在一定的压力下，轴瓦（或轴承衬）以一定的速度和轴颈做相对运动。因此，滑动轴承最常见的失效形式是轴瓦磨损和胶合（烧瓦）。其他常见的失效形式还有压溃、疲劳剥落、腐蚀和刮伤等。

2. 滑动轴承的常用材料

滑动轴承材料指在轴承结构中直接参与摩擦部分的材料，如轴瓦和轴承衬套的材料。因此，这里直接对轴承轴瓦材料相关内容进行介绍。

1) 对轴承轴瓦材料的要求

（1）足够的疲劳强度和抗压强度，以保证轴瓦在变载荷作用下有足够的使用寿命和防止产生过大的塑性变形。

（2）有良好的减摩性、耐磨性，即要求摩擦系数小，轴瓦磨损小。

（3）较好的抗胶合性，以防止因摩擦热使油膜破裂后造成胶合。

（4）要有较好的顺应性和嵌藏性，顺应性指轴瓦顺应轴的弯曲及其他几何误差的能力，嵌藏性指轴瓦材料容纳润滑油中微小的固体颗粒，以避免轴瓦和轴颈被刮伤的能力。

（5）对润滑油要有较好的吸附能力，以易于形成边界膜。

（6）轴瓦材料应具有良好的导热性。

（7）选择轴瓦材料还要考虑经济性、加工工艺性、塑性和耐腐蚀性等。

应该指出的是，任何一种材料很难全面满足这些要求。因此选用轴承材料时，应根据轴承具体工作情况，选用较合适的材料。通常做成双金属或三金属的轴瓦，以便在轴瓦性能上取长补短。

2) 常见的轴承轴瓦材料及其性质

轴承轴瓦材料可分为三大类：金属材料、粉末冶金材料和非金属材料。

（1）轴承合金。

轴承合金也称巴氏合金或白合金，是优良的轴瓦材料，分锡锑轴承合金和铅锑轴承合金两大类。前者抗腐蚀能力强，边界摩擦时抗胶合能力强，与钢背结合得比较牢固，但其价格较高，常用于高速、重载轴承；后者抗腐蚀能力较差，故宜采用不引起腐蚀作用的润滑油，以免导致轴承的腐蚀。

轴承合金顺应性和嵌藏性好，但强度低，且价格较高，为了提高轴瓦强度和节约材料，一般只用来作为双金属或三金属轴瓦时轴承衬材料。

（2）青铜。

在一般机械中，有50％的滑动轴承采用青铜材料。青铜的强度高，承载能力大，耐磨性和导热性都优于轴承合金。它可以在较高的温度（250 ℃）下工作；但可塑性差，不易跑合，与之相配轴颈必须淬硬。

青铜可单独做成轴瓦。为了节省有色金属，也可将青铜浇铸在钢或铸铁轴瓦内壁上。用作轴瓦材料的青铜，主要有锡磷青铜、锡锌铅青铜和铝铁青铜。在一般情况下，它们分别用于中速重载、中速中载和低速重载的轴承上。

（3）铸铁。

铸铁可用作轻载、低速轴承的轴瓦材料。铸铁中的石墨成分可以形成一层起润滑作用的石墨层，这种自润滑性能是这类材料可以用作轴瓦材料的主要原因。

（4）粉末冶金。

粉末冶金是金属粉末加石墨经高压成型再经高温烧制而成的含有孔隙的轴承材料，孔隙内可贮存润滑油，可做成含油轴承，具有自润滑性能，但由于其韧性较小，故宜用于平稳无冲击载荷及中低速度情况下。常用的含油轴承材料有青铜-石墨、铁-石墨两种。

（5）非金属材料。

非金属材料以塑料用得最多。塑料具有摩擦系数小，可塑性与跑合性好，耐磨损、耐腐蚀，可用水、油及化学溶液润滑等优点。但其导热性差，线膨胀系数较大，容易变形。为改善这些缺陷，可将薄层塑料作为轴承衬材料黏附在金属轴瓦上使用。

常用轴承轴瓦材料的性能及比较见表8-2。

表 8-2　常用轴承轴瓦材料的性能及比较

材料	牌号	$[p]$/MPa	$[v]$/(m/s)	$[pv]$/(MPa·m/s)	轴颈硬度/HBS	特性及用途举例
铸锡基轴承合金	ZSnSb11Cu6 ZSnSb12Pb10-Cu4	25（平稳）	80	20（100）	27	用作轴承衬，用于重载、高速、温度低于110 ℃的重要轴承，如汽轮机、大于750 kW的电动机、内燃机、高转速的机床主轴的轴承等
		20（冲击）	60	15		
铸铅基轴承合金	ZPbSb16Sn16Cu2	15	12	10	30	用于不剧变的重载、高速的轴承，如车床、发电机、压缩机、轧钢机等的轴承，温度低于120 ℃
	ZPbSb15Sn10	20	15	15	20	用于在冲击负荷 $pv<10$ MPa·m/s 或稳定负荷 $p\leqslant$ 20 MPa 下工作的轴承，如汽轮机、中等功率的电动机、拖拉机、发动机、空压机的轴承

续表

材料	牌号	$[p]$/MPa	$[v]$/(m/s)	$[pv]$/(MPa·m/s)	轴颈硬度/HBS	特性及用途举例
铸造青铜	ZCuPb5Sn5Zn5	8	3	10	50~100	锡锌铅青铜,用于中载、中速工作的轴承,如减速器、起重机的轴承及机床的一般主轴承
	ZCuAl10Fe5Ni5	30	8	12	120~140	铝铁青铜,用于受冲击负荷处,轴承温度可至300 ℃,轴颈经淬火。不低于300 HBS
	ZCuPb30	25(平稳)	12	30(90)	25	铅青铜,浇注在钢轴瓦上做轴承衬。可受很大的冲击载荷,也适用于精密机床主轴轴承
		15(冲击)	8	(60)		
铸造黄铜	ZCuZn38Mn2Pb2	10	1	10	68~78	锰铅黄铜的轴瓦,用于冲击及平稳负荷的轴承,如起重机、机车、掘土机、破碎机的轴承
铸锌铝合金	ZAlZn11Si7	20	9	16	80~90	用于75 kW以下的减速器、各种轧钢机轧辊轴承,工作温度低于80 ℃
灰铸铁	HT150	4	0.5		163~241	用于不受冲击的轻负荷轴承
	HT200	2	1			
	HT250	1	2			
球墨铸铁	QT500-7	0.5~12	5~1.0	2.5~12	170~230	球墨铸铁,用于经热处理的轴相配合的轴承
	QT450-10				160~210	球墨铸铁,用于不经淬火的轴相配合的轴承
铁质陶瓷(含油轴承)		56	缓慢、间歇或摇动	定期给油0.5,较少而足够的润滑1.8,润滑充足4	50~85	常用于载荷平稳、低速及加油不方便处,轴颈最好淬火,径向间隙为轴颈的0.15%~0.2%
		21	0.125			
		4.9~4.8	0.25~0.75			
		2.1	0.75~1			
尼龙6 尼龙66 尼龙1010			5	0.09 无润滑		尼龙轴承自润性、耐腐性、耐磨性、减振性等都较好,而导热性不好,吸水性大,线膨胀系数大,尺寸稳定性不好,适用于速度不高或散热条件好的地方
				1.6(油连续工作),2.5(滴油间歇工作)		
橡胶		0.35	10	0.4		常用于给排水、泥浆等工业设备中,能隔振、消声、补偿误差,但导热性差,需加强冷却

注　括号中的$[pv]$值为极限值,其余为润滑良好时的一般值。

8.7　滑动轴承的轴瓦结构

　　轴瓦是滑动轴承的主要零件,设计轴承时,除了选择合适的轴瓦材料以外,还应该合理地设计轴瓦结构,否则会影响滑动轴承的工作性能。当采用贵重金属材料制作轴瓦时,为了节省贵重材料和增加强度,常在轴瓦基体(钢或铜)内表面上浇铸一层轴承合金作为轴承衬,基体叫瓦背。瓦背强度高,轴承衬减摩性好,两者结合起来构成令人满意的轴瓦。轴承衬应可靠地贴合在轴瓦基体表面上,为此可采用如图 8-10 所示的接合形式。轴承衬厚度通常为零点几毫米到 6 毫米,直径大的取大值。

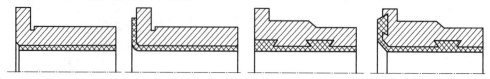

图 8-10　轴瓦与轴承衬的接合形式

　　整体式轴瓦如图 8-11 所示。其中,图 8-11(a)所示为无油沟的轴瓦,8-11(b)所示为有油沟的轴瓦。轴瓦和轴承座一般采用过盈配合。为连接可靠,可在配合表面的端部用紧定螺钉固定,如图 8-11(c)所示。轴瓦外径与内径之比一般取值为 1.15~1.2。

　　剖分式轴瓦如图 8-12 所示。轴瓦两端的凸缘用来实现轴向定位,周向定位采用定位销,也可以根据轴瓦厚度采用其他定位方法。轴瓦厚度为 b,轴颈直径为 d,一般取 $b/d > 0.05$。

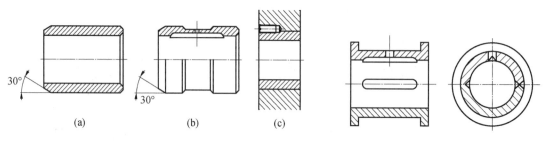

图 8-11　整体式轴瓦　　　　　　　　　　　　　　图 8-12　剖分式轴瓦

　　为了便于向摩擦表面间加注润滑剂,在轴承上方开设注油孔。为了便于向摩擦表面输送和分布润滑剂,在轴瓦内表面开有油沟。图 8-13 所示是几种常见的油沟(非承载区轴瓦)。轴向油沟也可开在轴瓦剖分面上(见图 8-12)。油沟的形状和位置影响轴承中油膜压力分布情况。设计油沟时必须注意以下问题:轴向油沟长度应短于轴承宽度,以免润滑剂流失过多,油沟长度一般为轴承宽度的 80%;液体摩擦轴承的油沟应开在非承载区,周向油沟应开在轴承的两端,以免影响轴承的承载能力(见图 8-14)。

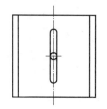 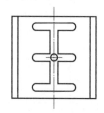 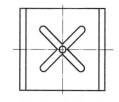

图 8-13　油沟(非承载区轴瓦)

对某些受载较大的轴承,为使润滑剂沿轴向能较均匀地分布,在轴瓦内开有油室。油室的形式有多种,图 8-15 所示为两种形式的油室。图 8-15(a)所示为开在整个非承载区的油室;图 8-15(b)所示为开在两侧的油室,适于载荷方向变化或轴经常正、反向旋转的轴承。

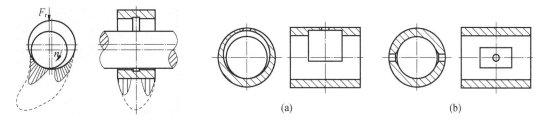

图 8-14　油沟位置对承载能力的影响　　　　图 8-15　油室的位置与形状

8.8　非液体摩擦滑动轴承的设计计算

非液体滑动轴承工作在混合摩擦状态下,如果边界膜破坏,将产生干摩擦,摩擦系数增大,磨损加剧,严重时导致胶合。所以在非液体摩擦滑动轴承中主要失效形式是磨损和胶合。保持边界膜不被破坏十分重要,而边界膜的强度除了与润滑油的油性有关,也与轴瓦材料、摩擦表面的压力和温度有关。温度高,压力大,边界膜容易破坏。因此应限制温度和压力。由于影响因素多而复杂,目前只能进行条件性计算。

1. 非液体摩擦径向滑动轴承的计算

进行滑动轴承计算时,已知条件通常是轴径承受的径向载荷 F_r、轴的转速 n、轴颈的直径 d(由轴的强度计算和结构设计确定)和轴承的工作条件。轴承计算实际是确定轴承的宽径比 B/d(一般取 $B/d = 0.5 \sim 1.5$),选择轴承材料,然后进行以下三种条件性验算。

1)验算压强 p 值

限制轴承压强 p,以保证润滑油不被过大的压力挤出,从而避免轴瓦产生过度磨损。所以应保证压强不超过允许值[p],即

$$p = \frac{F_r}{Bd} \leqslant [p] \tag{8-4}$$

式中:F_r——作用在轴颈上的径向载荷,N;

　　　d——轴颈的直径,mm;

　　　B——轴承宽度,mm;

　　　[p]——许用压强,MPa,由表 8-2 查取。

如果式(8.4)不能满足,则应另选材料改变[p]或增大 B,重新计算。

2)验算 pv 值

轴承温度的升高是由摩擦功耗引起的,若压强为 p,线速度为 v,摩擦系数为 μ,则单位时间内单位面积上的摩擦功可视为 μpv,因此可以通过限制表征摩擦功的特征值 pv 来限制摩擦功耗。其限制条件为

$$pv = \frac{F_r}{Bd} \cdot \frac{\pi dn}{60 \times 1000} = \frac{\pi n F_r}{60 \times 1000 B} \leqslant [pv] \tag{8-5}$$

式中:n——轴颈转速,r/min;

　　　[pv]——pv 的许用值,MPa·m/s,由表 8-2 查取;

其他符号同式(8-4)中。

对于速度很低的轴,可以不验算 pv,只验算 p。同样,如果 pv 值不满足式(8-5),也应重选材料或改变 B。

3) 验算速度 v

对于跨距较大的轴,装配误差或轴的挠曲变形会造成轴及轴瓦在边缘接触,局部压强很大,这时只验算 p 和 pv 并不能保证安全可靠,因为 p 和 pv 都是平均值。因此要验算 v 值,应使

$$v = \frac{\pi dn}{60 \times 1000} \leqslant [v] \tag{8-6}$$

式中:$[v]$——轴颈线速度的许用值,m/s,由表 8-2 查取;

其他符号同式(8-4)和式(8-5)中。

如 v 值不满足式(8-6),应另选材料或增加$[v]$。

2. 非液体摩擦推力滑动轴承的计算

推力滑动轴承的计算准则与径向滑动轴承相同。

1) 验算压强 p

$$p = \frac{F_a}{Z \frac{\pi}{4}(d^2 - d_0^2)k} \leqslant [p] \tag{8-7}$$

式中:F_a——作用在轴承上的轴向力,N;

d,d_0——环形推力面的外圆直径和内圆直径,mm;

Z——推力环数目;

$[p]$——许用压强,MPa,对于多环推力轴承,轴向载荷在各推力环上分配不均匀,表 8-2 中$[p]$值应降低 50%;

k——表征环形推力面上的油沟使推力的面积减小的系数,通常取 $k=0.9\sim0.95$。

2) 验算 pv_m 值

$$pv_m \leqslant [pv_m] \tag{8-8}$$

式中:v_m——环形推力面的平均线速度,m/s,其值为

$$v_m = \frac{\pi d_m n}{60 \times 1000} \tag{8-9}$$

式中:d_m——环形推力面的平均直径,mm,$d_m=(d+d_0)/2$;

$[pv_m]$——pv_m 的许用值,由于该特征值是用平均直径计算的,轴承推力环边缘上的速度较大,所以$[pv_m]$值应较表 8-2 中给出的$[pv]$值低一些。

如以上几项计算不满足要求,可改选轴瓦材料,或改变几何参数。

8.9　液体摩擦动压径向滑动轴承的设计计算

在摩擦表面之间维持一定厚度的润滑油膜,使相对运动的两摩擦表面完全隔开,这种轴承称为液体摩擦轴承。依靠摩擦表面间的相对运动速度和油的黏性而在油膜中自动产生压力场,并以此油膜压力平衡外载荷,从而保持一定油膜厚度的轴承称为液体动压轴承。

本节将讨论流体动压润滑的基本理论(其基本方程为雷诺方程)及其在液体摩擦动压径向滑动轴承设计中的应用。

8.9.1　流体动压润滑的基本理论

1. 流体动压润滑的基本方程——雷诺方程

如图 8-16 所示，两板被润滑油分开，移动件以
速度 V 沿 x 方向移动，另一板静止不动。假设润滑
油不可压缩，z 方向无限长，在 z 向没有流动；忽略
温度、压力对润滑油黏度的影响；忽略重力和惯性
力的影响；润滑油按层流流动；油与工作表面吸附
牢固，表面油分子随工作表面一同运动或静止。

取微单元体进行分析，因润滑油沿 z 方向不流
动，故微单元体前后面压强相等。而作用于左右面的

压强分别为 p 和 $(p + \frac{\partial p}{\partial x} dx)$，上下面的切应力分别为

τ 和 $(\tau + \frac{\partial \tau}{\partial y} dy)$。$x$ 方向匀速运动，根据力系平衡，得

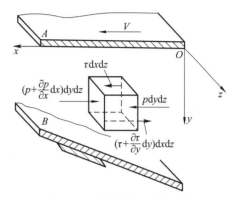

图 8-16　两平板间油膜场中微
单元体受力分析模型

$$p\,\mathrm{d}y\mathrm{d}z + \tau\,\mathrm{d}x\mathrm{d}z - \left(p + \frac{\partial p}{\partial x}\mathrm{d}x\right)\mathrm{d}y\mathrm{d}z - \left(\tau + \frac{\partial \tau}{\partial y}\mathrm{d}y\right)\mathrm{d}x\mathrm{d}z = 0 \tag{8-10}$$

整理后得

$$\frac{\partial p}{\partial x} = -\frac{\partial \tau}{\partial y} \tag{8-11}$$

由牛顿黏性定律知 $\tau = -\eta \frac{\partial v}{\partial y}$，代入式（8-11），得

$$\frac{\partial p}{\partial x} = \eta \cdot \frac{\partial^2 v}{\partial y^2} \tag{8-12}$$

积分得

$$v = \frac{1}{2\eta}\left(\frac{\partial p}{\partial x}\right)y^2 + C_1 y + C_2 \tag{8-13}$$

根据边界条件：

当 $y = 0$ 时，$v = V$，则 $C_2 = V$；

当 $y = h$（h 为相应于所取单元体处的油膜厚度）时，$v = 0$，则 $C_1 = -\frac{h}{2\eta} \cdot \frac{\partial p}{\partial x} - \frac{V}{h}$。

将 C_1 和 C_2 代入式（8-13）得

$$v = \frac{V(h-y)}{h} - \frac{(h-y)y}{2\eta} \cdot \frac{\partial p}{\partial x} \tag{8-14}$$

式（8-14）反映了润滑油速度分布规律：油层的流速由两部分组成，式中前项表示由剪切
流引起呈线性分布的速度，后项表示由压力流引起呈抛物线分布的速度。

不计侧漏，沿 x 方向，任一截面单位宽度的流量 q 为

$$q = \int_0^h v\,\mathrm{d}y = \int_0^h \left[\frac{V(h-y)}{h} - \frac{y(h-y)}{2\eta} \cdot \frac{\partial p}{\partial x}\right]\mathrm{d}y$$

$$= \frac{Vh}{2} - \frac{h^3}{12\eta} \cdot \frac{\partial p}{\partial x}$$

设油压最大处的油膜厚度为 h_0（即 $\frac{\partial p}{\partial x} = 0$ 时 $h = h_0$），则在此截面处的流量为

$$q = \frac{V}{2}h_0$$

润滑油连续流动时流量不变,则

$$\frac{V}{2}h_0 = \frac{V}{2}h - \frac{h^3}{12\eta} \cdot \frac{\partial p}{\partial x}$$

整理后得

$$\frac{\partial p}{\partial x} = 6\eta V \frac{h - h_0}{h^3} \tag{8-15}$$

式(8-15)为一维雷诺方程。

2. 油膜承载机理

一维雷诺方程是计算液体动压润滑的基本方程。从公式可看出油膜压力的变化与润滑油的黏度、表面间滑动速度、油膜厚度(间隙)有关,利用这一公式可求出油膜上各点压力,根据油压分布可算出油膜的承载能力。

首先分析两平行板的情况。如图 8-17(a)所示,静板不动,动板以速度 v 向左运动,板间充满润滑油,润滑油做层流运动。由于任何截面的油膜厚度 $h = h_0$,也即 $\frac{\partial p}{\partial x} = 0$,这表明平行油膜各处油压总是等于入口和出口压力,此时两板间润滑油的速度呈三角形分布,两板间带进的油量等于带出的油量,润滑油维持连续流动,动板不会下沉。但若动板上承受载荷 F 时,油将向两边挤出(见图 8-17(b)),于是动板逐渐下沉,直到与静板接触。这说明两平行板之间不可能承受载荷,即不能形成液体摩擦状态。

如果动板与静板不平行,当动板仍以速度 v 运动时,板间的间隙沿板的运动方向由大到小呈收敛楔形,如图 8-18 所示。在油膜厚度 h_0 的右边,$h > h_0$,根据式(8-15)可知,$\frac{\partial p}{\partial x} > 0$,则油压随着 x 的增加而增加;同理,在油膜厚度 h_0 的左边 $h < h_0$,$\frac{\partial p}{\partial x} < 0$,则油压随着 x 的增加而减少。此时,油楔内各处的油压都大于入口和出口的压力,产生正压力以支承外载。由于润滑油是不可压缩的,入口的油量等于出口的油量,因此油层速度不再呈三角形分布,而是进口端润滑油的速度图形向内凹,出口端润滑油的速度图形向外凸,呈图 8-18 中实线所示的曲线分布。间隙内形成的液体压力将与外载荷 F 平衡,使动板不会下沉,这就说明在间隙内形成了压力油膜。这种借助相对运动在两板间隙中形成的压力油膜称为动压油膜。

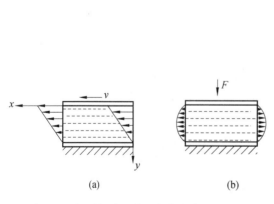

图 8-17　板平行时油膜承载能力分析示意图

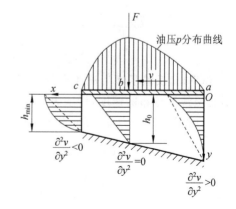

图 8-18　板不平行时油膜承载能力分析示意图

根据以上分析可知,形成动压油膜的必要条件如下:

(1) 相对滑动表面之间必须形成收敛形间隙(通称油楔);

(2) 被油膜分开的两表面要有一定的相对滑动速度,并使润滑油从大口流入,从小口流出;

(3) 间隙间要充满具有一定黏度的润滑油。

8.9.2　液体动力润滑径向滑动轴承的计算

1. 滑动轴承动压油膜形成过程

如图 8-19(a)所示,轴颈在静止时,轴颈处于轴承孔的最下方的稳定位置。此时两表面间自然形成一弯曲的楔形空间。

当轴颈开始转动时,速度极低,轴颈和轴承主要是金属相接触。此时产生的摩擦为金属间的直接摩擦。轴承对轴颈的摩擦力的方向与轴颈表面的圆周速度方向相反,迫使轴颈向右滚动而偏移(见图 8-19(b))。随着转速的增大,轴颈表面的圆周速度增大,带入楔形空间的油量也逐渐增多,则金属接触面被润滑油分隔开的面积也逐渐加大,因而摩擦阻力就逐渐减小,于是轴颈又向左下方移动。

当转速增加到一定大小之后,已能带入足够将金属接触面分开的油量,油层内的压力已建立到能支承轴颈上外载荷的程度,轴承就开始按照液体摩擦状态工作。由于油压的作用,轴颈抬起且偏向左边(见图 8-19(c))。此时,由于轴承内的摩擦阻力仅为液体的内阻力,故摩擦系数达到最小值。

当轴颈转速进一步加大时,轴颈表面的速度亦进一步加大,油层内的压力进一步升高,轴颈也被抬高,使轴颈的中心更接近于孔的中心,油楔角度也就随之减小,内压则跟着下降,直到内压的合力再次与外载荷相平衡为止(见图 8-19(d))。

从理论上说,只有当轴颈转速 $n=\infty$ 时,轴颈中心才会与孔中心重合(见图 8-19(e)),这是很明显的。而当两中心重合时,两表面之间的间隙处处相等,已无油楔存在,当然也就失去平衡外载荷的能力。故在有限转速时,永远达不到两中心重合的程度。

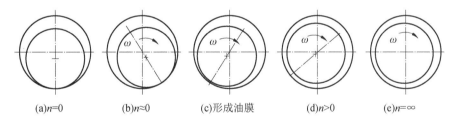

(a)$n=0$　　　(b)$n\approx 0$　　　(c)形成油膜　　　(d)$n>0$　　　(e)$n=\infty$

图 8-19　向心滑动轴承的工作状况

动压轴承的承载能力与轴颈的转速、润滑油的黏度、轴承的宽径比、楔形间隙尺寸等有关。为获得液体摩擦必须保证一定的油膜厚度,而油膜厚度又受到轴颈和轴承孔表面粗糙度、轴的刚性及轴承、轴颈的几何形状误差等限制,因此需要进行一定的设计计算。

2. 几何计算

图 8-20 所示为轴承工作时轴颈的位置示意图。轴颈中心与轴承孔中心的连线 oo_1 与外载荷 F 方向的夹角为 φ_a,轴承孔半径为 R,轴颈半径为 r,则半径间隙 $\delta=R-r$,相对间隙 $\psi=\dfrac{\delta}{r}$。轴颈稳定运转时其中心 o 与轴承孔中心 o_1 的距离称为偏心距 e,把偏心距与半径间隙的比值称为偏心率,用 χ 表示,即 $\chi=\dfrac{e}{\delta}$。

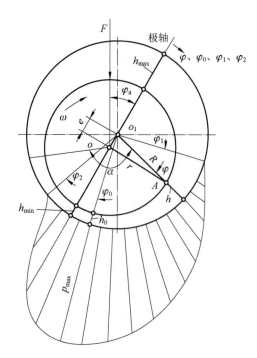

图 8-20　轴承工作时轴颈的位置示意图

现以轴颈中心 o 为极坐标的极点,轴颈中心与轴承孔中心的连线 oo_1 为极轴,对应任意角 φ 处的油膜厚度 h 可以在 $\triangle Aoo_1$ 中求得,有

$$h \approx R - r + e\cos\varphi = \delta(1 + \chi\cos\varphi)$$
$$= r\psi(1 + \chi\cos\varphi) \tag{8-16}$$

最小油膜厚度为 h_{min},此时 $\varphi = \pi$,则

$$h_{min} = \delta - e = \delta(1 - \chi) = r\psi(1 - \chi) \tag{8-17}$$

压力最大处油膜厚度为 h_0,则

$$h_0 = r\psi(1 + \chi\cos\varphi_0) \tag{8-18}$$

3. 判断润滑的流动状态

液体动压润滑的雷诺方程是建立在层流流动基础上的。设计时应该判断轴承的液体润滑是否处于层流状态。因此,要对雷诺数 Re 进行校核。对于径向滑动轴承,层流条件是

$$Re = \frac{\rho v\delta}{\eta} \leqslant 41.3\sqrt{\frac{1}{\psi}} \tag{8-19}$$

式中:Re——雷诺数,无量纲;

v——轴颈速度,m/s；

η——动力黏度,Pa·s；

δ——半径间隙,m；

ρ——流体密度,kg/m³。

如果不满足上述公式,则应按湍流设计计算。

4. 承载能力和索氏数 S_0

轴承的结构直接影响轴承的承载能力。若假设轴承宽度为无限宽,不考虑润滑油沿轴承的轴向流动,则无限宽轴承工作时的油膜压力可用式(8-15)计算。如图 8-20 所示,假设在轴承楔形间隙内,油膜压力的起始角为 φ_1,油膜压力的终止角为 φ_2,在 $\varphi = \varphi_0$ 处油膜压力最大。为了便于计算轴承的承载能力,现在将一维雷诺方程改为极坐标形式,设 $dx = rd\varphi, V = v$,并将式(8-16)和式(8-18)代入式(8-15)中,整理后得

$$\frac{dp}{d\varphi} = 6\eta\frac{v}{r\psi^2} \cdot \frac{\chi(\cos\varphi - \cos\varphi_0)}{(1 + \chi\cos\varphi)^3} \tag{8-20}$$

将式(8-20)积分,可得任意 φ 角处的油膜压强为

$$p_\varphi = 6\eta\frac{v}{r\psi^2}\int_{\varphi_1}^{\varphi}\frac{\chi(\cos\varphi - \cos\varphi_0)}{(1 + \chi\cos\varphi)^3}d\varphi$$

在 φ_1 和 φ_2 区间内,沿外载荷方向单位宽度的油膜力为

$$p_{\varphi y} = p_\varphi\cos[180° - (\varphi + \varphi_a)] = p_\varphi[-\cos(\varphi + \varphi_a)]$$

$$F_{B=1} = \int_{\varphi_1}^{\varphi_2}p_\varphi\cos[180° - (\varphi + \varphi_a)]rd\varphi$$

$$= 6\eta\frac{v}{r\psi^2}\int_{\varphi_1}^{\varphi_2}\left[\int_{\varphi_1}^{\varphi}\frac{\chi(\cos\varphi - \cos\varphi_0)}{(1 + \chi\cos\varphi)^3}d\varphi\right]\cos[180° - (\varphi + \varphi_a)]rd\varphi \tag{8-21}$$

将式(8-21)乘以轴承宽度 B,将 $r = d/2, v = r\omega$ 代入,经整理得有限宽度轴承不考虑端泄

时的油膜承载力与外载荷 F 平衡，即

$$F = 3\chi \frac{Bd\eta\omega}{\psi^2} \int_{\varphi_1}^{\varphi_2} \left[\int_{\varphi_1}^{\varphi} \frac{(\cos\varphi - \cos\varphi_0)}{(1 + \chi\cos\varphi)^3} \mathrm{d}\varphi \right] \cos[180° - (\varphi + \varphi_a)] \mathrm{d}\varphi \qquad (8\text{-}22)$$

整理得

$$\frac{F\psi^2}{Bd\eta\omega} = 3\chi \int_{\varphi_1}^{\varphi_2} \left[\int_{\varphi_1}^{\varphi} \frac{(\cos\varphi - \cos\varphi_0)}{(1 + \chi\cos\varphi)^3} \mathrm{d}\varphi \right] \cos[180° - (\varphi + \varphi_a)] \mathrm{d}\varphi \qquad (8\text{-}23)$$

式(8-23)右端的值称为索氏数，用 S_0 表示。索氏数是无量纲数群 $\left(S_0 = \dfrac{F\psi^2}{Bd\eta\omega} \right)$，是轴承包角 $\varphi_2 - \varphi_1$ 和偏心率 χ 的函数，建议的单位为 F——N，B、d——m，η——Pa·s，ω——rad/s。调整各参数间的大小可以改变承载能力，例如，在允许的情况下减小相对间隙 ψ，提高润滑油的动力黏度 η，都有利于提高承载能力 F。

实际承载力比式(8-22)求得的低，因为端泄不可避免，因此在实际计算中，常用图 8-21 所示曲线图进行计算，图中给出了轴承包角 $\varphi_2 - \varphi_1 = 180°$ 时的 S_0-χ 曲线。此时，索氏数 S_0 为偏心率 χ 和宽径比 B/d 的函数。B/d 减小，端泄增大，S_0 减小；当其他参数不变时，减小 S_0，承载力减小；当 B/d 一定时，χ 增大，S_0 也增大，则承载力增大，但最小油膜厚度 $h_{min} = r\psi(1-x)$ 很小，为安全运转，必须满足 $h_{min} \geq [h_{min}]$。为保证轴承能获得完全液体摩擦，避免轴颈和轴瓦直接接触，$[h_{min}] = (Rz_1 + Rz_2) \times 10^{-6}$(m)，其中 Rz_1、Rz_2 分别为轴颈和轴瓦表面微观不平度十点高度，Rz 的大小与加工方法有关，见表 8-3。考虑到轴颈和轴瓦的制造和安装误差及变形等因素，一般用安全系数 S 来评判油膜厚度，要求 $S = \dfrac{h_{min}}{Rz_1 + Rz_2} \geq 2$，这也是形成液体动压润滑的充分条件。

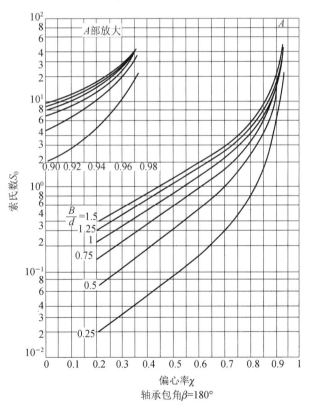

图 8-21　动压径向滑动轴承 S_0-χ 曲线

表 8-3　表面微观不平度十点高度 Rz

加工方法	精车或精镗、中等抛光、刮（每 1 cm² 内有 1.5～3 个点）	铰、精磨、刮（每 1 cm² 内有 3～5 个点）	钻石刀头镗、研磨	研磨、抛光、超精加工等
$Rz/\mu m$	＞3.2～6.3	＞0.8～3.2	＞0.2～0.8	～0.2

5. 热平衡计算

滑动轴承在完全液体摩擦状态下工作时，液体内摩擦功将转化为热量，引起轴承升温，使润滑油黏度下降，从而导致轴承不能正常工作，严重时会产生抱轴事故。因此，必须进行热平衡计算，控制温升不超过许用值。

摩擦功产生的热量，一部分被流动的润滑油带走，一部分由轴承座散发到周围空气中。因此滑动轴承的热平衡条件是，单位时间内轴承发热量与散热量相等，即

$$\mu F v = c\rho q_v \Delta t + \pi d B \alpha_S \Delta t \tag{8-24}$$

式中：q_v——润滑油体积流量，m^3/s；

　　　μ——液体摩擦系数；

　　　Δt——润滑油的温升，℃，流出与流入轴承间隙的润滑油的温差；

　　　c——润滑油的比热，通常为 1680～2100 $J/(kg \cdot ℃)$；

　　　ρ——润滑油密度，通常为 850～900 kg/m^3；

　　　α_S——轴承散热系数，根据轴承的结构、尺寸和工作条件而定。轻型轴承及散热条件不好的轴承 $\alpha_S = 50 \ J/m^2 \cdot s \cdot ℃$；中型轴承及一般条件下工作的轴承 $\alpha_S = 80 \ J/m^2 \cdot s \cdot ℃$；重型轴承及散热条件良好的轴承，$\alpha_S = 140 \ J/m^2 \cdot s \cdot ℃$。

热平衡时，润滑油的温升为

$$\Delta t = t_2 - t_1 = \frac{\mu F v}{c\rho q_v + \pi d B \alpha_S} = \frac{\dfrac{\mu F}{\psi B d}}{c\rho \left(\dfrac{q_v}{\psi v B d}\right) + \dfrac{\pi \alpha_S}{\psi v}}$$

$$= \frac{\left(\dfrac{\mu}{\psi}\right)\left(\dfrac{F}{B d}\right)}{2c\rho \dfrac{d}{B}\left(\dfrac{q_v}{\psi d^3 \omega}\right) + \dfrac{\pi \alpha_S}{\psi v}} = \frac{\overline{\mu} p}{2c\rho \dfrac{d}{B} \overline{q_v} + \dfrac{\pi \alpha_S}{\psi v}} \tag{8-25}$$

式中：$\overline{\mu}$——摩擦特性系数，$\overline{\mu} = \dfrac{\mu}{\psi}$；

$\overline{q_v}$——流量系数，$\overline{q_v} = \dfrac{q_v}{\psi d^3 \omega}$。$\overline{\mu}$、$\overline{q_v}$ 为无量纲系数，是宽径比 B/d 和偏心率 χ 的函数，如图 8-22 和图 8-23 所示。

式(8-25)只是求出了润滑油的平均温差，实际上润滑油从入口到出口，温度是逐渐升高的，因而油的黏度各处不同。计算轴承承载能力时，应采用润滑油平均温度下的黏度。平均温度为

$$t_m = t_1 + \frac{\Delta t}{2} \tag{8-26}$$

一般平均温度不应超过 75 ℃。平均温度可以在设计时先假定，并进行初步设计。最后通过热平衡计算来校核轴承入口处的温度 t_1，一般入口温度控制在 35～45 ℃。如果不满足要求，则需要重新设计。

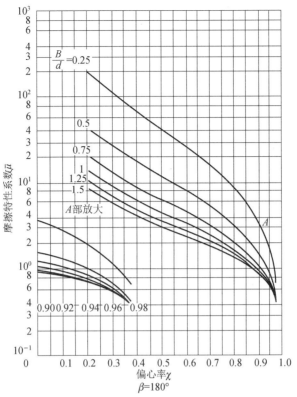

图 8-22 动压径向滑动轴承摩擦特性系数

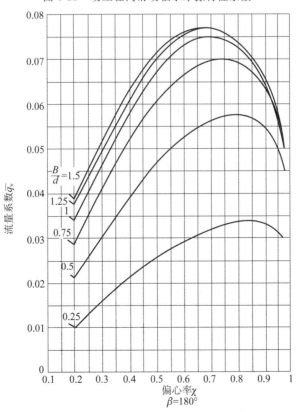

图 8-23 动压径向滑动轴承的流量系数

6. 参数选择

轴承孔和轴颈直径公称尺寸是相同的,轴颈直径由轴尺寸和结构而定,应该满足强度和刚度要求,还应满足润滑及散热条件。此外,轴承设计中还需要选择宽径比 B/d、相对间隙 ψ 和润滑油黏度 η' 等参数。

1) 宽径比 B/d

宽径比对轴承承载能力、耗油量和轴承温升影响极大。常用 $B/d = 0.5 \sim 1.5$。宽径比小,则占空间越小,有利于提高轴颈运转稳定性,端泄量大而温升小,但是轴承承载力也小。对于高速重载轴承,B/d 取小值以增加端泄避免温升过高;对于低速重载轴承,B/d 取大值以提供轴承刚度;对于高速轻载轴承,如果对轴承无刚度要求,则 B/d 可取小值,如对刚度要求较高,则 B/d 可取大值,如齿轮减速器可取 $1.0 \sim 2.0$。

2) 相对间隙 ψ

相对间隙是影响轴承工作性能的一个主要参数,轴承承载能力与 ψ^2 成反比。一般而言,相对间隙小,轴承承载能力高,运转更加平稳。通常根据载荷、轴颈速度选取 ψ。载荷大,ψ 应该取小值,以提高轴承承载能力;轴颈速度高,ψ 应取大值,增大流量,降低温升;旋转精度要求高,ψ 应该取小值。设计时,ψ 值可按下列经验公式计算:

$$\psi = (0.6 \sim 1.0)\sqrt[4]{v} \times 10^{-3} \tag{8-27}$$

3) 润滑油黏度 η'

润滑油黏度对轴承的承载能力、功率损失、轴承温升等影响很大。润滑油的工作温度直接影响润滑油工作黏度。工作温度高,则工作黏度下降,承载能力降低;反之承载能力提高。润滑油黏度一般可按下式粗估:

$$\eta' = \frac{1}{10 \times \sqrt[3]{n/60}} \tag{8-28}$$

由此值再求运动黏度,并选择润滑油牌号。

8.10　滑动轴承的润滑方式

为保证轴承良好的润滑状态,除合理地选择润滑剂外,合理地选择润滑方法和润滑装置也是十分重要的。下面介绍常用的润滑方法和润滑装置。

1. 油润滑的润滑方法

油润滑的润滑方法有间歇供油润滑和连续供油润滑两种。

间歇供油润滑有手工油壶注油和油杯注油供油。这种润滑方法只适用于低速不重要的轴承或间歇工作的轴承。

对于重要轴承,必须采用连续供油润滑。连续供油润滑方法及装置主要有以下几种:

(1) 油杯滴油润滑。图 8-24、图 8-25 所示分别为针阀油杯和芯捻油杯。针阀油杯可调节油滴速度以改变供油量,在轴承停止工作时,可通过油杯上部手柄关闭油杯,停止供油。芯捻油杯利用毛细管作用将油引到轴承工作表面上,这种方法不易调节供油量。

(2) 浸油润滑。将部分轴承直接浸入油池中润滑,如图 8-26 所示。

(3) 飞溅润滑。飞溅润滑主要用于润滑如减速器、内燃机等机械中的轴承。通常直接利用传动齿轮或甩油环(见图 8-27),将油池中的润滑油溅到轴承上或箱壁上,再经油沟导入轴承工作面以润滑轴承。采用传动齿轮溅油来润滑轴承,齿轮圆周速度 $v \geqslant 2$ m/s;采用甩油环溅油来润滑轴承,适用于转速为 $500 \sim 3000$ r/min 的水平轴上的轴承,转速太低,油环不能把油溅起,而转速太高,油环上的油会被甩掉。

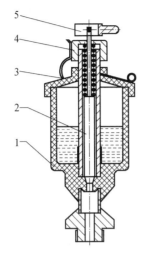

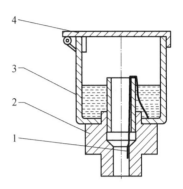

图 8-24　针阀油杯
1—杯体;2—针阀;3—弹簧;4—调节螺母;5—手柄

图 8-25　芯捻油杯
1—油芯;2—接头;3—杯体;4—盖

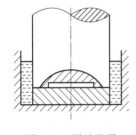

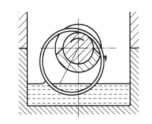

图 8-26　浸油润滑

图 8-27　油环润滑

(4)压力循环润滑。如图 8-28 所示,压力循环润滑是一种强制润滑方法。油泵将一定压力的油经油路导入轴承,润滑油经轴承两端流回油池,构成循环润滑。这种供油方法供油量充足,润滑可靠,并有冷却和冲洗轴承的作用;但润滑装置结构复杂、费用较高,常用于重载、高速或载荷变化较大的轴承中。

2. 脂润滑的润滑方法

润滑脂只能间歇供给。常用润滑装置有如图 8-29 所示的旋盖油杯。旋盖油杯靠旋紧杯盖将杯内润滑脂压入轴承工作面;压注油杯靠油枪压注润滑脂至轴承工作面。

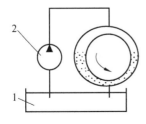

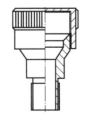

图 8-28　压力循环润滑
1—油箱;2—油泵

图 8-29　旋盖油杯

滑动轴承的润滑方式可以根据以下公式选择:

$$k = \sqrt{pv^3} \tag{8-29}$$

式中：p——轴颈上的平均压强，MPa，$p = \dfrac{F_r}{Bd}$；

　　　v——轴颈的线速度，m/s。

　　$k \leqslant 2$，用润滑脂，油杯润滑；$k = 2 \sim 16$，用针阀油杯润滑；$k = 16 \sim 32$，用油环或飞溅润滑；$k \geqslant 32$，用压力循环润滑。

8.11　液体动压润滑推力轴承的设计计算

　　承受轴向力的轴承称为推力轴承。如果推力轴承两摩擦面相互平行，则不易形成动压润滑油膜。所以通常采用如图 8-30 所示的结构形式（本图为固定轴瓦）。该结构轴承的轴瓦被沿径向分成若干块（通常为三块以上的奇数）扇形轴瓦，且有一定的倾斜角度，以有利于动压油膜的形成。需要时还可以把轴瓦制成可以摆动的活动轴瓦（见图 8-31），这种主要适用于工作情况经常变化的各种推力轴承，它能随工作情况的变化自动调节轴瓦的倾斜角度，以利于油膜的形成和承载。

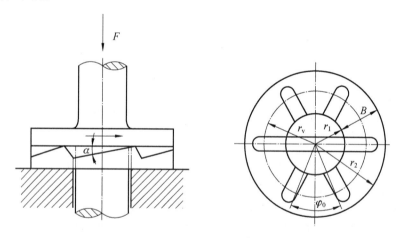

图 8-30　固定轴瓦推力轴承

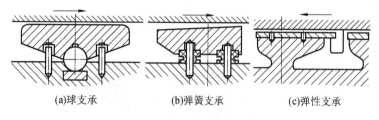

(a)球支承　　　　　(b)弹簧支承　　　　　(c)弹性支承

图 8-31　摆动轴瓦推力轴承

　　液体动压润滑推力轴承的设计计算与径向轴承的设计计算类似。固定式倾斜轴瓦结构形状和油膜厚度如图 8-32 所示。入口处的油膜厚度为 h_2，出口处的油膜厚度为 h_1，轴瓦内径 D_1 略大于轴颈，轴瓦表面的许用平均压强 $[p] = 1.5 \sim 3.5$ MPa，填充系数 $k_z = L/L_a$，一般 $k_z = 0.7 \sim 0.85$，k_z 值选得小些可以增加流量，降低进油温度。其中 L、L_a 为平均直径 D_m 上的弧长。

　　轴瓦数 z 最少为 3 块，通常为 6～12 块，瓦数多，流量大，承载能力低，温升小。

　　设计时取轴承外径 $D_2 = (1.5 \sim 2)D_1$，轴承宽度 $B = (D_2 - D_1)/2$。图 8-32 中，λ 常取 0.8，$h_2/h_1 = 1.8 \sim 3$，这时轴承的承载能力趋向于最大。固定轴瓦推力轴承的承载能力的大小可以用索氏数表示，即

$$S_0 = \frac{ph_1^2}{\eta v B} \tag{8-30}$$

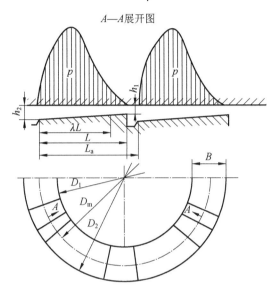

图 8-32　固定式倾斜轴瓦结构形状和油膜厚度

式中：p——环形推动面上的压强，$p = \dfrac{F}{BLz}$，Pa；

　　　v——轴颈线速度，$v = \dfrac{\pi D_m n}{60}$，m/s；

　　　n——轴颈转速，r/min；

　　　L、B、h_1 的单位均为 m。

　　根据 L/B 和 h_2/h_1，可由图 8-33 查得索氏数，从而求得 h_1。

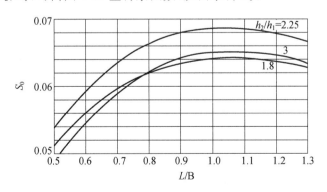

图 8-33　固定轴瓦推力轴承的索氏数 S_0

　　轴承的摩擦系数为

$$\mu = M \sqrt{\frac{\eta v}{Bp}} \tag{8-31}$$

对于 $L/B=0.5\sim1.3$，$h_2/h_1=1.8\sim3$ 的推力轴承，式(8-31)中：

$$M = M_1 \sqrt{\frac{1 + 0.45 M_1 (L/B)^2}{L/B}}$$

式中：$M_1 = 1.95 + 0.83 \left[1 - 0.6\left(\dfrac{h_2}{h_1} - 1\right)\right]^2$。

轴承的供应油量为

$$q_v \approx 0.7 B h_1 vz \quad (\mathrm{m^3/s})$$

轴承的润滑油温升为

$$\Delta t = t_2 - t_1 = \frac{\mu F v}{c \rho q_v + \alpha_S A} \quad (℃)$$

式中：A——散热面积，其他参数的意义及数据与向心轴承的相同。

8.12 其他形式滑动轴承简介

液体静压轴承采用高压油泵把高压油送到轴承间隙里，强制形成油膜，靠液体的静压平衡外载荷。液体静压轴承也有径向轴承和推力轴承之分。

1. 液体静压径向轴承工作原理

图 8-34 所示为液体静压径向轴承的工作原理。压力为 P_s 的高压油经节流器降压后流入四个相同并对称的油腔。设忽略轴及轴上零件的质量，当无外载荷时，四个油腔的油压相等，即 $P_1 = P_2 = P_3 = P_4$，轴颈中心将位于轴承中心。当载荷 F 作用于轴承时，轴颈将向下偏移，下油腔间隙减小，间隙处油的阻力增大，流量减小，因而润滑油流过下部节流器时的压力也将减小，但由于油泵的压力 P_s 保持不变，所以下部油腔的压力 P_3 将加大。与此相反，上油腔的压力 P_1 将减小。轴承在上下两个油腔之间形成一个压力差 $P_3 - P_1$，以平衡载荷 F。

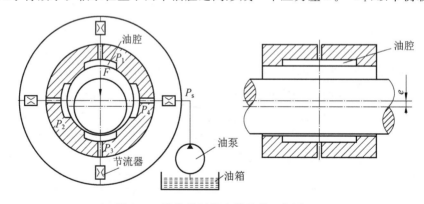

图 8-34 液体静压径向轴承的工作原理

2. 液体静压推力轴承工作原理

图 8-35 所示为液体静压推力轴承的工作原理。上部为轴颈，下部为轴承，轴承上开有油腔，轴颈直径大于油腔直径。如果没有油层，则轴颈与轴承将在一环形平面上接触。当压力为 P_s 的高压油经节流器降压后流入油腔时，将把轴颈抬高 h，油腔内各处压力均为 P_c。流入油腔的油经环形面之间的间隙(间隙高度为 h)而流出。高压油不断供给，以保证环形面间永远保持此间隙。轴颈下表面受油压作用，油压 P_c 与外载荷 F 相平衡，则此轴承就在液体摩擦

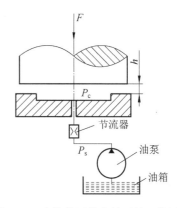

状态下工作。当外载荷 F 增大时,环形面间间隙 h 将减小,阻力增大,油流量减小,流经节流器的油压力将减小,因此在供油压力不变的条件下,油腔内压力 P_c 将增大。与此相反,当外载荷 F 减小时,油腔内压力 P_c 将减小,与外载荷 F 达到新的平衡。

3. 液体静压轴承的主要特点

（1）润滑状态和油膜压力与轴颈转速的关系很小,即使轴颈不转也可以形成油膜。转速变化和转向改变对油膜刚性的影响很小。

（2）提高油压 P_s 就可以提高承载能力,在重载条件下也可以获得液体润滑。

图 8-35　液体静压推力轴承的工作原理

（3）由于机器在启动前就能建立润滑油膜,因此启动力矩小。

液体静压轴承特别适用于低速、重载、高精度,以及经常启动、换向而又要求良好润滑的场合,但需要附加一套复杂而又可靠的供油装置,非必要时不采用。

本 章 习 题

8-1　滑动轴承的主要失效形式有哪些?

8-2　一般轴承的宽径比在什么范围内?

8-3　滑动轴承上开设油沟应注意哪些问题?

8-4　在非液体摩擦滑动轴承设计中,限制 p 值的主要目的是什么?

8-5　在非液体摩擦滑动轴承设计中,限制 pv 值的主要目的是什么?

8-6　液体动压油膜形成的必要条件是什么?

第9章 滚动轴承

9.1 概　　述

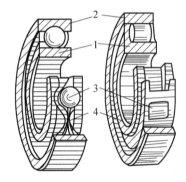

图 9-1　向心轴承的结构

1—内圈；2—外圈；3—滚动体；4—保持架

滚动轴承是机器中用于旋转或摆动的零件。在滚动摩擦下工作的轴承称为滚动轴承。它是在国际范围内标准化最广，并在大量生产中制造最集中的一类零件。目前，滚动轴承代表着机器中的主要支撑形式。设计机器时只需根据工作条件，选用合适类型和尺寸的滚动轴承并进行合理的轴承组合设计即可。

滚动轴承的基本结构可用图 9-1 来说明。它由内圈 1、外圈 2、滚动体 3 和保持架 4 组成。内圈通常装配在轴上随轴一起旋转，外圈通常装在轴承座孔内，保持架可使滚动体均匀地分布在轴承导圈内。

滚动体的形状是多种多样的，常用的有球、圆柱、圆锥及球面形状。它的数量、形状及大小直接影响滚动轴承的承载能力及使用性能。滚动体内、外圈材料应具有高的硬度和接触疲劳强度，良好的耐磨性和冲击韧性。一般用含铬的合金钢制造，如 GCr15 或 GCr15SiMn 等，经热处理后硬度达 HRC 60～66，工作表面须经磨削和抛光。保持架用减摩材料制成，如低碳钢、有色金属、塑料等。滚动轴承可以没有内、外圈，也可以没有保持架，但不能没有滚动体，因此，滚动体是滚动轴承的基本元件。

同滑动轴承相比，滚动轴承的主要优点如下：

（1）摩擦力矩和发热较小。在通常的速度范围内，摩擦力矩很少随速度而变化，启动扭矩比滑动轴承低很多。

（2）维护比较方便，润滑剂消耗较少。

（3）有色金属的使用少，对与之配合的轴的材料和热处理要求较低。

其缺点：径向外廓尺寸大；接触应力高，因而其使用寿命有限且不一致；小批量生产成本高；减振能力不如滑动轴承。

9.2 滚动轴承的主要类型和特性

1. 滚动轴承的分类

1) 按轴承所能承受的载荷方向或公称接触角的不同分类

（1）向心轴承：主要用于承受径向载荷的滚动轴承，其公称接触角 α 为 $0°\sim45°$。按公称接触角不同，又有如下分类。

① 径向接触轴承：公称接触角为 $0°$ 的向心轴承。

② 向心角接触轴承：公称接触角为 $0<\alpha\leq45°$ 的向心轴承。

（2）推力轴承：主要用于承受轴向载荷的滚动轴承，其公称接触角为 $45°<\alpha<90°$。按公称接触角不同，又有如下分类。

① 轴向接触轴承：公称接触角为 $90°$ 的推力轴承。

② 推力角接触轴承：公称接触角大于 $45°$ 又小于 $90°$ 的推力轴承。

2) 按轴承滚动体的形状分类

（1）球轴承：滚动体为球。

（2）滚子轴承：滚动体为滚子。

3) 其他分类

按轴承承受载荷的方向、公称接触角及滚动体种类综合分类可分为八大类型，如表 9-1 所示。

轴承还可按调心性能、滚动体列数、轴承外径尺寸等分类。

2. 滚动轴承基本类型和特性

按综合分类的八大基本类型轴承的特性见表 9-1。

表 9-1 滚动轴承基本类型和特性

轴承名称、类型代号	结构简图、承载方向	极限转速	允许偏位角	主要特性和应用
调心球轴承 1	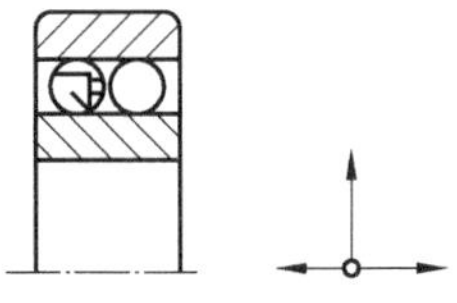	中	最大为 3°	有两列钢球，内圈有两条滚道，外圈滚道为内球面形，具有自动调心性能。适用于支承座孔不能保证严格同轴度的部件中
调心滚子轴承 2	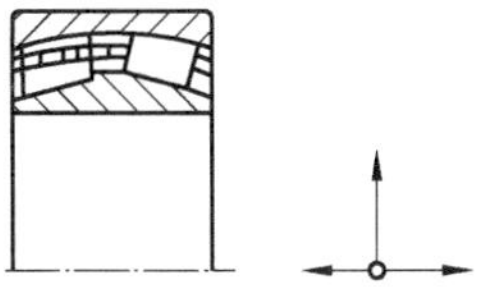	较低	$1.5°\sim2.5°$	有两列滚子，主要承受径向载荷，也能承受任一方向的轴向载荷。具有高的承受径向载荷能力，特别适合在全载或振动载荷下工作。具有自动调心性能
圆锥滚子轴承 3	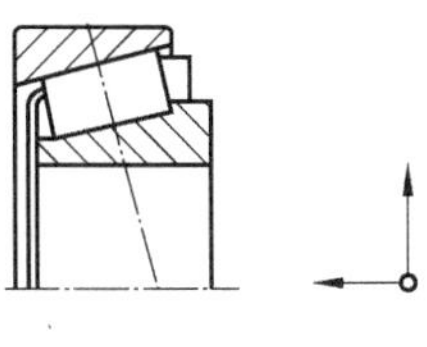	中	2′	能同时承受径向、轴向联合载荷作用。此种轴承为分离型轴承，在安装和使用过程中可以调整游隙。一般的圆锥滚子轴承为 30000 型，接触角加大（大锥角）时为 30000B 型，应成对使用，相对安装。代号后缀带 E 的为加强型圆锥滚子轴承，是经过优化设计的结构

轴承名称、类型代号	结构简图、承载方向	极限转速	允许偏位角	主要特性和应用
推力球轴承 5	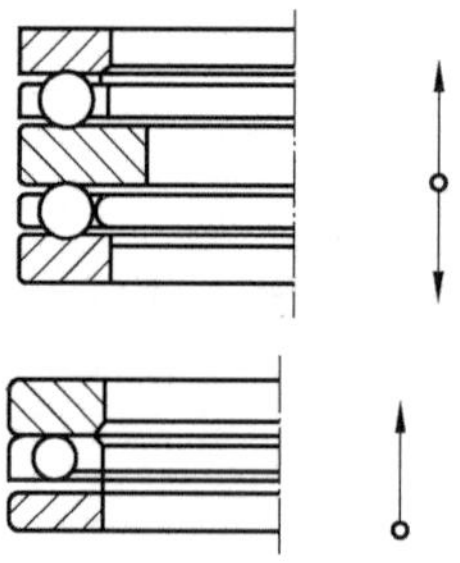	低	不允许	分离型轴承,公称接触角为 90°,只能承受轴向载荷。主要结构形式: 单列——承受单向推力,51000 型(正常高度); 双列——承受双向推力,52000 型(正常高度)。 高速时,因滚动体离心力大,故球与保持架摩擦发热严重,使用寿命较短,可用于轴向载荷大、转速不高的场合
深沟球轴承 6	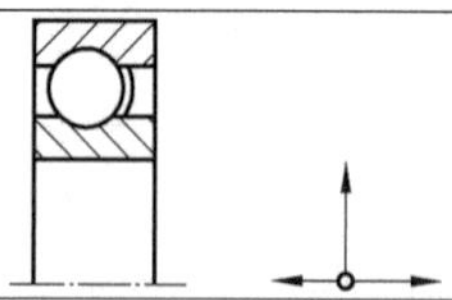	高	$8'\sim16'$	主要承受径向载荷,也可承受一定的轴向载荷。当径向游隙加大时,具有角接触球轴承的性能,可承受较大的轴向载荷
角接触球轴承 7	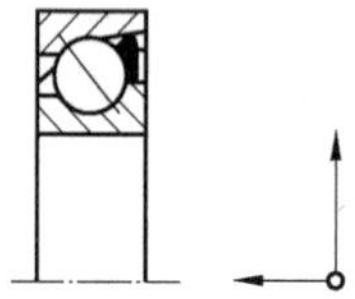	较高	$2'\sim10'$	能承受径向、轴向联合载荷作用,也可承受纯轴向载荷。公称接触角大,承受轴向载荷能力高。该类轴承分为可分离型和不可分离型两种,不可分离型公称接触角 α 有 15°(70000C 型)、25°(70000AC 型)、40°(70000B 型)三种,一般应成对使用
推力圆柱滚子轴承 8	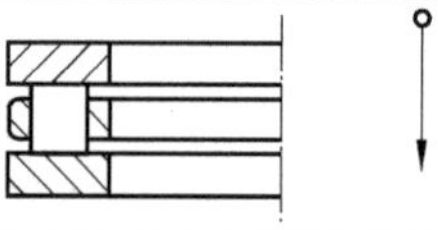	低	不允许	公称接触角为 90°,可承受单向轴向载荷,它比推力球轴承承受轴向载荷的能力大得多,且刚性大,占用轴向空间小
圆柱滚子轴承 N	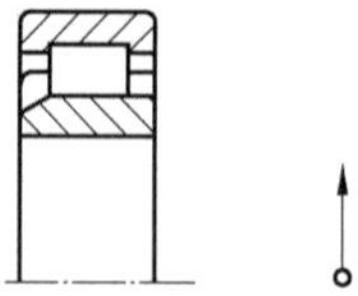	较高	$2'\sim4'$	该类轴承的滚子通常由一个轴承套圈的两个挡边引导,可与另一个套圈分离,属可分离型轴承。一般只承受径向载荷,与外形尺寸相同的深沟球轴承相比,具有承受较大径向载荷的能力

9.3　滚动轴承的代号

滚动轴承用量极大且种类繁多。为了便于组织生产和选用轴承,国标采用一组字母和数字作为滚动轴承的代号,按 GB/T 272—2017 的规定,滚动轴承的代号由基本代号、前置代号和后置代号构成,其排列顺序按图 9-2 的规定。

轴承代号					
前置代号	基本代号				后置代号
	轴承代号			内径代号	
	类型代号	尺寸系列代号			
		宽度(或高度)系列代号	直径系列代号		

图 9-2　轴承代号的构成

1. 基本代号

基本代号表示轴承的基本类型、结构和尺寸,是轴承代号的基础。它由轴承类型代号、尺寸系列代号、内径代号构成,用一组数字或字母表示。

1) 轴承类型代号

轴承类型代号一般用数字或字母表示在基本代号左起的首位,见表 9-2。

表 9-2 轴承类型代号

代号	轴承类型	代号	轴承类型
0(6)	双列角接触球轴承		
1(1)	调心球轴承	7(6)	角接触球轴承
2(3,9)	调心滚子轴承和推力调心滚子轴承	8(9)	推力圆柱滚子轴承
3(7)	圆锥滚子轴承	N(2)	圆锥滚子轴承双列或多列用字母 NN 表示
4(0)	双列深沟球轴承	U(0)	外球面球轴承
5(8)	推力球轴承	QJ(6)	四点接触球轴承
6(0)	深沟球轴承		

注 代号栏内括号中的数字为原 GB 272—1988 规定的轴承类型代号。

2) 尺寸系列代号

尺寸系列代号由轴承的宽(高)度系列代号和直径系列代号组合而成,用右起第三、四位数字表示。

直径系列代号表示为了适应不同承载能力和结构的需要,同一类型和内径的轴承,可有不同大小的滚动体,因而轴承的外径和宽度发生变化。其代号在基本代号的右起第三位,用下列括号中的数字表示:超特轻(7)、超轻(8,9)、特轻(0,1)、轻(2)、中(3)、重(4)等,如表 9-3 所示。图 9-3 所示为直径系列的对比。

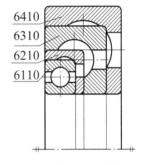

6410
6310
6210
6110

图 9-3 直径系列的对比

宽(高)度系列代号表示同一类型、内外径相同的轴承在宽(高)度上的变化,其代号在基本代号的右起第四位,用下列括号中的数字表示:对向心轴承是指宽度的变化,有特窄(8)、窄(0)、正常(1)、宽(2)、特宽(3)等;对推力轴承则指高度的变化,有特低(7)、低(9)、正常系列用数字 1 或 2 表示,数字 1 用于单向推力轴承,数字 2 用于双向推力轴承。其中,向心轴承的宽度系列用带括号的 0 表示时可省略。

表 9-3 尺寸系列代号

直径系列代号	向心轴承								推力轴承			
	宽度系列代号								高度系列代号			
	8	0	1	2	3	4	5	6	7	9	1	2
	尺寸系列代号											
7	—	—	17	—	37	—	—	—	—	—	—	—
8	—	08	18	28	38	48	58	68	—	—	—	—
9	—	09	19	29	39	49	59	69	—	—	—	—
0	—	00	10	20	30	40	50	60	70	90	10	—
1	—	01	11	21	31	41	51	61	71	91	11	—

续表

直径系列代号	向心轴承								推力轴承			
	宽度系列代号								高度系列代号			
	8	0	1	2	3	4	5	6	7	9	1	2
	尺寸系列代号											
2	82	02	12	22	32	42	52	62	72	92	12	22
3	83	03	13	23	33	—	—	—	73	93	13	23
4	—	04	—	24	—	—	—	—	74	94	14	24
5	—	—	—	—	—	—	—	—	—	95	—	—

3）内径代号

轴承内径在 10～17 mm 内。轴承内径为 10 mm 时，用轴承内径代号 00 表示，如深沟球轴承 6200，其 00 表示轴承内径 $d=10$ mm。轴承内径为 12 mm 时，用轴承内径代号 01 表示，如调心球轴承 1201，其 01 表示轴承内径 $d=12$ mm。轴承内径为 15 mm 时，用轴承内径代号 02 表示，如圆柱滚子 NU202，其 02 表示轴承内径 $d=15$ mm。轴承内径为 17 mm 时，用轴承内径代号 03 表示，如推力球轴承 51103，其 03 表示轴承内径 $d=17$ mm。

轴承公称内径在 20～480 mm 内（22,28,32 除外），其代号用公称内径除以 5 的商数表示在基本代号的右起第一、二位，若商数只有一位，则需在该商数的左边加"0"。

轴承内径大于 500 mm（以及 22,28,32），用公称内径毫米数直接表示，但是与尺寸系列代号之间用"/"分开，如调心滚子轴承 230/500，表示其 $d=500$ mm，深沟球轴承 62/22，表示其 $d=22$ mm。

2. 前置、后置代号

前置、后置代号是轴承在结构形状、尺寸、公差、技术要求等有改变时，在其基本代号左右添加的补充代号。前置代号在基本代号左边，用字母表示，这些字母分别表示成套轴承的某个分部件，如"L"表示可分离轴承的可分离内圈或外圈等，前置代号参考表 9-4。

表 9-4 轴承前置代号

代号	含 义	示 例
L	可分离轴承的可分离内圈或外圈	LNU 207，表示 NU 207 轴承的内圈 LN 207，表示 N 207 轴承的外圈
LR	带可分离内圈或外圈与滚动体的组件	—
LR	不带可分离内圈或外圈的组件 （滚针轴承仅适用于 NA 型）	RNU207，表示 NU 207 轴承的外圈和滚子组件 RNA 6904，表示无内圈的 NA 6904 滚针轴承
K	滚子和保持架组件	K 81107，表示无内圈和外圈的 81107 轴承
WS	推力圆柱滚子轴承轴圈	WS 81107
GS	推力圆柱滚子轴承座圈	GS 81107
F	带凸缘外圈的向心球轴承（仅适用于 d $\leqslant$10 mm）	F 618/4
FSN	凸缘外圈分离型微型角接触球轴承（仅适用于 d$\leqslant$1m）	FSN 719/5-Z
KIW-	无座圈的推力轴承组件	KIW-51108
KOW-	无轴圈的推力轴承组件	KOW-51108

后置代号在基本代号右边,用字母(或加数字)表示,它包含轴承的内部结构、轴承材料、公差等级、游隙等八组内容,排列顺序如表 9-5 所示。下面仅就滚动轴承的内部结构代号、公差等级代号、游隙代号作一简要介绍。

表 9-5　后置代号包含内容的排列顺序

组别	1	2	3	4	5	6	7	8	9
含义	内部结构	密封与防尘与外部形状	保持架及其材料	轴承零件材料	公差等级	游隙	配置	振动及噪声	其他

(1) 内部结构代号的字母及含义见表 9-6。

表 9-6　内部结构代号(摘自 GB/T 272—2017)

代号	含义	示例
B	表示内部结构改变	① 用于角接触轴承,公称接触角 $\alpha=40°$,例如 7210B ② 用于圆锥滚子轴承,公称接触角加大,例如 32310B
C	表示标准设计,其含义随不同类型、结构而异	① 用于角接触轴承,公称接触角 $\alpha=15°$,例如 7308C ② 用于调心滚子轴承,C 型,例如 k23122C
AC	表示角接触球轴承,公称接触角 $\alpha=25°$	例如 7210AC
E	表示加强型,即内部结构设计改进,增大轴承承载能力	例如 30308E

(2) 公差等级代号:滚动轴承的公差等级分为 0 级、6 级、6X 级、5 级、4 级、2 级共六级,其代号分别用/P0、/P6、/P6X、/P5、/P4、/P2 表示,精度依次递增。0 级属标准级,在轴承代号中可省略。

(3) 游隙代号:滚动轴承的游隙按标准分为 1 组、2 组、0 组、3 组、4 组、5 组共六组,其代号分别用/C1、/C2、—、/C3、/C4、/C5 表示,游隙数值依次增大(0 组游隙不表示)。

公差等级代号与游隙代号需同时表示时,可进行简化,取公差等级代号加上游隙组号组合表示。例如/P63,表示轴承公差等级为 P6 级,径向游隙为 3 组。

公差等级为 0 级、游隙为 0 组在后置代号中可不标出。

【例 9-1】　试说明轴承代号 N2209/P52 的意义。

【解】　轴承代号 N2209/P52 的意义如图 9-4 所示。

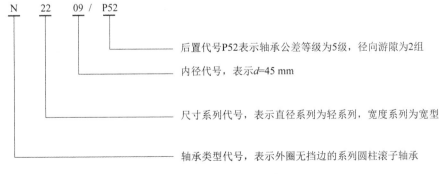

图 9-4　N2209/P52 的意义

9.4　滚动轴承类型的选择

选择滚动轴承的类型时,应根据轴承的工作载荷(大小、方向、性质)、转速、轴的刚度以及其他特殊要求,在对各类轴承的性能和结构有充分了解的基础上,参考以下意见进行选择。

(1) 转速较高、载荷较小、要求旋转精度高时,选用球轴承;转速较低、载荷较大、有冲击载荷时,选用滚子轴承。

(2) 同时承受径向载荷及轴向载荷的轴承,应区别对待,选取轴承类型。以径向载荷为主的可选用深沟球轴承。轴向载荷比径向载荷大很多时,可采用推力轴承和向心轴承的组合结构,以便分别承受轴向载荷和径向载荷。径向载荷和轴向载荷都很大时,可选用角接触球轴承或圆锥滚子轴承。

(3) 选择轴承时,还应考虑调心性能。各类轴承内、外圈轴线的相对倾斜角度(表征调心性能)是有限制的,超过限制角度,会使轴承使用寿命缩短。

(4) 选择轴承时,还应考虑经济性、允许空间、噪声与振动方面的要求。

9.5　滚动轴承的设计计算

9.5.1　失效形式

滚动轴承的失效形式主要有以下几种。

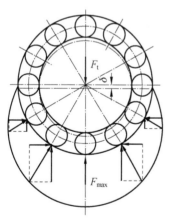

图 9-5　深沟球轴承上负荷的分布

1. 疲劳点蚀

如图 9-5 所示,深沟球轴承受径向载荷 F_a 后,由于弹性变形,内圈将随轴一起沿 F_a 方向下降 δ。这样轴承上半圈滚动体不受载荷作用,下半圈滚动体受载荷作用。由图 9-5 可知,下半圈内各滚动体所受载荷是不相等的。对于回转的轴承,滚动体与套圈间产生变化的接触应力。因此,在工作一段时间后,接触表面就会产生疲劳点蚀。点蚀发生后,噪声和振动加剧,轴承失效。

2. 塑性变形

在一定的静载荷和冲击载荷作用下,滚动体或套圈滚道上将出现不均匀的塑性变形凹坑。塑性变形发生后,增加了轴承的摩擦力矩、振动和噪声,降低了旋转精度。

3. 磨损

滚动轴承如果润滑不良,或密封不可靠,相互运动的表面会产生磨损,磨损后游隙增大,精度降低。此外,轴承还可能因套圈断裂、保持架损坏而报废。

决定轴承尺寸时,要针对主要失效形式进行必要的计算。长期实践证明,在设计合理、制造良好、安装和维护正常的情况下,对于回转的滚动轴承,其主要失效形式是疲劳点蚀,因此按额定动载荷计算;对于不转动、缓慢摆动或低速回转的轴承,应控制塑性变形,按额定静载荷做静强度计算。

9.5.2　按额定动载荷计算

1. 轴承寿命和基本额定寿命

轴承寿命指轴承中任一元件出现疲劳点蚀前所经历的总转数或在一定转速下的工作小时数。

大量试验结果表明,滚动轴承的寿命是相当离散的,即使是同样材料、同样尺寸、同一批生产出来的轴承,在相同的条件下运转,它们的寿命也是极不相同的,相差可达几倍、几十倍。由于轴承的寿命是离散的,因而在计算轴承寿命时,总是与一定的可靠性相联系。

标准中规定,一组在相同条件下运转的轴承,将其可靠性为 90% 时的寿命作为轴承的寿命,称为基本额定寿命,用 L_{10} 表示。换言之,在一组轴承达到基本额定寿命时,已有 10% 的轴承发生了疲劳点蚀,而剩下的 90% 的轴承可以达到或超过这一寿命。

2. 滚动轴承的基本额定动载荷

滚动轴承的寿命与所受的载荷大小有关,载荷愈大,轴承寿命愈短。标准规定,轴承的基本额定寿命为 10^6 转时,轴承所能承受的载荷值定为轴承的基本额定动载荷,用 C 表示。基本额定动载荷值愈大,轴承承受载荷的能力愈强。

基本额定动载荷对于向心轴承是一个大小和方向恒定的径向载荷,称为径向基本额定动载荷,用 C_r 表示;对于推力轴承是一个恒定的中心轴向载荷,称为轴向基本额定动载荷,用 C_a 表示。

各种型号轴承的基本额定动载荷值是在正常工作温度($t \leqslant 120 \ ℃$)下得到的,其值可在机械设计手册中查得。

3. 滚动轴承的寿命计算式

滚动轴承的基本额定寿命 L_{10} 与基本额定动载荷 C 及当量动载荷 P 之间的关系,可用下式表示:

$$L_{10} = \left(\frac{C}{P}\right)^{\varepsilon} \tag{9-1}$$

式中:L_{10}——滚动轴承的基本额定寿命,10^6 r;

C——基本额定动载荷,N;

P——当量动载荷,N;

ε——寿命指数,对球轴承,$\varepsilon = 3$,对滚子轴承,$\varepsilon = 10/3$。

轴承的寿命还可以用工作小时数(h)来表示,即

$$L_{10h} = \frac{10^6}{60n}\left(\frac{C}{P}\right)^{\varepsilon} = \frac{16670}{n}\left(\frac{C}{P}\right)^{\varepsilon} \tag{9-2}$$

式中:L_{10h}——按小时计算的基本额定寿命;

n——轴承转速,r/min。

在计算轴承寿命时,考虑到实际轴承工作温度可能高于 120 ℃,使轴承基本额定动载荷有所下降,应引入温度系数 f_t。考虑到机器冲击与振动使实际载荷比名义载荷大,应引入载荷系数 f_P。式(9-2)可写为

$$L_{10h} = \frac{16670}{n}\left(\frac{f_t C}{f_P P}\right)^{\varepsilon} \tag{9-3}$$

或

$$C = \frac{f_P P}{f_t} \sqrt[\varepsilon]{\frac{n \cdot L_{10h}}{16670}} \qquad (9\text{-}4)$$

温度系数 f_t、载荷系数 f_P，分别见表 9-7、表 9-8。

表 9-7　温度系数 f_t

工作温度/℃	<120	125	150	175	200	225	250	300
f_t	1.00	0.95	0.90	0.85	0.80	0.75	0.70	0.60

表 9-8　载荷系数 f_P

载荷性质	f_P	举例
无冲击或轻微冲击	1.0～1.2	电动机、汽轮机、通风机、水泵
中等冲击	1.2～1.8	车辆、机床、起重机、冶金设备、内燃机、减速器
强大冲击	1.8～3.0	破碎机、轧钢机、石油钻机、振动筛

各类机器滚动轴承的基本额定寿命 L_{10h} 的参考值列于表 9-9 中。

表 9-9　各类机器滚动轴承的基本额定寿命 L_{10h} 的参考值

机器类型及使用条件	L_{10h}/h
不经常使用的仪器和设备	300～3000
短期或间断使用的机械,中断使用不致引起严重后果,如手动机械、农业机械、装配吊车、自动送料装置	3000～8000
间断使用的机械,中断使用将引起严重后果,如发电站辅助设备、流水作业的传动装置、皮带运输机、车间吊车	8000～12000
每天 8 h 工作的机械,但经常不是满载荷使用,如电机、一般齿轮装置、压碎机、起重机和一般机械	10000～25000
每天 8 h 工作,满载荷使用,如机床、木材加工机械、工程机械、印刷机械、分离机、离心机	20000～30000
24 h 连接工作的机械,如压缩机、泵、电动机、轧机齿轮装置、纺织机械	40000～50000
24 h 连续工作的机械,中断使用将引起严重后果,如纤维机械、造纸机械、电站主要设备、给排水设备、矿用泵、矿用通风机	≈100000

4. 滚动轴承的当量动载荷

为了与基本额定动载荷在相同载荷条件下进行比较,在计算轴承寿命时,应将实际载荷折算成当量动载荷。折算后的当量动载荷是一个假想的载荷,在这个载荷作用下,轴承的寿命与实际载荷作用下轴承的寿命相同。这种折算以后的载荷称为当量动载荷,用 P 表示。对于向心轴承,当量动载荷为一大小和方向恒定的径向载荷,称为径向当量动载荷,用 P_r 表示。对于推力轴承,当量动载荷是一恒定的中心轴向载荷,称为轴向当量动载荷,用 P_a 表示。

向心轴承只承受径向载荷,其径向当量动载荷为

$$P_r = F_r \qquad (9\text{-}5)$$

推力轴承只承受轴向载荷,其轴向当量动载荷为

$$P_a = f_F F_a \qquad (9\text{-}6)$$

对于既受径向、又受轴向载荷的滚动轴承,其当量动载荷为

$$P_r = X F_r + Y F_a \qquad (9\text{-}7)$$

式中:F_r——径向载荷,N;

F_a——轴向载荷,N;

X——径向动载系数;

Y——轴向动载系数。

X、Y 值可分别按 $F_a/F_r \leqslant e$ 或 $F_a/F_r > e$ 由表 9-10 查得。参数 e(判断系数,见表 9-10)反映了轴向载荷对轴承承受载荷能力的影响,由轴承行业研究部门制定。

表 9-10　径向载荷系数 X 和轴向载荷系数 Y

轴承类型		iF_a/C_{0r}	单列轴承				双列轴承				e
			$F_a/F_r \leqslant e$		$F_a/F_r > e$		$F_a/F_r \leqslant e$		$F_a/F_r > e$		
			X	Y	X	Y	X	Y	X	Y	
深沟球轴承		0.014	1	0	0.56	2.30	1	0	0.56	2.30	0.19
		0.028				1.99				1.99	0.22
		0.056				1.71				1.71	0.26
		0.084				1.55				1.55	0.28
		0.11				1.45				1.45	0.30
		0.17				1.31				1.31	0.34
		0.28				1.15				1.15	0.38
		0.42				1.04				1.04	0.42
		0.56				1.00				1.00	0.44
深沟球轴承	$\alpha = 15°$	0.015	1	0	0.44	1.47	1	1.65	0.72	2.39	0.38
		0.029				1.40		1.57		2.28	0.40
		0.058				1.30		1.46		2.11	0.43
		0.087				1.23		1.38		2.00	0.46
		0.12				1.19		1.34		1.93	0.47
		0.17				1.12		1.26		1.82	0.50
		0.29				1.02		1.14		1.66	0.55
		0.44				1.00		1.12		1.63	0.56
		0.58				1.00		1.12		1.63	0.56
	$\alpha = 25°$	—	1	0	0.41	0.87	1	0.92	0.67	1.41	0.68
	$\alpha = 40°$	—	1	0	0.35	0.57	1	0.55	0.57	0.93	1.14
调心球轴承			1	0	0.40	$0.4\cot\alpha$	1	$0.42\cot\alpha$	0.65	$0.65\cot\alpha$	$1.5\tan\alpha$
圆锥滚子轴承			1	0	0.40	$0.4\cot\alpha$	1	$0.45\cot\alpha$	0.67	$0.67\cot\alpha$	$1.5\tan\alpha$

注　C_{0r} 是轴承的基本额定静载荷;i 是滚动体的列数;α 是公称接触角。对于表中未列出的 iF_a/C_{0r} 值,可按线性插值法求出相应的 e、X、Y 值。

5. 向心角接触球轴承的轴向载荷

向心角接触球轴承由于结构上的特点,支承面与轴线成一接触角 α。因此,在承受径向载荷 F_r 时要产生内部轴向力 F_S,如图 9-6 所示。这个内部轴向力等于承受载荷的各滚动体产生的内部轴向分力 F_{Si} 之和。

单列角接触球轴承的内部轴向力 F_S,可近似按下式计算:

$$\begin{cases} \alpha = 15°, F_S = eF_r \\ \alpha = 25°, F_S = 0.68\,F_r \\ \alpha = 40°, F_S = 1.14\,F_r \end{cases} \tag{9-8}$$

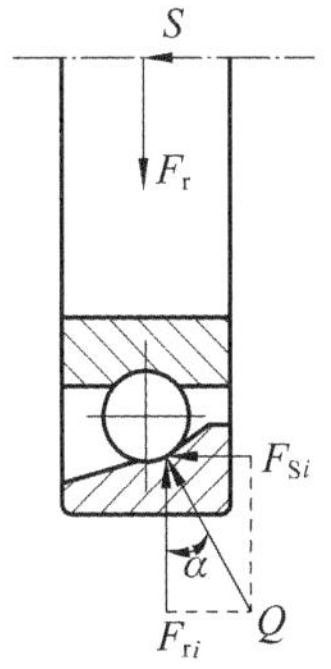

图 9-6　角接触球轴承的内部轴向力

单列圆锥滚子轴承的内部轴向力 F_S,可按下式近似计算:

$$F_S = \frac{F_r}{2Y} \tag{9-9}$$

式中:Y 为 $F_a/F_r > e$ 时的轴向动载系数,列于表 9-10 中或可从轴承手册中查得。

由于向心角接触球轴承承受径向载荷后会产生内部轴向力,所以应成对使用,反向安装。图 9-7 所示为常用的两种安装方式。图 9-7(a)所示为两外圈窄边相对(又称正装),这种安装方式可以使支点中心靠近,从而缩短轴的跨距。图 9-7(b)所示为两外圈宽边相对(又称反装),支点中心距离加长。图 9-7 中轴承 1 和轴承 2 的压力中心(即支点中心)O_1、O_2 到轴承端面的距离 a_1、a_2 可由轴承手册或样本查得。为了简化计算,也可认为支反力作用在轴承宽度的中点上。

另外,在计算这类轴承的轴向载荷时,除了考虑所有作用在轴承上的轴向总力 F_{Ka} 外,还必须把内部轴向力考虑进去。如图 9-7(a)所示,若把轴和内圈视为一体,并以它为分离体,考虑轴系的轴向平衡,就可确定各轴承所承受的轴向载荷。

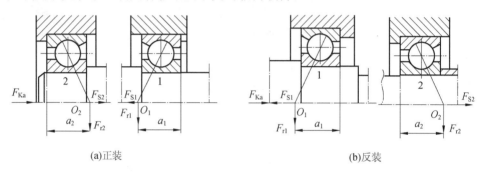

(a)正装   (b)反装

图 9-7   角接触球轴承的两种安装方式

1,2—轴承

当 $F_{Ka} + F_{S2} > F_{S1}$ 时,则轴有向右移动的趋势,为使轴系平衡,轴承 1 承受的轴向载荷显然是 $F_{a1} = F_{Ka} + F_{S2}$;同理,当 $F_{Ka} + F_{S2} < F_{S1}$ 时,则轴承 1 的轴向载荷 $F_{a1} = F_{S1}$,因此轴承 1 的轴向载荷必然是下列两值中的较大者:

$$\begin{cases} F_{a1} = F_{Ka} + F_{S2} \\ F_{a1} = F_{S1} \end{cases} \tag{9-10}$$

用同样方法分析,可得轴承 2 的轴向载荷是下列两值中的较大者:

$$\begin{cases} F_{a2} = F_{S1} - F_{Ka} \\ F_{a2} = F_{S2} \end{cases} \tag{9-11}$$

当轴向载荷 F_{Ka} 与图 9-7(a)所示方向相反时,F_{Ka} 应取负值。

为了能同样使用式(9-10)和式(9-11),在图 9-7(b)中,已将轴承号对调,即左边为轴承 1,右边为轴承 2。

9.5.3   按额定静载荷计算

对工作于静止状态、缓慢摆动和低速转动($D_m \cdot n < 10000$ mm·r/min,D_m 为滚动体中心圆直径,n 为转速)的轴承,主要是防止滚动体与滚道接触处产生过大的永久变形。由于这些变形的存在,运转时产生较大的振动和噪声,以致轴承不能正常工作,因此,应按基本额定静载荷选择轴承尺寸。

长期的使用经验表明,如果承受最大载荷的滚动体和内、外圈接触处总永久变形量小于滚动体直径万分之一,则其对轴承的正常运转无显著影响。因此,使总的永久变形量达到滚动体直径万分之一时的载荷称为基本额定静载荷,用 C_0 表示。按额定静载荷计算滚动轴承的公式为

$$C_0 \geqslant S_0 P_0 \tag{9-12}$$

式中:S_0——静安全系数,由表 9-11 查得;

P_0——当量静负荷,N。

表 9-11 静强度安全系数 S_0

工作条件	S_0
旋转精度和平稳性要求高或受强大冲击载荷的轴承	1.2～1.5
一般情况	0.8～1.2
旋转精度低,允许摩擦力矩较大,没有冲击振动的轴承	0.5～0.8

基本额定静载荷 C_0 对于向心轴承为一径向静载荷,用 C_{0r} 表示;对于推力轴承为一轴向静载荷,用 C_{0a} 表示。因此,必须将工作中的实际载荷折算成与基本额定静载荷条件相同的当量静载荷后,才能进行计算。折算后的当量静载荷是一假想的载荷,在这个载荷作用下,承受载荷最大的滚动体与套圈滚道接触处永久变形量的总和同实际载荷作用下永久变形量的总和相等。这种折算以后的载荷称为当量静载荷,用 P_0 表示。当量静载荷对于向心轴承是一径向静载荷,用 P_{0r} 表示;对于推力轴承是一轴向静载荷,用 P_{0a} 表示。

显然,对于只承受径向载荷的向心轴承:

$$P_{0r} = F_r \tag{9-13}$$

对于既承受径向载荷又承受轴向载荷的滚动轴承:

$$P_{0r} = X_0 F_r + Y_0 F_a \tag{9-14}$$

式中:X_0、Y_0——静径向系数、静轴向系数,见表 9-12。

表 9-12 静径向系数 X_0 和静轴向系数 Y_0

轴承类型		单列轴承		双列轴承	
		X_0	Y_0	X_0	Y_0
深沟球轴承		0.6	0.5	0.6	0.5
调心球轴承		0.5	$0.22\cot\alpha$	1	$0.44\cot\alpha$
调心滚子轴承		0.5	$0.22\cot\alpha$	1	$0.44\cot\alpha$
角接触球轴承	$\alpha=15°$	0.5	0.46	1	0.92
	$\alpha=25°$	0.5	0.38	1	
	$\alpha=40°$	0.5	0.26	1	0.76
圆锥滚子轴承		0.5	$0.22\cot\alpha$	1	0.52
推力圆柱滚子轴承		$2.3\tan\alpha$	1	1	$0.44\cot\alpha$

注意 当按式(9-14)计算后,若 $P_{0r} < F_r$,则应取 $P_{0r} = F_r$。

一般情况下,对 $D_m \cdot n < 10000$ mm·r/min 的低速或缓慢摆动的轴承,应按 C 和 C_0 计算,然后选取尺寸较大的。当载荷较大时,先按额定动载荷 C 计算寿命,然后验算 C_0。

【例 9-2】 已知某减速器轴,轴颈直径 $d=40$ mm,转速 $n=1460$ r/min,两支承上的径向

载荷分别为 $F_{r1} = 1000$ N，$F_{r2} = 2000$ N，轴向载荷 $F_{Ka} = 350$ N 并指向轴承 1，要求轴承寿命 $L_{10h} = 12000$ h，试选取合适的轴承型号。

【解】　(1) 选择轴承类型。

由于该轴转速较高，轴向载荷较小，故选用结构简单、价格较低的深沟球轴承。

(2) 计算当量动载荷 P_r。

由于轴承型号未定，C_r、C_{0r}、F_a/F_r、e、X 及 Y 等值都无法确定，必须试算。通常先试选轴承型号。按 $d = 40$ mm 试选中系列深沟球轴承 6308，查设计手册得：$C_r = 32000$ N，$C_{0r} = 22700$ N。

由题设知，$F_{a1} = 350$ N，$F_{a2} = 0$，则

$$F_{a1}/C_{0r} = 350/22700 = 0.015$$

由表 9-10 查得，$e = 0.19$。

因 $F_{a1}/F_{r1} = 350/1000 = 0.35 > e$，由表 9-10 查得 $X_1 = 0.56$，$Y_1 = 2.30$，由式(9-7)得

$$P_{r1} = X_1 F_{r1} + Y_1 F_{a1} = 0.56 \times 1000 \text{ N} + 2.30 \times 350 \text{ N} = 1365 \text{ N}$$

轴承 2 因只受径向载荷，故

$$P_{r2} = F_{r2} = 2000 \text{ N}$$

(3) 计算轴承应具有的基本额定动载荷。

由于轴承 2 受载较大，故

$$C_r = \frac{f_P P_{r2}}{f_T} \sqrt[\varepsilon]{\frac{n L_{10h}}{16670}} \text{ (N)} \tag{9-15}$$

查表 9-8 得，$f_P = 1.5$，由表 9-7 得 $f_t = 1$（取轴承工作温度 < 120 ℃），$\varepsilon = 3$（球轴承），并将已知的 n 及 L_{10h} 代入式(9-15)，得

$$C_r = \frac{1.5 \times 2000}{1} \times \sqrt[3]{\frac{1460 \times 12000}{16670}} \text{ N} = 305015 \text{ N}$$

计算所得的 C_r 比 6308 轴承的 C_r 稍小，故所选轴承合适。

【例 9-3】　已知一带式运输机的单级斜齿圆柱齿轮减速器中的低速轴，轴颈直径 $d = 50$ mm，转速 $n = 138.46$ r/min。支承 I（见图 9-8）的垂直支反力 $F_{V1} = 1900$ N，水平支反力 $F_{H1} = 4205$ N；支承 II 的垂直支反力 $F_{V2} = 1900$ N，水平支反力 $F_{H2} = 12794$ N。轴上承受的轴向力 $F_{Ka} = 1133$ N，方向如图 9-8 所示，根据工作条件初选 30210 型轴承，预期寿命 $L_{10h} = 12000$ h。试校核初选轴承型号是否合适。

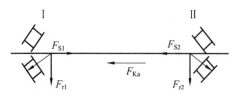

图 9-8　受力分析

【解】　(1) 计算两支承的径向负荷。

$$F_{r1} = \sqrt{F_{V1}^2 + F_{H1}^2} = \sqrt{1900^2 + 4205^2} \text{ N}$$
$$= 4614.3 \text{ N}$$

$$F_{r2} = \sqrt{F_{V2}^2 + F_{H2}^2} = \sqrt{1900^2 + 12794^2} \text{ N}$$
$$= 12934.3 \text{ N}$$

(2) 计算两支承的内部轴向力。

由设计手册查得，30210 型轴承 $C_r = 72.2$ kN，$e = 0.42$，$Y = 1.43$，则

$$F_{S1} = F_{r1}/(2Y) = 4614.3/(2 \times 1.43) \text{ N} = 1613.4 \text{ N}$$
$$F_{S2} = F_{r2}/(2Y) = 12934.3/(2 \times 1.43) \text{ N} = 4522.5 \text{ N}$$

(3) 计算两轴承的轴向载荷。

对于支承 I：

$$F_{S2} + F_{Ka} = 4522.5 \text{ N} + 1133 \text{ N} = 5655.5 \text{ N} > F_{S1}$$

故
$$F_{a1} = F_{S2} + F_{Ka} = 5655.5 \text{ N}$$
对于支承 II：
$$F_{S1} - F_{Ka} = 1613.4 \text{ N} - 1133 \text{ N} = 480.4 \text{ N} < F_{S2}$$
故
$$F_{a2} = F_{S2} = 4522.5 \text{ N}$$
（4）计算两轴承的径向当量动载荷。

对于支承 I：
$$P_{r1} = X_1 F_{r1} + Y_1 F_{a1}$$
因
$$F_{a1}/F_{r1} = 5655.5/4614.3 = 1.23 > e = 0.42$$
由表 9-10 查得，
$$X_1 = 0.4, Y_1 = 1.43$$
故
$$P_{r1} = 0.4 \times 4614.3 \text{ N} + 1.43 \times 5655.5 \text{ N} = 9933.1 \text{ N}$$
对于支承 II：
$$P_{r2} = X_2 F_{r2} + Y_2 F_{a2}$$
因
$$F_{a2}/F_{r2} = 4522.5/12934.3 = 0.35 < e = 0.42$$
由表 9-10 查得，
$$X_2 = 1, Y_2 = 0$$
故
$$P_{r2} = 1 \times F_{r2} = 12934.3 \text{ N}$$
（5）计算轴承的基本额定寿命。
$$L_{10h} = \frac{16670}{n} \left(\frac{f_t C_r}{f_P P_{r2}} \right)^\varepsilon \tag{9-16}$$
因轴承在正常温度下工作，取 $f_t = 1$。由表 9-8 查得减速器载荷系数，取 $f_P = 1.3$。滚子轴承 $\varepsilon = \frac{10}{3}$，则根据式（9-16）得
$$L_{10h} = \frac{16670}{138.46} \times \left(\frac{1 \times 72.2 \times 10^3}{1.3 \times 12934.3} \right)^{\frac{10}{3}} \text{ h} = 15492 \text{ h}$$
故所选 30210 型轴承合适。

9.6　滚动轴承的组合设计

为了保证滚动轴承在预定期限内正常工作，除了正确选择滚动轴承类型、尺寸外，还应进行滚动轴承的组合设计：保证轴和轴上零件在工作中有确定的工作位置、防止轴向窜动；处理好轴承与其周围零件之间的关系，即解决轴承与其他零件的配合、间隙、装拆、润滑和密封等问题。

1. 轴承的轴向固定

1）两端固定支承

这种方法指两个支承轴承各限制一个方向的轴向移动。图 9-9（a）所示为轴承内部间隙

不能调整的深沟球轴承,为了补偿轴的受热伸长,在一端支承的轴承外圈端面与端盖之间应留有间隙 C。对于跨距较短,温差不大的轴,一般 $C=0.2\sim0.3$ mm。对于轴承内部间隙可以调整的轴承,例如角接触球轴承或圆锥滚子轴承,不必在外部留间隙,如图 9-9(b)所示。

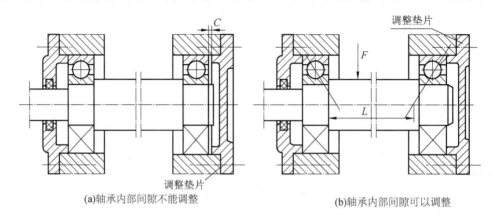

(a)轴承内部间隙不能调整   (b)轴承内部间隙可以调整

图 9-9　两端固定支承

2)一端固定一端游动支承

当轴较长或工作时温升较高时,为了补偿热膨胀,应采用一端固定一端游动的结构。图 9-10(a)所示右端为游动支承,当采用深沟球轴承时,外圈与机座孔之间为动配合,以保证轴伸长或缩短时能在座孔中自由游动,间隙 C 可较大。当选用圆柱滚子轴承时,游动支承上可不留间隙,如图 9-10(b)所示。在图 9-10(a)中左端为固定支承,承受双向的轴向载荷,实现双向的轴向固定。

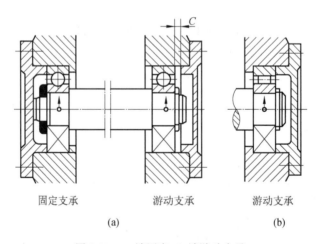

固定支承   游动支承   游动支承

(a)   (b)

图 9-10　一端固定、一端游动支承

2. 轴承组合调整

1)轴承间隙调整

轴承间隙调整的方法:

(1)靠加减轴承盖与机座间垫片厚度进行调整(见图 9-11(a));

(2)利用螺钉1通过轴承外圈在盖3移动外圈位置进行调整(见图 9-11(b)),调整后用螺母2锁紧防松。

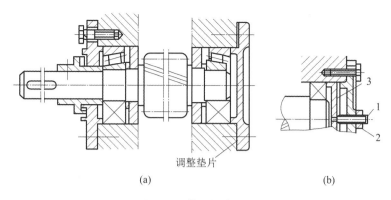

图 9-11　轴承间隙调整
1—螺钉；2—螺母；3—盖

2）轴承组合位置的调整

轴承组合位置调整的目的，是使轴上零件（如齿轮、带轮等）具有准确的工作位置。如圆锥齿轮传动，要求两个节锥顶点相重合，方能保证正确啮合。又如蜗杆传动，则要求蜗轮主平面通过蜗杆的轴线等。图 9-12 所示为圆锥齿轮轴承组合位置的调整，垫片 1 用来调整圆锥齿轮轴的轴向位置，而垫片 2 则用来调整轴承间隙。

3. 滚动轴承的配合

由于滚动轴承是标准件，选择配合时就把它作为基准件；因此轴承内圈与轴的配合采用基孔制，轴承座孔与轴承外圈的配合则采用基轴制。

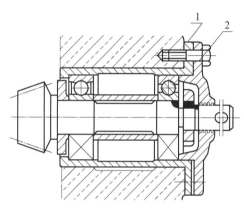

图 9-12　轴承组合调整
1,2—垫片

选择配合时，应考虑负荷的方向、大小和性质，以及轴承类型、转速和使用条件等因素。当外负荷方向不变时，转动套圈应比固定套圈的配合要紧一些。一般情况下，是内圈随轴一起转动，外圈固定不动，故内圈常取有过盈量的过渡配合。当轴承作游动支承时，外圈应取保证有间隙的配合。

4. 轴承的装拆

进行轴承组合设计时，应考虑怎样有利于轴承装拆，以便在装拆过程中不致损坏轴承和其他零件。如图 9-13 所示，若轴肩高度大于轴承内圈外径，就难以放置拆卸工具的钩头。对外圈拆卸要求也是如此，应留出拆卸高 h_1（见图 9-14(a)(b)）或在壳体上做出能放置拆卸螺钉的螺孔（见图 6-14(c)）。

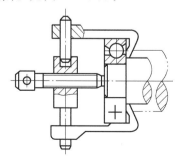

图 9-13　滚动轴承的拆卸

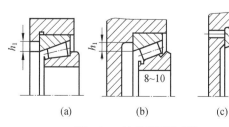

图 9-14　轴承外圈的拆卸

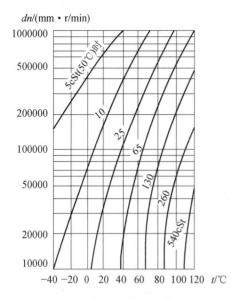

图 9-15　轴承润滑油黏度选择

5. 滚动轴承的润滑

轴承的润滑对轴承的使用寿命有重要意义。润滑的目的是减少摩擦与磨损。滚动接触部位形成油膜时,还有吸收振动、降低工作温度等作用。滚动轴承的润滑剂可以是润滑脂、润滑油或固体润滑剂。一般情况下,轴承采用润滑脂润滑,但在轴承附近已经具有润滑油源时,也可采用润滑油润滑。通常轴颈的圆周速度不大于 $4\sim5$ m/s,或滚动轴承的速度因数 dn(其中,d 为轴承内径,n 为轴承转速)$<200000\sim300000$ mm·r/min 时,可采用润滑脂润滑;超过这一范围宜采用润滑油润滑。

脂润滑因不易流失,故便于密封和维护,且一次充填润滑脂可运转较长时间。油润滑的优点是相比脂润滑摩擦阻力小,并能散热,主要用于高速或工作温度较高的轴承。润滑油的黏度可按轴承的速度因数 dn 和工作温度 t 按图 9-15 确定。

6. 滚动轴承的密封

密封的目的是防止灰尘、水分等进入轴承,并阻止润滑剂的流失。

密封方法的选择与润滑的种类、工作环境、温度、密封表面的圆周速度有关。密封方法可分为三大类:接触式密封和非接触式密封,以及它们的组合。常用密封装置的结构特点和应用范围可参阅表 9-13。

表 9-13　常用密封装置的结构特点和应用范围

类型	结构	说明
接触式密封	毡圈密封 (a)压紧力不能调　(b)压紧力可调	结构简单;矩形断面的毛毡圈被安装在梯形槽内,使它对轴产生一定的压力而起到密封作用。 　用于脂润滑;一般用于低速,$v\leqslant4\sim5$ m/s
	密封圈密封 (c)压紧力不能调　(d)压紧力可调	使用方便,密封可靠;耐油橡胶和塑料密封圈有 O、J、U 等形式,有弹簧箍的密封性能更好。 　图中所示为有弹簧箍的 J 形密封圈,(d)图密封唇朝里,防漏油为主;(c)图密封唇朝外,防尘为主。 　用于脂或油润滑;$v\leqslant4\sim12$ m/s;$t=-40\sim100$ ℃

续表

类型	结构	说明
非接触式密封	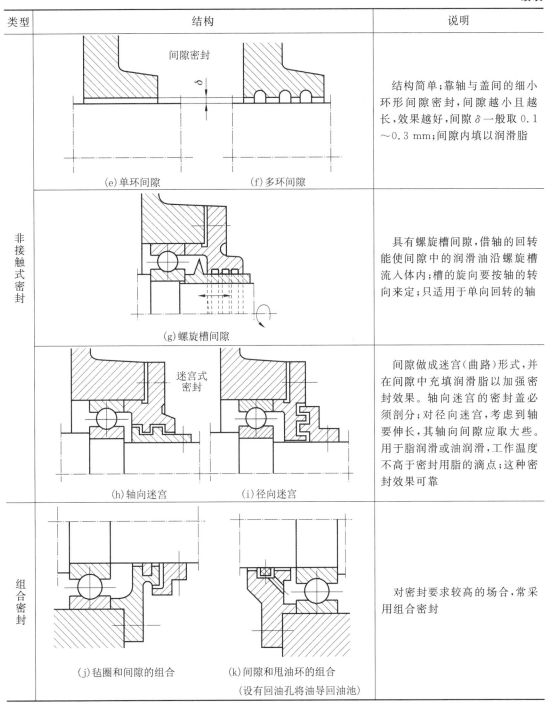 (e)单环间隙　(f)多环间隙	结构简单;靠轴与盖间的细小环形间隙密封,间隙越小且越长,效果越好,间隙 δ 一般取 $0.1 \sim 0.3$ mm;间隙内填以润滑脂
非接触式密封	(g)螺旋槽间隙	具有螺旋槽间隙,借轴的回转能使间隙中的润滑油沿螺旋槽流入体内;槽的旋向要按轴的转向来定;只适用于单向回转的轴
非接触式密封	(h)轴向迷宫　(i)径向迷宫	间隙做成迷宫(曲路)形式,并在间隙中充填润滑脂以加强密封效果。轴向迷宫的密封盖必须剖分;对径向迷宫,考虑到轴要伸长,其轴向间隙应取大些。用于脂润滑或油润滑,工作温度不高于密封用脂的滴点;这种密封效果可靠
组合密封	(j)毡圈和间隙的组合　(k)间隙和甩油环的组合 (设有回油孔将油导回油池)	对密封要求较高的场合,常采用组合密封

本 章 习 题

9-1　查机械设计手册,找出下列轴承的尺寸和基本额定动载荷、基本额定静载荷和转速,并进行比较,由此领会选择轴承型号的一些规律。

(1) 6208,6308,6408。

(2) 6206,N206,7206C,30206,51206。

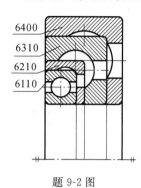

题 9-2 图

9-2 如图所示,用一对深沟球轴承支承一根轴,轴受径向载荷 $F_1 = 12000$ N,轴向载荷 $F_{Ka} = 1000$ N,轴的转速 $n = 650$ r/min,$f_P = 1.2$,$f_t = 1$,轴颈直径不小于 50 mm,轴承的轴向固定采用两端固定支承,要求寿命 $L_{10h} = 10000$ h,试选择轴承型号。

9-3 一轴上两端用 6310 型深沟球轴承,每个轴承承受径向载荷 $F_r = 4500$ N,轴向载荷 $F_a = 2000$ N,轴的转速 $n = 1450$ r/min,载荷平稳,预期寿命为 5000 h,问此轴承是否合用?

9-4 一单级斜齿圆柱齿轮减速箱的低速轴上,安装了一对单列圆锥滚子轴承,已知:两轴承的载荷 $F_{r1} = 2000$ N,$F_{r2} = 4000$ N;轴向载荷 $F_{Ka} = 2100$ N(方向如图 9-8 所示);轴颈直径 $d = 40$ mm;低速轴的转速 $n = 340$ r/min;常温下工作,有轻微冲击,预期寿命 5000 h。试选择轴承型号。

9-5 指出图中齿轮轴系结构上的错误画法,并改正之。

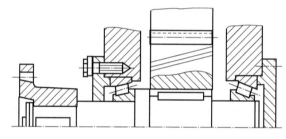

题 9-5 图

第10章 联轴器、离合器和制动器

10.1 概　述

联轴器和离合器是机械传动中常用的重要部件。它们主要用来连接轴与轴(有时也连接轴与其他回转零件)使之一起转动并传递运动和扭矩。联轴器和离合器的不同之处在于,用联轴器连接的两根轴,必须在机器停车后,经过拆卸才能分离;而用离合器连接的两根轴,则可在机器工作时随时接合或分离。

制动器是用来降低机器的速度或者使机器停车的部件。

如图 10-1 所示,在卷扬机传动系统中,电动机 1 和减速器 4 之间采用牙嵌式离合器 2 连接,不但起到传递运动和动力的作用,而且,在电动机运转时,卷筒 6 可以随时停车或运转。在减速器和卷筒之间采用刚性联轴器 5 连接,保证运动和动力的传递。安装制动器 3,可以使卷筒按工作需要及时停车,并保证在卷筒停车后,钢丝绳 7 所吊重物可靠地停在需要的位置上。

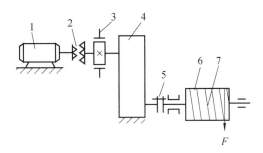

图 10-1　卷扬机传动系统

1—电动机;2—牙嵌式离合器;3—制动器;4—减速器;5—联轴器;6—卷筒;7—钢丝绳

联轴器与离合器大都已标准化,因此设计时的主要问题是如何合理地选择,一般选择步骤如下:

(1) 根据机器的工作条件与使用要求选择合适的类型;

(2) 按轴径计算扭矩及轴的转速,从标准中选取具体的型号;

(3) 必要时对易损件进行校核计算。

联轴器和离合器的计算扭矩 T_c 应考虑机器启动时的惯性力及过载等因素的影响,可按式(10-1)计算,即

$$T_c = KT \leqslant T_n \tag{10-1}$$

式中:T——理论(名义)扭矩,N·m;

K——工作情况系数,见表 10-1;

T_n——公称扭矩,N·m,由标准查出。

表 10-1　工作情况系数 K

工作机		动力机			
工作情况	实例	电动机、汽轮机	四缸以上内燃机	双缸内燃机	单缸内燃机
扭矩变化很小	发电机、小型通风机、小型离心泵	1.3	1.5	1.8	2.2
扭矩变化小	透平压缩机、木工机床、运输机	1.5	1.7	2.0	2.4
扭矩变化中等	搅拌机、增压泵、往复式压缩机、冲床	1.7	1.9	2.2	2.6
扭矩变化中等,有冲击	拖拉机、织布机、水泥搅拌机	1.9	2.1	2.4	2.8
扭矩变化较大,有较大冲击	造纸机、挖掘机、起重机、碎石机	2.3	2.5	2.8	3.2
扭矩变化大,有强烈冲击	压延机、轧钢机	3.1	3.3	3.6	4.0

10.2　联　轴　器

由于制造及安装误差、零件受载后的变形、旋转零件的不平衡,以及温度变化的影响等,被连接的两轴往往不能保证严格的对中,而是存在着某种程度的相对位移,如图 10-2 所示。这就要求设计联轴器时,要从结构上采取各种不同的措施,使之具有补偿这些相对位移的能力。

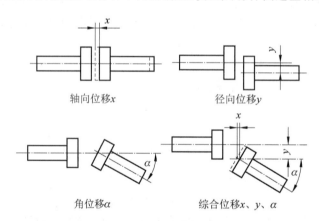

图 10-2　联轴器所连两轴的相对位移

根据联轴器对各种相对位移有无补偿能力,即能否在发生相对位移条件下保持连接的功能,联轴器可分为刚性联轴器(无补偿能力)和挠性联轴器(有补偿能力)两大类。挠性联轴器又可按是否具有弹性元件分为无弹性元件的挠性联轴器和有弹性元件的挠性联轴器两类。有弹性元件的挠性联轴器又可分为金属弹性元件的挠性联轴器和非金属弹性元件的挠性联轴器两类。

10.2.1　刚性联轴器

刚性联轴器不具有补偿被连两轴轴线相对位移的能力,也不具有缓冲减振能力;但其结构简单,价格便宜,可传递较大的扭矩。它适用于载荷平稳、转速稳定、被连接两轴轴线相对位移极小的情况。应用较多的有以下几种。

1. 凸缘联轴器

在刚性联轴器中,凸缘联轴器是应用最广的一种。这种联轴器是把两个带有凸缘的半联轴器用普通平键分别与两轴连接,然后用螺栓把两个半联轴器连成一体,以传递运动和扭矩,如图 10-3 所示。

按对中方法不同,凸缘联轴器有两种主要的结构形式。

图 10-3(a)所示的凸缘联轴器,是靠铰制孔用螺栓来实现两轴对中,此时螺栓杆与钉孔为过渡配合,靠螺栓杆的剪切和螺栓杆与孔壁间的挤压来传递扭矩。

图 10-3(b)是有对中榫的凸缘联轴器,靠一个半联轴器上的凸肩与另一个半联轴器上的凹槽相配合而对中,此时螺栓杆与钉孔壁间存在间隙,装配时须拧紧普通螺栓,靠两个半联轴器接合面间产生的摩擦力来传递扭矩。

当要求两轴分离时,前者只要卸下螺栓即可,轴不需做轴向移动,因此拆卸比后者简便。

凸缘联轴器结构简单,制造成本低,工作可靠,维护简便,常用于载荷平稳、两轴间对中性良好的场合。凸缘联轴器的材料通常为铸铁,当受重载或圆周速度大于 30 m/s 时可采用铸钢或锻钢。

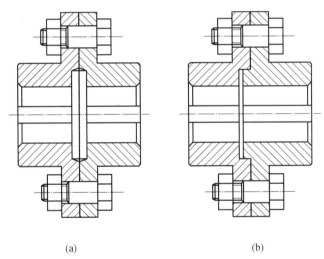

(a)　　　　　　　　　　　　(b)

图 10-3　凸缘联轴器

2. 套筒联轴器

套筒联轴器由一个用钢或铸铁制造的套筒和连接零件(键或销钉)组成,如图 10-4 所示。在采用键连接时,应采用紧定螺钉作轴向固定,见图 10-4(a)。在采用销连接时,销既起传递扭矩的作用,又起轴向固定的作用,选择适当的直径后,还可起过载保护作用,见图 10-4(b)。

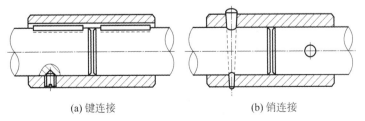

(a) 键连接　　　　　　　　　　(b) 销连接

图 10-4　套筒联轴器

套筒联轴器的优点是构造简单,制造容易,径向尺寸小,成本较低;其缺点是传递扭矩的能力较小,装拆时轴需做轴向移动。套筒联轴器通常适用于两轴间对中性良好、工作平稳、传递扭矩不大、转速低、径向尺寸受限制的场合。

10.2.2 挠性联轴器

挠性联轴器具有一定的补偿被连两轴轴线相对位移的能力,最大补偿量随型号不同而异。凡被连两轴同轴度不易保证的场合,可选用挠性联轴器。

无弹性元件的挠性联轴器承载能力大,但不具备缓冲减振性能,在高速或转速不稳定或正、反转时,有冲击和噪声。它适用于低速、重载、转速平稳的场合。

非金属弹性元件的挠性联轴器,有很好的缓冲减振性能,但由于非金属(橡胶、尼龙等)弹性元件强度低、寿命短、承载能力小,故适用于高速、轻载和常温的场合。

金属弹性元件的挠性联轴器,除了具有较好的缓冲减振性能,且承载能力大,适用于速度和载荷变化较大及高温或低温场合。

1. 无弹性元件的挠性联轴器

1) 齿轮联轴器

如图 10-5(a)所示,这种联轴器由两个带有外齿的内套筒 1 和两个带有内齿及凸缘的外套筒 2 组成。两个内套筒分别用键与两轴连接,两个外套筒用螺栓 3 连成一体,依靠内外齿相啮合以传递扭矩。为了减少磨损,可通过注油孔 4 给外套筒注油,以便对齿面进行润滑。为了防止漏油,在内外套筒之间安装密封圈 5。为了防止此密封圈的脱落,在两个外套筒的外侧装有挡圈 6。

由于外齿的齿顶制成椭球面,齿侧为鼓形,如图 10-5(b)所示,且保证与内齿啮合后具有适当的顶隙和侧隙,故在传动时,套筒可有轴向和径向位移,以及角位移。

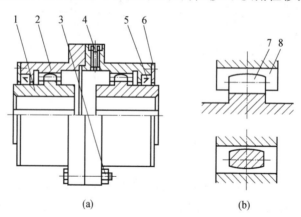

(a)   (b)

图 10-5 齿轮联轴器

1—内套筒;2,8—外套筒;3—螺栓;4—注油孔;5—密封圈;6—挡圈;7—外齿

齿轮联轴器虽然允许两轴有较大的偏移量,但是其本身质量较大,结构复杂,因此成本较高,且不具备缓冲减振的能力,因此常用于低速、重载的场合。

2) 十字滑块联轴器

十字滑块联轴器如图 10-6 所示,它由两个端面开有凹槽的半联轴器 1、3 和一个在两端面上都有凸榫的十字滑块 2 组成。凹槽的中心线分别通过两轴的中心,两凸榫中线相互垂直并通过十字滑块的轴线。两个半联轴器 1、3 分别用键与两轴连接,十字滑块 2 的两凸榫分别嵌在半联轴器 1、3 的两个凹槽中,构成动连接。当两轴有径向位移时,榫可在凹槽中来回滑行进行补偿。

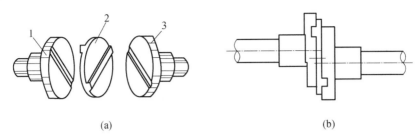

(a)　　　　　　　　　　　　　　(b)

图 10-6　十字滑块联轴器

1,3—半联轴器;2—十字滑块

　　十字滑块联轴器允许两轴有一定的相对位移,但在这种情况下,十字滑块的偏心会产生较大的离心力,使磨损加剧,因此应限制轴的转速,使其不高于 300 r/min,并且对工作表面进行润滑。

　　3) 万向联轴器

　　万向联轴器的结构如图 10-7 所示,图中十字形零件的四端用铰链分别与轴 1、轴 2 上的叉形接头相连。因此,当一轴的位置固定后,另一轴可以在任意方向偏斜 α 角,角位移 α 可达 $40°\sim45°$。为了增加其灵活性,可在铰链处配置滚针轴承(图中未画出)。

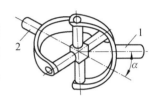

图 10-7　万向联轴器

1,2—轴

　　但是,单个万向联轴器两轴的瞬时角速度并不是时时相等,即当轴 1 以等角速度回转时,轴 2 做变角速转动,从而引起动载荷,对使用不利。

　　由于单个万向联轴器存在着上述缺点,所以在机器中很少单个使用。实用上,常采用十字轴式万向联轴器,即由两个单万向联轴器串接而成,如图 10-8 所示。当主动轴 1 以等角速度 α_1 旋转时,带动十字轴式的中间件 C 做变角速度旋转,利用对应关系,再由中间件 C 带动从动轴 2 以与轴 1 相等的角速度 α_2 旋转。因此安装十字轴式万向联轴器时,如要使主动轴、从动轴的角速度相等,必须满足两个条件:(1) 主动轴、从动轴与中间件的夹角必须相等,即 $\alpha_1=\alpha_2$;(2) 中间件两端的叉面必须位于同一平面内。

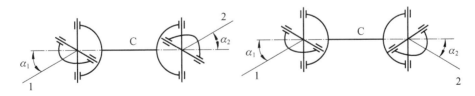

图 10-8　十字轴式万向联轴器示意图

1—主动轴;2—从动轴

　　显然,中间件本身的转速是不均匀的。但因它的惯性小,由它产生的动载荷、振动等一般不会引起显著危害。

　　万向联轴器的结构紧凑、维护方便,常用于相交轴间的连接,在汽车、多头钻床等机器中得到广泛应用。

　　小型十字轴式万向联轴器已标准化,设计时可按标准选用。

　　4) 滚子链联轴器

　　滚子链联轴器是利用一公共滚子链(单排或双排)同时与两个齿数相同的并列链轮相啮合

以实现两半联轴器连接的一种联轴器,如图10-9所示。这种联轴器结构简单,装拆方便,径向尺寸比其他联轴器紧凑,质量轻,转动惯量小,效率高,具有一定的位移补偿能力,工作可靠,使用寿命长,可在高温、多尘、油污、潮湿等恶劣环境下工作;缺点是,离心力过大会加速各元件间的磨损和发热,不宜用于高速传动,缓冲、减振能力不大,不宜在频繁启动、强烈冲击下工作。

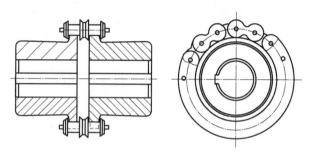

图 10-9 滚子链联轴器(双排)

2. 有弹性元件的挠性联轴器

1)弹性套柱销联轴器

弹性套柱销联轴器的结构与凸缘联轴器相似,只是用带有非金属(如橡胶等)弹性套的柱销代替连接螺栓,如图10-10所示。弹性套的材料为耐油橡胶,并且截面呈蛹状,弹性很大。因此弹性套的弹性变形可以缓冲吸振并且补偿被连接两轴的相对位移。

安装这种联轴器时,应在两个半联轴器之间留出一定的间隙 c,以便补偿两轴的轴向位移。弹性套为易损件,因此设计时应留出拆卸距离 A,以便拆卸和更换。

这种联轴器的结构简单、制造容易、拆装方便、成本低,但弹性套的寿命较短,故适用于扭矩小、转速高、频繁正反转的场合。

2)弹性柱销联轴器

弹性柱销联轴器是用若干非金属柱销置于两半联轴器凸缘孔中以实现两半联轴器连接的一种联轴器,结构与凸缘联轴器相似,如图10-11所示。尼龙柱销材料为尼龙-6(聚酰胺-6),具有一定的弹性,此外尼龙柱销的一段为圆柱形,另一段为腰鼓形,可缓和冲击。为防止尼龙柱销脱落,在两个半联轴器外侧装有挡圈。尼龙耐磨性好,摩擦系数小,有自润滑作用,但对温度比较敏感,不宜用于温度较高的场合,它具有结构简单、制造容易、维修方便、允许轴向位移大等特点。一般工作温度为-20~+70 ℃。这种联轴器适用于连接启动及换向频繁、传递扭矩较大的中、低速轴。

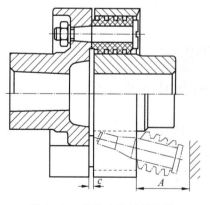

图 10-10 弹性套柱销联轴器

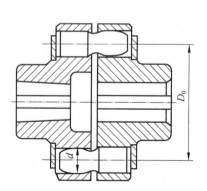

图 10-11 弹性柱销联轴器

3）轮胎式联轴器

轮胎式联轴器如图 10-12 所示，它是用橡胶或橡胶织物制成轮胎状的弹性元件，两端用压板及螺钉分别压在两个半联轴器上。这种联轴器弹性好，具有良好的消振能力和良好的补偿综合位移的能力，工作可靠，可用于潮湿多尘、频繁启动及换向的冲击较大的场合，尤其在起重机械中应用较广。其缺点是径向尺寸较大；当扭矩较大时，会因过大扭转变形而产生附加轴向载荷。

4）蛇形弹簧联轴器

蛇形弹簧联轴器由两个带外齿的半联轴器，及在齿间安装的 6～8 组蛇形弹簧所组成，如图 10-13 所示。为防止蛇形弹簧在联轴器运转时因惯性离心力而脱出，在半联轴器上装有外壳，外壳用螺栓连接。外壳内储有润滑脂，以减轻齿与弹簧的摩擦。扭矩是通过半联轴器上的齿和蛇形弹簧传递。这种联轴器对被连两轴相对位移的补偿量较大，适用于重载和工作状况较恶劣的场合，在冶金、矿山机械中应用较多。其缺点是结构和制造工艺较复杂，成本高。

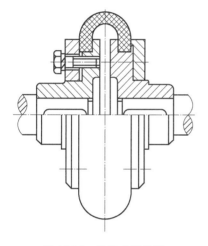
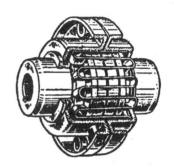

图 10-12 轮胎式联轴器   图 10-13 蛇形弹簧联轴器

10.2.3 联轴器类型的选择

选择联轴器类型时可考虑以下几点。

（1）载荷的大小和性质，以及对缓冲减振功能的要求。例如，对大功率的重载传动，可选用齿轮联轴器；对严重冲击载荷或要求消除轴系扭转振动的传动，可选用轮胎式联轴器等具有高弹性的联轴器。

（2）联轴器的工作转速高低和引起的离心力大小。对于高速传动轴，应选用平衡精度高的联轴器，例如弹性套柱销联轴器等，而不宜选用存在偏心的滑块联轴器等。

（3）两轴相对位移的大小和方向。在安装调整过程中，难以保持两轴的严格精确对中，或工作过程中两轴将产生较大的附加相对位移时，应选用挠性联轴器。例如，当径向位移较大时，可选滑块联轴器；角位移较大或相交两轴的连接可选用万向联轴器等。

（4）联轴器的可靠性和工作环境。通常由金属元件制成的不需润滑的联轴器比较可靠；需要润滑的联轴器，其性能易受润滑完善程度的影响，且可能污染环境。含有橡胶等非金属元件的联轴器对温度、腐蚀性介质及强光等比较敏感，而且容易老化。

（5）联轴器的制造、安装、维护和成本。在满足使用性能的前提下，应选用装拆方便、维护简单、成本低的联轴器。例如,刚性联轴器不但结构简单,而且装拆方便,可用于低速、刚性大的传动轴。一般的非金属弹性元件联轴器(如弹性套柱销联轴器、弹性柱销联轴器、梅花形弹性联轴器等),由于具有良好的综合性能,广泛适用于一般的中小功率传动。

10.3　离　合　器

离合器是一种在机器运转中,可将传动系统随时分离或接合的装置,在各类机器中得到广泛的应用。对离合器的要求:接合平稳,分离迅速而彻底;调节和修理方便;外廓尺寸小;质量小;耐磨性好和有足够的散热能力;操纵方便省力。离合器的类型很多,按离合控制方法不同分类大致如图 10-14 所示。

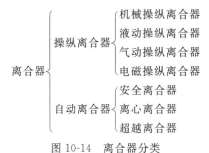

图 10-14　离合器分类

离合器的形式很多,部分已经标准化,可从机械设计手册或有关样本中选取。

10.3.1　操纵离合器

离合器的接合与分离由外界操纵的称为操纵离合器。

1.牙嵌式离合器

牙嵌式离合器的结构如图 10-15 所示,它由两个端面带牙的半离合器所组成。半离合器 1 固定在主动轴上,半离合器 2 可以沿导向平键 3 在从动轴上移动。利用操纵杆(图中未画出)移动滑环 4,可使两半离合器的牙相互嵌合或分离。牙嵌式离合器是借牙的相互嵌合来传递运动和扭矩的。为了便于两轴对中,在半离合器 1 中装有对中环 5,从动轴可在对中环中滑动。

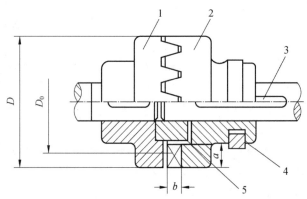

图 10-15　牙嵌式离合器
1,2—半离合器;3—导向平键;4—滑环;5—对中环

牙嵌式离合器的常见牙型有三角形、梯形、锯齿形,如图 10-16 所示。三角形牙用于传递中、小扭矩的低速离合器,牙数为 15～60。矩形牙没有轴向力,但不便于接合与分离,磨损后无法补偿,因此使用较少。梯形、锯齿形牙的强度高,可传递较大的扭矩,能自动补偿牙的磨损与间隙,从而减少冲击,牙数为 3～15。锯齿形牙的强度高,但只能单向工作,反转时由于有较大的轴向分力,会迫使离合器自行分离。各牙应精确等分,以使载荷均布。

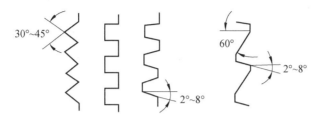

图 10-16 牙嵌式离合器的常见牙型

牙嵌式离合器的承载能力主要取决于牙根处的弯曲强度。对于操作频繁的离合器,还需验算牙面的挤压强度,以控制磨损。

牙嵌式离合器结构简单,外廓尺寸小,能传递较大的扭矩,故应用较多。但牙嵌式离合器只宜在两轴不回转或转速差很小时才能接合,否则牙齿可能会因此受到撞击而折断。

牙嵌式离合器的常用材料为低碳合金钢(如 20Cr、20MnB),经渗碳淬火等处理后牙面硬度达到 56～62 HRC;有时也采用中碳合金钢(如 40Cr、45MnB),经表面淬火等处理后牙面硬度达到 48～58 HRC。

牙嵌式离合器可以借助电磁线圈的吸力操纵,称为电磁牙嵌式离合器。电磁牙嵌式离合器通常需采用嵌入方便的三角形细牙。它依据信息而动作,便于遥控和程序控制。

2. 摩擦离合器

摩擦离合器是靠两半离合器接合面间的摩擦力传递扭矩的。常用的有圆盘式摩擦离合器,按摩擦盘数多少可分为单圆盘式和多圆盘式。

图 10-17 所示为单圆盘式摩擦离合器,它由两个摩擦盘组成,摩擦盘 1 固装在主动轴上,摩擦盘 2 用导向平键与从动轴连接。工作时利用操纵杆使滑环左移,则两摩擦盘压紧,实现接合;若使滑环右移,则两摩擦盘松开,离合器分离。

当传递扭矩很大时,单圆盘式摩擦离合器需要很大的轴向力,或很大的摩擦盘直径,因此它多用于传递扭矩不大(<2000 N·m)的轻型机械,如包装机械、纺织机械等。

当传递扭矩较大时,可采用多盘式摩擦离合器,如图 10-18 所示。它有两组摩擦盘,一组为外摩擦盘 5,以其外齿插入主动轴 1 上外鼓轮 2 内缘的纵向槽内,盘的孔壁则不与任何零件接触,故盘 5 可与轴 1 一起转动,并可在轴向力的作用下沿轴向移动;另一组为内摩擦盘 6,以其孔壁凹槽与从动轴 3 上的套

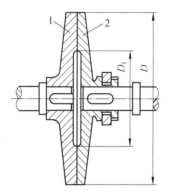

图 10-17 单圆盘式摩擦离合器
1,2—摩擦盘

筒 4 的凸齿相配合,而盘的外缘不与任何零件接触,故盘 6 可与轴 3 一起转动,也可在轴向推力下做轴向移动。另外,在套筒 4 上开有三个纵向槽,其中安置可绕销轴转动的曲臂压杆 8,当滑环 7 向左移动时,曲臂压杆 8 通过压板 10 将所有有内、外摩擦盘紧压在调节螺母 9 上,离合器即进入接合状态。螺母 9 可调节摩擦盘之间的压力。

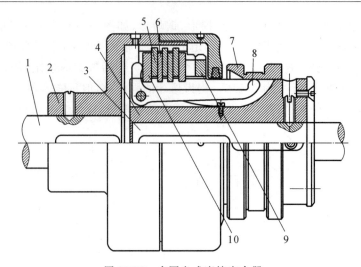

图 10-18　多圆盘式摩擦离合器

1—主动轴;2—外鼓轮;3—从动轴;4—套筒;5—外摩擦盘;
6—内摩擦盘;7—滑环;8—曲臂压杆;9—调节螺母;10—压板

　　其中,外摩擦盘结构如图 10-19(a)所示。内摩擦盘结构有平板形和碟形两种,如图 10-19 (b)所示,后者接合时被压平,分离时借其弹力作用可以更快加速。尽管摩擦盘的数目越多, 传递的扭矩越大,但盘数过多会降低分离动作的灵活性,因此一般限制内、外摩擦盘总数不超 过 25~30。

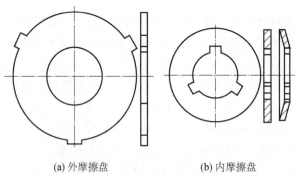

　　(a) 外摩擦盘　　　　　　　(b) 内摩擦盘

图 10-19　摩擦盘的结构

　　根据内、外摩擦盘是否浸油工作,离合器又有干式离合器和湿式离合器两种。前者反应 灵敏,后者磨损小、散热快。

　　摩擦面材料应满足如下要求:有大而稳定的摩擦系数;耐磨性与抗胶合性良好;耐高温、 耐高压且价格低廉等。常用材料为淬火钢、铸铁、粉末冶金及压制石棉等。

　　多盘式摩擦离合器常用于传递扭矩较大、经常在运转中离合或频繁启动、重载的场合,广 泛应用于汽车、拖拉机和各种机床中。

　　摩擦离合器与牙嵌式离合器相比,主要具有如下特点:对任何不同转速的两轴都可以在运 转时接合或分离;接合时冲击和振动较小;过载时摩擦面间自动打滑,可防止其他零件损坏;调 节摩擦面间压力,可改变从动轴加速时间和传递的扭矩。但是摩擦离合器在两半离合器接合与 分离时,由于从动轴的转速总是小于主动轴的转速,内外摩擦面间必然产生相对滑动,消耗一定 能量,造成磨损和发热。当温度过高时,就会引起摩擦系数改变,严重时还可能导致摩擦盘胶合 与塑性变形。一般对钢制摩擦盘,应限制其表面最高温度不超过 300~400 ℃,整个离合器的平均温度不大于 100～120 ℃。此外,摩擦离合器结构更为复杂,体积也较大。

3. 磁粉离合器

磁粉离合器的工作原理如图 10-20 所示,金属外筒 1 为从动件,嵌有环形励磁线圈 3 的电磁铁 4 与主动轴相连接,1 与 4 之间留有 1.5～2 mm 的间隙,内装适量的导磁铁粉混合物 2(磁粉),磁粉有湿式(铁粉与油混合)和干式(铁粉和石墨)两种。当励磁线圈中无电流时,散沙状的粉末不阻碍主、从动件之间的相对运动,离合器处于分离状态;通入电流后,产生磁场,磁粉在磁场作用下被吸引而集聚,将主、从动件连接起来,离合器即接合。切断电流后,磁粉又恢复自由状态,离合器即分离。

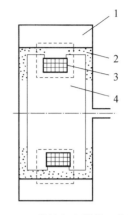

图 10-20　磁粉离合器的工作原理
1—金属外筒;2—磁粉;3—励磁线圈;4—电磁铁

这种离合器的优点是接合平稳,动作迅速,运行可靠,使用寿命较长,可远距离操纵,结构简单。缺点是质量大,工作一定时间后需更换磁粉。

10.3.2　自动离合器

在工作时能自动分离和接合的离合器,称为自动离合器。

当传递的扭矩达到某一限定值时能自动分离的离合器,由于有防止系统过载的安全作用,称为安全离合器;当轴的转速达到某一转速时靠离心力能自动接合,或超过某一转速时靠离心力能自动分离的离合器,称为离心离合器;根据主、从动轴间的相对速度差的不同以实现接合或分离的离合器,称为超越离合器。

1. 安全离合器

图 10-21 所示为弹簧-滚珠安全离合器。套筒 1 与主动轴相连,套筒 3 通过键 2 与从动轴(或从动件)相连。利用弹簧 5 和滚珠 4 将件 6(弹簧套筒)连接,而件 6 是用导键与件 1 相连的,用螺母 7 调节弹簧的压力,即调节滚珠 4 与套筒 3 之间的摩擦力。当传递的扭矩超过滚珠 4 与套筒 3 之间形成的摩擦力矩时,离合器即分离。由于分离后滚珠 4 与套筒 3 均会磨损,故这种离合器只用于传递扭矩较小的场合。

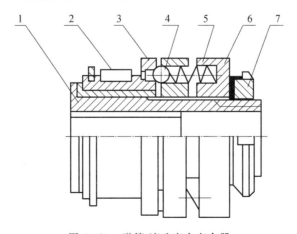

图 10-21　弹簧-滚珠安全离合器
1,3—套筒;2—键;4—滚珠;5—弹簧;6—弹簧套筒;7—螺母

2. 离心离合器

离心离合器按其在静止状态时的离合情况可分为开式和闭式两种。开式只有当达到一定工作转速时,主、从动部分才进入接合;闭式在达到一定工作转速时,主、从动部分才分离。在启动频繁的机器中采用离心离合器,可使电动机在运转稳定后才接入负载。如电动机的启动电流较大或启动力矩很大时,采用开式离心离合器就可避免电动机过热,或防止传动机构受到很大的动载荷。采用闭式离心离合器则可在机器转速过高时起保安作用。又因这种离合器是靠摩擦力传递扭矩的,故扭矩过大时也可通过打滑而起保安作用。

图 10-22(a)所示为开式离心离合器的工作原理图。在两个拉伸螺旋弹簧 3 的弹力作用下,主动部分的一对闸块 2 与从动部分的鼓轮 1 脱开;当转速达到某一数值后,离心力对支点 4 的力矩增加到超过弹簧拉力对支点 4 的力矩时,便使闸块绕支点 4 向外摆动并与从动鼓轮 1 压紧,离合器即进入接合状态。当接合面上产生的摩擦力矩足够大时,主、从动轴即一起转动。图 10-22(b)所示为闭式离心离合器的工作原理图,其作用与上述开式离心离合器的相反,在正常运转条件下,由于压缩弹簧 7 的弹力,两个闸块 6 与鼓轮 5 表面压紧,保持接合状态而一起转动;当转速超过某一数值后,离心力矩大于弹簧压力的力矩时,即可使闸块绕支点 8 摆动而与鼓轮脱离接触。

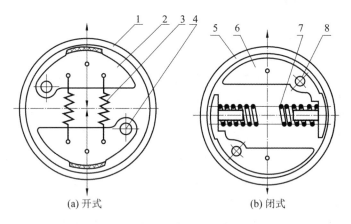

(a) 开式　　　　　　　　　　(b) 闭式

图 10-22　离心离合器的工作原理图
1,5—鼓轮;2,6—闸块;3—拉伸螺旋弹簧;4,8—支点;7—压缩弹簧

10.4　制　动　器

制动器的作用是使运转中的机器迅速停止,并闸住不动;或者使重物以恒定速度下降。制动器的工作原理是利用摩擦副中产生的摩擦力矩实现制动作用,或者利用制动力与重力的平衡,使机器运转速度保持恒定。为了减小制动力矩和制动器的尺寸,通常将制动器配置在机器的高速轴上。

制动器的种类很多,按用途可分为停止式和调速式两种。前者只有停止和支持运动物体的作用;后者除具有前者的功能,还具有调节物体运动速度的作用。

按结构特征,制动器可分为块式、带式和盘式三种。

按操纵方式,制动器可分为手动、自动和混合式三种。

　　按工作状态,制动器可分为常开式制动器和常闭式制动器两种。前者经常处于松闸状态,必须施加外力才能实现制动;后者的工作状态正好与前者相反,即经常处于合闸即制动状态(通常为机器停机时),只有施加外力才能解除制动状态(如机器启动和运转时)。起重机械中的提升机构常采用常闭式制动器,而各种车辆的主制动器则采用常开式。

　　部分制动器已标准化,其选择、计算方法可查阅机械设计手册,现介绍几种常见的简单制动器。

1. 短行程电磁铁双瓦块式制动器

　　短行程电磁铁双瓦块式制动器的工作原理如图 10-23 所示。在图示状态中,电磁铁线圈断电,主弹簧 8 将左、右制动臂 4 收拢,两个制动瓦块 3 同时闸紧制动轮 10,此时为制动状态。当电磁铁线圈 5 通电时,电磁铁 6 绕 O 点逆时针转动,迫使推杆 7 向右移动,于是主弹簧 8 被压缩,左、右制动臂 4 的上端距离增大,两瓦块 3 离开制动轮,制动器处于开启状态。将两个制动臂对称布置在制动轮两侧,并将两制动瓦块铰接在其上,这样可使两瓦块下的正压力相等及两制动臂上的合闸力相等,从而使制动轮上的行程较短(小于 5 mm)。主弹簧的压力可由位于其端部装在推杆 7 上的螺母调节。两制动臂的张开程度由限位螺钉 2 调节限定。

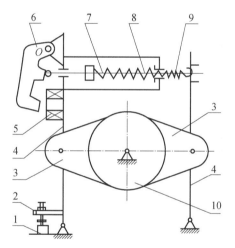

图 10-23　短行程电磁铁双瓦块式制动器的工作原理

1—固定件;2—限位螺钉;3—制动瓦块;4—左、右制动臂;5—电磁铁线圈;
6—电磁铁;7—推杆;8—主弹簧;9—副弹簧;10—制动轮

　　这种制动器的优点是制动和开启迅速,尺寸小、质量轻,更换瓦块、电磁铁方便,并易于调整瓦块和制动轮之间间隙;缺点是制动时冲击力较大,开启时所需电磁铁吸力较大,电磁铁尺寸和电能消耗也因此较大。这种制动器不宜用于需很大制动力矩和频繁制动的场合。

2. 带式制动器

　　图 10-24 所示为简单带式制动器。当杠杆上作用外力 Q 后,收紧闸带而抱住制动轮,靠带与轮间的摩擦力达到制动目的。

　　为了增加摩擦作用,闸带材料一般为钢带上覆以石棉或夹铁纱帆布。

　　带式制动器结构简单,径向尺寸紧凑,包角较大,制动力矩也大;但制动带磨损不均匀,易断裂,对轴的横向作用力也大。因此,带式制动器多用于集中驱动的设备及绞车上。

3. 内张蹄式制动器

　　图 10-25 所示为内张蹄式制动器的工作原理。两个制动蹄 2 分别与机架的制动底板铰

接,制动轮3与被制动轴连接。制动轮内圆柱表面装有耐磨材料制的摩擦瓦6。当压力油进入油缸4后,推动左、右两活塞,两制动蹄在活塞的推动力F作用下,压紧制动轮内圆柱表面,从而实现制动。松闸时,将油路卸压,弹簧5收缩,使制动蹄离开制动轮,实现松闸。

这种制动器结构紧凑、尺寸小,而且具有自动增力的效果,因而广泛用于结构尺寸受限制的机械设备和各种运输车辆上。

某些应用广泛的制动器,如各种双瓦式制动器已标准化,有系列产品可供选择。额定制动力矩是表征制动器工作能力的主要参数,制动力矩是选择制动器型号的主要依据,所需制动力矩应根据不同的机械设备的具体情况而定。例如,起重机的起升机构制动力需平衡的是载重力矩;而其他的运行机构(以及各种车辆)制动力矩需平衡的是运动质量的惯性力矩。

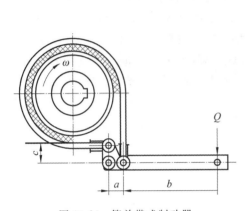

图 10-24　简单带式制动器

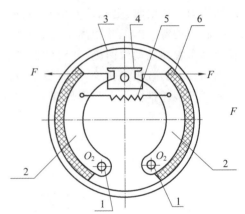

图 10-25　内张蹄式制动器的工作原理

1—销轴;2—制动蹄;3—制动轮;4—油缸;5—弹簧;6—摩擦瓦

本 章 习 题

10-1　联轴器和离合器的根本区别在于(　　)。

A. 联轴器只能连接两轴,离合器在连接两轴的同时还可连接轴上其他零件

B. 联轴器可用弹性元件缓冲,离合器则不能

C. 联轴器必须使机器停止运转才能用拆卸的方法使两轴分离,离合器则可在工作时分离

10-2　齿轮联轴器对两轴的(　　)偏移具有补偿能力,所以常用于安装精度要求不高的机械和重型机械中。

　　A. 径向　　　　　　　B. 轴向　　　　　　　C. 角　　　　　　　D. 综合

10-3　十字滑块联轴器限制凸榫与凹槽接触面间压力的主要目的是(　　)。

A. 防止凸榫弯曲折断　　　　　　B. 防止接触面过快磨损

C. 防止凸榫剪断　　　　　　　　D. 保证接触面不发生点蚀

10-4　摩擦离合器的缺点之一是(　　)。

A. 只能传递较小的扭矩

B. 要求在停车状态下接合或分离两轴

C. 摩擦盘寿命较短

第11章 弹 簧

弹簧是一种弹性元件,在各类机器中的应用十分广泛。弹簧在受载后产生较大的弹性变形,当外载荷卸除后,变形消失而弹簧恢复原形。利用弹簧的这种特性可以满足一些特殊机械的要求。

本章介绍弹簧的功能、类型和特性,弹簧的材料、许用应力及制造方法;重点介绍圆柱螺旋压缩、扭转弹簧的设计计算,包括弹簧的结构设计、几何参数设计、特性曲线、强度计算、刚度计算及稳定性验算。

11.1 概 述

11.1.1 弹簧的功能

弹簧利用材料的弹性及结构上的特点,使其在受到外载荷作用时吸收机械动能,将机械动能转化成弹性变形能,或继续将弹性变形能转化成动能,以完成机械功。它由于具有刚性小、弹性大、在载荷作用下容易产生弹性变形等特点,因此被广泛应用于各种机械、仪器和日常用品中。

弹簧的主要功能如下:

(1) 控制机械运动,如制动器、离合器中的控制弹簧,内燃机汽缸的阀门弹簧等;

(2) 减振和缓冲,如汽车、火车车厢下的减振弹簧,以及各种缓冲器用的弹簧等;

(3) 储存及输出能量,如钟表弹簧、枪闩弹簧等;

(4) 测量力的大小,如测力器和弹簧秤中的弹簧等;

(5) 用作振动元件,如振动筛、振动输送机等机械中的支承弹簧等。

11.1.2 弹簧的类型

按照制造材料的不同,弹簧可分为金属弹簧和非金属弹簧。按照所承受的载荷不同,弹簧可以分为拉伸弹簧、压缩弹簧、扭转弹簧和弯曲弹簧等4种。按照弹簧的形状不同,弹簧又可分为螺旋弹簧、环形弹簧、碟形弹簧、板弹簧和平面涡卷弹簧等。表 11-1 中列出了弹簧的基本类型。

表 11-1　常用金属弹簧的主要类型、特点和应用

类型	承载形式	简图	特点和应用
等节距 圆柱螺旋 弹簧	拉伸		结构简单,制造方便。属于线性变化弹簧,工作时承受拉力,能承受的载荷和变化范围都比较大,应用最广
	压缩		工作时承受压力,特点和应用与等节距圆柱螺旋拉伸弹簧相同
	扭转		工作时承受扭矩。主要用于压紧、储能或传递扭矩
变节距 圆柱螺旋 弹簧	压缩		具有较好的减振与防振的作用,常用于高速、变载荷的场合
圆锥形 螺旋弹簧	压缩		结构紧凑,稳定性好,属于非线性形变弹簧,刚度随载荷的变化而变化,防振能力强。多用于承受较大载荷和需要减振的场合
环形弹簧	压缩		可承受较大压力,属于非线性形变弹簧。圆锥面间有较大的摩擦力,故有很强的减振能力。常用于重型设备,如机车车辆、锻压设备和起重机械中的缓冲装置
碟形弹簧	压缩		结构简单,制造维修方便,刚度大,可承受较大压力,属于非线性形变弹簧。缓冲、吸振能力较强,常用于重型机械的缓冲和减振装置中
平面 涡卷弹簧	扭转		也称为盘状弹簧。工作时承受扭矩,且能储存较大的能量。常用于钟表及仪表中的储能装置中
板弹簧	弯曲		工作时承受弯矩,属于非线性形变弹簧。变形大,吸振能力强,主要用于各种车辆的缓冲和减振装置中

除表 11-1 介绍的金属弹簧外,有些非金属弹簧如橡胶弹簧、空气弹簧等在减振、隔音等方面明显优于金属弹簧,因此非金属弹簧在现代机械工业中的应用也日益广泛。

11.2 弹簧的材料、许用应力及制造

11.2.1 弹簧的材料

弹簧一般在变载荷及冲击载荷下工作,其破坏形式主要是疲劳破坏。为保证其工作可靠,对弹簧材料的主要要求如下:

(1) 必须有较高的弹性极限、强度极限、疲劳极限和冲击韧性;

(2) 具有良好的热处理性能,热处理后应有足够的经久不变的弹性,且脱碳性要小;

(3) 对冷拔材料要求有均匀的硬度和良好的塑性。

选择材料时,应根据弹簧的功用、重要程度、工作条件、加工、热处理及经济性等诸多因素来选取合适的材料。常用的弹簧材料有碳素弹簧钢、合金弹簧钢、不锈钢、有色金属等。

1. 碳素弹簧钢

这种弹簧钢含碳量为 0.6%~0.9%,如 65 钢、70 钢。其优点是原材料容易获得、价格便宜、热处理后具有较高的强度、适宜的韧性和塑性;缺点是弹性极限低,多次重复变形后易失去弹性,不能在高于 130 ℃的温度下工作,且当弹簧丝直径 $d>12$ mm 时,不易淬透,故仅适用于小尺寸的弹簧。

2. 低锰弹簧钢

这种弹簧钢(例如 60Mn、65Mn 等)与碳素弹簧钢相比,其优点是淬透性较好、强度较高;其缺点是淬火后容易产生裂纹及热脆性。一般机械上常用这种弹簧钢制造尺寸不大的弹簧,如离合器弹簧等。

3. 硅锰弹簧钢

这种弹簧钢(例如 60Si2MnA、70SiMnA 等)中因为加入了硅,故可以显著地提高弹性极限,并提高了回火稳定性,因而可以在更高的温度下回火,从而得到良好的力学性能。硅锰弹簧钢在工业中得到了广泛的应用,一般用于制造汽车、拖拉机的螺旋弹簧。

4. 铬钒钢

这种钢(例如 50CrVA)中加入钒的目的是细化"细胞",提高钢的强度和韧性。这种材料的耐疲劳和抗冲击性能良好,并能在 $-40\sim210$ ℃的温度下可靠工作,但价格较高。多用于要求较高的场合,如用于制造航空发动机调节系统中的弹簧。

此外,某些不锈钢和青铜等材料,具有耐腐蚀的特点,青铜还具有防磁性和导电性,故常用于制造化工设备的弹簧或工作于腐蚀性介质中的弹簧。其缺点是不容易进行热处理,力学性能较差,所以在一般机械中很少采用。

表 11-2 列出了弹簧常用材料的相关参数及性能。

表 11-2　弹簧常用材料的相关参数及性能

类别	代号	切变模量 G/GPa	弹性模量 E/GPa	推荐硬度 HTC	推荐温度 /℃	特性及用途
钢丝	碳素弹簧钢丝 Ⅰ,Ⅱ,Ⅱa,Ⅲ	81.5~78.5	204~202		−40~120	强度高,性能好,适用于尺寸较小的弹簧
	60Si2Mn 60Si2MnA	78.5	197	45~50	−40~200	弹性好,回火稳定,易脱碳。适用于制作受载荷较大的弹簧
	65Si2MnWA 65Si2CrVA			47~52	−40~250	弹性好,耐高温,强度高
	30W4CrVA			43~47	−40~350	高温强度好,淬透性好
	50CrVA			45~50	−40~210	疲劳强度高,淬透性和回火稳定性好
不锈钢	1Cr8Ni9Ti	71.5	193	—	−250~300	耐腐蚀,耐高温,适用于制作尺寸小的弹簧
	4Cr13	75.5	215	48~53	−40~300	耐腐蚀,耐高温,适用于制作尺寸大的弹簧
	Co40CrNiTiMo	76.5	197	—	−40~500	耐腐蚀,高强度,无磁性,高弹性
青铜	QSi-3	40.2	93	HB 90~120	−40~120	耐腐蚀,防磁性好
	QSn4-3	39.2				
	QBe2	42.2	129.5	37~40		耐腐蚀,防磁,导电性及弹性好

注　(1) 按受力循环次数不同,弹簧分为三类:Ⅰ类,受变载荷次数在 $1×10^6$ 以上的弹簧;Ⅱ类,受变载荷次数为 $1×10^3$~$1×10^6$ 及受冲击载荷的弹簧;Ⅲ类,受静载荷及受荷次数在 $1×10^3$ 以下的弹簧等。

(2) 碳素弹簧钢丝按机械性能不同分为Ⅰ、Ⅱ、Ⅱa、Ⅲ。Ⅰ组强度最高,强度按高到低依次为Ⅰ、Ⅱ、Ⅱa、Ⅲ。

(3) 弹簧的工作极限应力 τ_{lim}:Ⅰ类≤1.67$[\tau]$,Ⅱ类≤1.25$[\tau]$,Ⅲ类≤1.12$[\tau]$。

(4) 轧制钢的力学性能与钢丝相同。

(5) 碳素弹簧钢丝的切变模量和弹性模量对 0.5~4 mm 直径有效,大于 1 mm 取下限。

11.2.2　弹簧材料的许用应力

影响弹簧许用应力的因素很多,除了材料品种外,材料质量、热处理方法、载荷性质、弹簧的工作条件和重要程度及弹簧丝的尺寸等,都是确定许用应力时应予以考虑的。弹簧常用材料的许用扭转应力及许用弯曲应力见表 11-3。

表 11-3　弹簧常用材料的许用扭转应力及许用弯曲应力

类别	代号	许用扭转应力 $[\tau]$/MPa			许用弯曲应力 $[\sigma_b]$/MPa	
		Ⅰ类弹簧	Ⅱ类弹簧	Ⅲ类弹簧	Ⅰ类弹簧	Ⅱ类弹簧
钢丝	碳素弹簧钢丝 Ⅰ,Ⅱ,Ⅱa,Ⅲ	$0.3\sigma_b$	$0.4\sigma_b$	$0.5\sigma_b$	$0.5\sigma_b$	$0.625\sigma_b$
	60Si2Mn 60Si2MnA	471	627	785	785	981
	65Si2MnWA 65Si2CrVA	560	745	931	931	1167
	30W4CrVA 50CrVA	442	588	735	735	920

类别	代号	许用扭转应力 $[\tau]$/MPa			许用弯曲应力 $[\sigma_b]$/MPa	
		Ⅰ类弹簧	Ⅱ类弹簧	Ⅲ类弹簧	Ⅰ类弹簧	Ⅱ类弹簧
不锈钢	1Cr8Ni9Ti	324	432	540	540	677
	4Cr13	442	588	735	735	920
	Co40CrNiTiMo	500	666	834	834	1000
青铜	QSi-3	265	353	442	442	550
	QSn4-3					
	QBe2	353	442	550	550	735

碳素弹簧钢丝的许用应力取决于弹簧钢丝的抗拉强度极限 σ_b。表 11-4 给出了碳素弹簧钢丝的抗拉强度极限值。

表 11-4 碳素弹簧钢丝的抗拉强度(摘自 GB/T 4357—2009)

钢丝公称直径/mm	抗拉强度/MPa				
	SL 型	SM 型	DM 型	SH 型	DH 型
1.25	1660~1900	1910~2130	1910~2130	2140~2380	2140~2380
1.30	1640~1890	1900~2130	1900~2130	2140~2370	2140~2370
1.40	1620~1860	1870~2100	1870~2100	2119~2340	2119~2340
1.50	1600~1840	1850~2080	1850~2080	2090~2310	2090~2310
1.60	1590~1820	1830~2050	1830~2050	2060~2290	2060~2290
1.70	1570~1800	1810~2030	1810~2030	2040~2260	2040~2260
1.80	1550~1780	1790~2010	1790~2010	2020~2240	2020~2240
1.90	1540~1760	1770~1990	1770~1990	2000~2220	2000~2220
2.00	1520~1750	1760~1970	1760~1970	1980~2200	1980~2200
2.10	1510~1730	1740~1960	1740~1960	1970~2180	1970~2180
2.25	1490~1710	1720~1930	1720~1930	1940~2150	1940~2150
2.40	1470~1690	1700~1910	1700~1910	1920~2130	1920~2130
2.50	1460~1680	1690~1890	1690~1890	1900~2110	1900~2110
2.60	1450~1660	1670~1880	1670~1880	1890~2100	1890~2100
2.80	1420~1640	1650~1850	1650~1850	1860~2070	1860~2070
3.00	1410~1620	1630~1830	1630~1830	1840~2040	1840~2040
3.20	1390~1600	1610~1810	1610~1810	1820~2020	1820~2020
3.40	1370~1580	1590~1780	1590~1780	1790~1990	1790~1990

钢丝公称直径/mm	抗拉强度/MPa				
	SL 型	SM 型	DM 型	SH 型	DH 型
3.60	1350～1560	1570～1760	1570～1760	1770～1970	1770～1970
3.80	1340～1540	1550～1740	1550～1740	1750～1950	1750～1950
4.00	1320～1520	1530～1730	1530～1730	1740～1930	1740～1930

注 (1) 钢丝按照抗拉强度分为低抗拉强度、中等抗拉强度和高抗拉强度,分别用符号 L、M 和 H 代表;按照弹簧载荷特点分类为静载荷和动载荷,分别用 S 和 D 代表。

(2) 中间尺寸钢丝抗拉强度值按表中相邻较大钢丝的规定执行。

(3) 对特殊用途的钢丝,可商定其他抗拉强度。

11.2.3 弹簧的制造

1. 弹簧的制造

螺旋弹簧的制造工艺包括卷制、挂钩的制作或端面圈的精加工、热处理、工艺试验及强压处理。

卷制分冷卷、热卷两种。冷卷用于经预先热处理后拉成的直径 $d<(8\sim10)\mathrm{mm}$ 的弹簧丝。直径较大弹簧丝制作的强力弹簧则用热卷。热卷时的温度随弹簧丝的粗细在 $800\sim1000\ ℃$ 的范围内选择。

对于重要的压缩弹簧,为了保证两端的承压面与其轴线垂直,应将端面圈在专用的磨床上磨平;对于拉伸及扭转弹簧,为了便于连接、固着及加载,两端应制有挂钩或杆臂。

弹簧在完成上述工序后,均应进行热处理。冷卷后的弹簧只做回火处理,以消除卷制时产生的内应力。热卷的弹簧需经淬火及中温回火处理。热处理后的弹簧,表面不应出现显著的脱碳层。

此外,弹簧还需进行工艺试验和根据弹簧的技术条件规定进行精度、冲击、疲劳等试验,以检验弹簧是否符合技术要求。要特别指出的是,弹簧的持久强度和抗冲击强度在很大程度上取决于弹簧丝的表面状况,所以弹簧丝表面必须光洁,没有裂纹和伤痕等缺陷。表面脱碳会严重影响材料的持久强度和抗冲击强度。

为了提高弹簧的承载能力,还可在弹簧制成后进行强压处理或喷丸处理。强压处理是使弹簧在超过极限载荷作用下持续 $6\sim48\ \mathrm{h}$,以便在弹簧丝截面的表层高应力区产生塑性变形和有益的与工作应力反向的残余应力,使弹簧在工作时的最大应力下降,从而提高弹簧的承载能力。但用于长期振动、高温或腐蚀性介质中的弹簧,不宜进行强压处理。喷丸处理是在热处理后用钢丸或砂子高速喷射弹簧表面,使其表面受到冷作硬化,产生有益的残余应力,改善弹簧表面质量,因此喷丸处理是提高弹簧疲劳强度和冲击韧性的有效措施。实践表明,弹簧经喷丸处理后,疲劳强度可提高 50%。

对于有重要用途的弹簧还需进行如镀锌等表面保护处理,普通弹簧一般进行涂漆处理。

2. 弹簧的制造精度

弹簧的制造精度,按其受力后变形量公差分为三级,如表 11-5 所示,一般可选 2 级精度。

表 11-5 弹簧的制造精度

制造精度	受力后变形公差	用途举例
1 级	10%	在工作受力变形量范围内,要求校准的弹簧,如:测量仪器、测力仪等的弹簧
2 级	20%	要求按弹簧特性曲线调整的弹簧,如:安全阀、减压阀、止回阀及调节机构的弹簧
3 级	30%	不需按载荷调整的弹簧,如:泵的吸入和压出弹簧、制动器的压紧弹簧、缓冲器的弹簧

11.3 圆柱螺旋压缩(拉伸)弹簧的结构及设计计算

11.3.1 圆柱螺旋压缩(拉伸)弹簧的结构

1. 圆柱螺旋压缩弹簧的结构形式

如图 11-1 所示,弹簧的节距为 p,在自由状态下,各圈之间应有适当的间距 δ,以便弹簧受压时,有产生相应变形的空间。为了使弹簧在压缩后仍能保持一定的弹性,设计时还应考虑在最大载荷作用下,各圈之间仍需保留一定的间距 δ_1。δ_1 的大小一般推荐为

$$\delta_1 = 0.1d \geqslant 0.2 \text{ mm} \qquad (11-1)$$

式中:d——弹簧丝的直径,mm。

弹簧的两个端面圈应与邻圈并紧(无间隙),只起支撑作用,不参与变形,称为死圈。当弹簧的工作圈数 $n \leqslant 7$ 时,弹簧每端的死圈约为 0.75 圈;当 $n > 7$ 时,每端的死圈为 1~1.75 圈。弹簧端部的结构有多种形式(见图 11-2),最常用的有两个端面圈

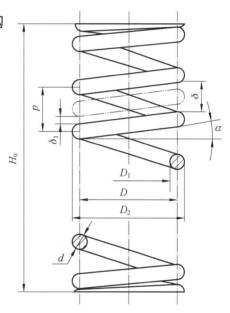

图 11-1 圆柱螺旋压缩弹簧

均与邻圈并紧且磨平的 YⅠ型(见图 11-2(a))、并紧不磨平的 YⅢ型(见图 11-2(c))和加热卷绕时弹簧丝两端锻扁且与邻圈并紧(端面圈可磨平,也可不磨平)的 YⅡ型(见图 11-2(b))三种。在重要的场合,应采用 YⅠ型以保证两支承面与弹簧的轴向垂直,从而使弹簧受压时不致歪斜。弹簧丝直径 $d \leqslant 0.5$ mm 时,弹簧的两支承端面可不必磨平。$d > 0.5$ mm 的弹簧,两支承端面则需磨平。磨平部分应不小于圆周长的 3/4,端头厚度不小于 $d/8$。

2. 圆柱螺旋拉伸弹簧的结构形式

圆柱螺旋拉伸弹簧空载时,各圈应相互并拢。另外,为了节省轴向工作空间,并保证弹簧在空载时各圈相互压紧,常在卷绕的过程中,同时使弹簧丝绕其本身的轴线产生扭转。这样制成的弹簧,各圈相互间即具有一定的压紧力,弹簧丝中也产生了一定的顶应力,故称为有预压力的拉伸弹簧。这种弹簧一定要在外加的拉力大于初拉力 F_0 后,各圈才开始分离,故可较无预压力的拉伸弹簧节省轴向的工作空间。

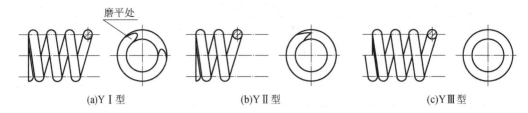

图 11-2　圆柱螺旋压缩弹簧的端部结构

拉伸弹簧的端部制有挂钩,以便安装和加载。挂钩的形式如图 11-3 所示。其中 LⅠ型和 LⅡ型制造方便,由弹簧丝直接弯绕而成,应用很广;但因在挂钩过渡处产生很大的弯曲应力,故只宜用于弹簧丝直径 $d \leqslant 10$ mm 的弹簧中。LVⅡ、LVⅢ型挂钩不与弹簧丝连成一体,故无前述过渡处的缺点,而且这种挂钩可以转到任意方向,便于安装,主要用于弹簧丝较粗、受载大的场合。

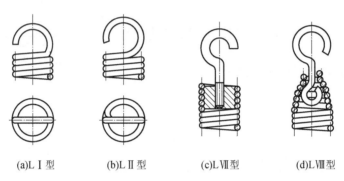

图 11-3　圆柱螺旋拉伸弹簧挂钩的形式

3. 圆柱螺旋弹簧几何参数

圆柱螺旋弹簧的主要参数:弹簧丝直径 d、外径 D_2、中径 D、内径 D_1、有效圈数 n、节距 p、螺旋升角 α、自由高度 H_0 及旋绕比 C,如图 11-4 所示。对于圆柱螺旋压缩弹簧,螺旋升角应在 $5° \sim 9°$ 内选取,一般弹簧的旋向可以为右旋或左旋,但无特殊要求时为右旋。旋绕比 C 不仅影响弹簧的刚度、稳定性,还影响弹簧制造的难易程度,选择时可参阅表 11-6。

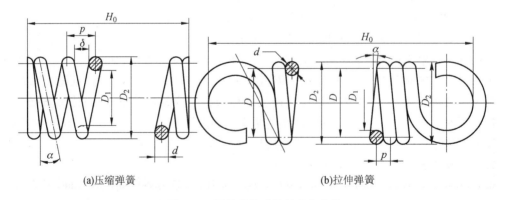

图 11-4　圆柱螺旋弹簧的几何参数

表 11-6　旋绕比

d/mm	0.2～0.4	0.5～1.0	1.2～2.0	2.5～6.0	7.0～16	≥16
$C = D/d$	7～14	5～12	5～10	4～9	4～8	4～6

圆柱螺旋弹簧的几何参数计算公式见表 11-7。计算出的弹簧丝直径 d、中径 D、有效圈数 n、自由高度 H_0 等按表 11-8 的数值圆整。

表 11-7 圆柱螺旋弹簧的几何参数计算公式

参数名称及代号	计算公式		备注
	压缩弹簧	拉伸弹簧	
中径 D	$D=Cd$		
内径 D_1	$D_1=D-d$		
外径 D_2	$D_2=D+d$		
旋绕比 C	$C=D/d$		
压缩弹簧长细比 b	$b=H_0/D$		b 在 $1\sim5.3$ 内取
自由高度 H_0	两端并紧,磨平: $H_0\approx pn+(1.5\sim2)d$ 两端并紧,不磨平: $H_0\approx pn+(3\sim3.5)d$	$H_0=nd+H_h$	H_h 为钩环轴向长度
有效圈数 n	根据要求变形量按式(11-8)计算		$n\geqslant2$
总圈数 n_1	冷卷: $n_1=n+(2\sim2.5)$ YⅡ型热卷: $n_1=n+(1.5\sim2)$	$n_1=n$	拉伸弹簧 n_1 尾数为 $\frac{1}{4}$、$\frac{1}{2}$、$\frac{3}{4}$ 或整圈,推荐用 $\frac{1}{2}$ 圈
节距 p、	$p=(0.28\sim0.5)D$	$p=d$	
轴向间距 δ	$\delta=p-d$		
展开长度 L	$L=\dfrac{\pi Dn_1}{\cos\alpha}$	$L\approx\pi Dn+L_h$	L_h 为钩环展开长度
螺旋角 α	$\alpha=\arctan\dfrac{p}{\pi D}$		对压缩弹簧,推荐 $\alpha=5°\sim9°$

表 11-8 圆柱螺旋弹簧尺寸系列(摘自 GB/T 1358—2009)

弹簧丝直径 d /mm	第一系列	0.10	0.12	0.14	0.16	0.20	0.25	0.30	0.35	0.40	0.45
		0.50	0.60	0.70	0.80	0.90	1.00	1.20	1.60	2.00	2.50
		3.00	3.50	4.00	4.50	5.00	6.00	8.00	10.0	12.0	15.0
		16.0	20.0	25.0	30.0	35.0	40.0	45.0	50.0	60.0	
	第二系列	0.05	0.06	0.07	0.08	0.09	0.18	0.22	0.28	0.32	0.55
		0.65	1.40	1.80	2.20	2.80	3.20	5.50	6.50	7.00	9.00
		11.0	14.0	18.0	22.0	28.0	32.0	38.0	42.0	55.0	

续表

弹簧中径 D /mm	0.3	0.4	0.5	0.6	0.7	0.8	0.9	1.0	1.2	1.4
	1.6	1.8	2	2.2	2.5	2.8	3	3.2	3.5	3.8
	4	4.2	4.5	4.8	5	5.5	6	6.5	7	7.5
	8	8.5	9	10	12	14	16	18	20	22
	25	28	30	32	38	40	45	48	50	52
	55	58	60	65	70	75	80	85	90	95
	100	105	110	115	120	125	130	135	140	145
	150	160	170	180	190	200	210	220	230	240
	250	260	270	280	290	300	320	340	360	380
	400	450	500	550	600					
有效圈数 n /圈	压缩弹簧	2	2.25	2.5	2.75	3	3.25	3.5	3.75	4	4.25
		4.5	4.75	5	5.5	6	6.5	7	7.5	8	8.5
		9	9.5	10	10.5	11.5	12.5	13.5	14.5	15	16
		18	20	22	25	28	30				
	拉伸弹簧	2	3	4	5	6	7	8	9	10	11
		12	13	14	15	16	17	18	19	20	22
		25	28	30	35	40	45	50	55	60	65
		70	80	90	100						
自由高度 H_0/mm	压缩弹簧	2	3	4	5	6	7	8	9	10	11
		12	13	14	15	16	17	18	19	20	22
		24	26	28	30	32	35	38	40	42	45
		48	50	52	55	58	60	65	70	75	80
		85	90	95	100	105	110	115	120	130	140
		150	160	170	180	190	200	220	240	260	280
		300	320	340	360	380	400	420	450	480	500
		520	550	580	600	620	650	680	700	720	750
		780	800	850	900	950	1000				

11.3.2　圆柱螺旋压缩(拉伸)弹簧的设计计算

1. 圆柱螺旋压缩(拉伸)弹簧的特性曲线

在弹性范围内工作的弹簧,承受轴向载荷后将发生弹性变形,其变形量随载荷的变化而变化,如图 11-5、图 11-6 所示。取纵坐标表示弹簧承受的载荷,横坐标表示弹簧的弹性变形,可得到弹簧的载荷-变形曲线,这样的曲线称为弹簧的特性曲线。为了使弹簧稳定地处于工作位置上,通常预加一个最小工作载荷 F_1,这时弹簧的变形量为 λ_1,长度为 H_1。当弹簧受到

最大工作载荷 F_2 作用时,变形量为 λ_2,长度为 H_2。最大工作载荷下的变形量 λ_2 与最小工作载荷下的变形量 λ_1 之差,称为弹簧的工作行程,用 h 表示,即 $h = \lambda_2 - \lambda_1$。

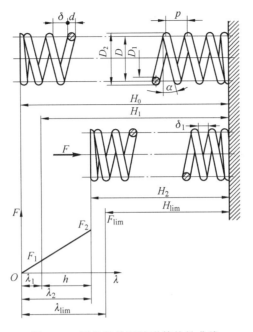

图 11-5　圆柱螺旋压缩弹簧特性曲线

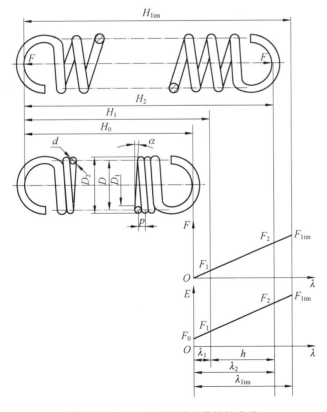

图 11-6　圆柱螺旋拉伸弹簧特性曲线

使弹簧丝的应力达到材料弹性极限时的载荷 $F_{\lim}$ 称为极限载荷。在其作用下,弹簧的变形量为 $\lambda_{\lim}$,长度为 $H_{\lim}$。

通常取弹簧的最小工作载荷 $F=(0.1\sim0.5)F_2$。最大工作载荷 F_2 由弹簧在机构中的工作条件决定,但不应达到极限载荷 $F_{\lim}$,一般取 $F_2\leqslant0.8F_{\lim}$。在弹性极限范围内,对于节距相等的圆柱螺旋弹簧,其载荷与变形基本呈线性关系,即认为

$$\frac{F_1}{\lambda_1}=\frac{F_2}{\lambda_2}=\cdots=k \tag{11-2}$$

式中:k——弹簧的刚度,是表示弹簧特性的主要参数之一。刚度越大,弹簧产生单位变形所需要的力越大,因此弹簧的弹力也越大。

图 11-6 所示是圆柱螺旋拉伸弹簧的特性曲线。按卷绕方式不同,拉伸弹簧分为无预压力和有预压力两种。无预压力拉伸弹簧的特性曲线与压缩弹簧的特性曲线相同。预压力 F_0 是在弹簧卷绕过程中,由各圈弹簧并紧而产生的内力造成的。弹簧受载时先要抵消卷制时在各圈之间产生的预压力 F_0,然后才开始变形。由此可见,在相同拉力 F 作用下,有预压力的弹簧实际上比无预压力的弹簧变形小,可节省空间尺寸。

特性曲线为设计弹簧时的受力分析提供了方便,同时也是弹簧质量检验或试验的重要依据,需要绘制在弹簧的工作图上。

2. 圆柱螺旋压缩(拉伸)弹簧的强度计算

在设计圆柱螺旋弹簧时,通常根据强度准则确定弹簧中径 D 和弹簧丝的直径 d,根据刚度准则确定弹簧的工作圈数。圆柱螺旋弹簧受拉或受压时,弹簧丝的受力和变形是完全一样的。现以图 11-7 所示的圆截面弹簧丝的圆柱螺旋压缩弹簧受轴向载荷 F 的情况为例进行分析。

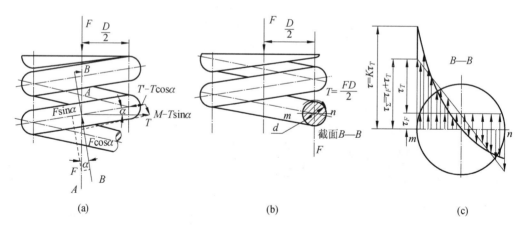

图 11-7 圆柱螺旋压缩弹簧的受力及应力分析

图 11-7(a)所示为圆柱螺旋压缩弹簧,在通过其轴线的剖面上,直径为 d 的弹簧丝剖面是椭圆形的,由于螺旋升角很小($\alpha\leqslant9°$),工程上可以近似地把它看作圆剖面(见图 11-7(b))。该截面上作用着力 F 及扭矩 $T=FD/2$。轴向载荷 F 所引起的切应力和扭矩 T 所引起的最大切应力分别为

$$\tau_F=\frac{4F}{\pi d^2},\tau_T=\frac{8FD}{\pi d^3}$$

弹簧丝剖面上的最大切应力为

$$\tau = \tau_F + \tau_T = \frac{4F}{\pi d^2}\left(1 + \frac{d}{2D}\right) = \frac{4F}{\pi d^2}(1 + 2C) \tag{11-3}$$

式中:C——旋绕比。最大切应力发生在弹簧丝的内侧处,如图 11-7(c)所示。为了简化计算,通常取 $1 + 2C \approx 2C$。同时,考虑螺旋升角和弹簧丝曲率等的影响,对式(11-3)进行修正,得到弹簧的强度计算公式为

$$\tau = K\frac{8CF}{\pi d^2} \leqslant [\tau] \tag{11-4}$$

式中:K——弹簧曲度系数。对于圆截面弹簧丝,K 可按下式计算:

$$K = \frac{4C-1}{4C-4} + \frac{0.615}{C} \tag{11-5}$$

式(11-4)用于设计时计算弹簧丝的直径 d。

3. 圆柱螺旋压缩(拉伸)弹簧的刚度计算

根据材料力学中的有关公式,求得圆柱螺旋压缩弹簧受载后的轴向变形 λ 为

$$\lambda = \frac{8FD^3n}{Gd^4} = \frac{8FC^3n}{Gd} \tag{11-6}$$

式中:n——弹簧的工作圈数;

G——弹簧材料的切变模量,MPa。

弹簧刚度 k 是弹簧的主要参数之一,它表示弹簧单位变形所需要的力,可按下式计算:

$$k = \frac{F}{\lambda} = \frac{Gd}{8C^3n} \tag{11-7}$$

刚度越大,需要的力越大,弹簧的弹力也就越大。由式(11-7)可知,合理选择 C 值就能控制弹簧的弹力。

由式(11-6)和式(11-7),可得弹簧工作圈数为

$$n = \frac{\lambda Gd}{8FC^3} = \frac{Gd}{8C^3k} \tag{11-8}$$

4. 圆柱螺旋压缩(拉伸)弹簧的稳定性验算

对于压缩弹簧,如其长度较大时,则受力后容易失去稳定性(见图 11-8(a)),这在工作中是不允许的。为了便于制造及避免出现失稳现象,建议一般压缩弹簧的长细比 $b = H_0/D$ 按下列情况选取:当两端固定时,取 $b < 5.3$;当一端固定,另一端自由转动时,取 $b < 3.7$;当两端自由转动时,取 $b < 2.6$。

若 b 不能满足要求,则要进行稳定性计算,并应满足

$$F_c = C_u k H_0 > F_{max} \tag{11-9}$$

式中:F_c——稳定时的临界载荷,N;

C_u——不稳定系数,从图 11-9 中查得;

F_{max}——弹簧的最大工作载荷,N。

如果 $F_{max} > F_c$,则要重新选择参数,改变 b 值,提高 F_c 值,使其大于 F_{max} 值,以保证弹簧的稳定性。如条件受到限制而不能改变参数时,应在弹簧内侧加装导向杆或在外侧加装导向套,如图 11-8(b)(c)所示。导向杆(导向套)与弹簧间的间隙按表 11-9 选取,工作时需加润滑油。

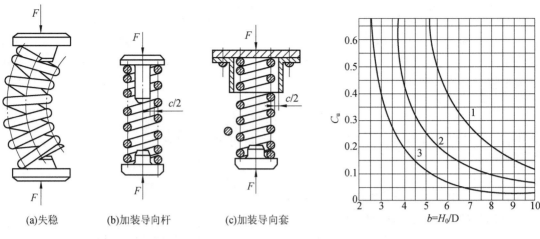

(a)失稳　　　　(b)加装导向杆　　　　(c)加装导向套

图 11-8　压缩弹簧失稳现象及应对对策　　　　　　图 11-9　不稳定系数线图

表 11-9　导向杆(导向套)与弹簧间的间隙

中径 D/mm	≤5	5~10	10~18	18~30	30~50	50~80	80~120	120~150
间隙 c/mm	0.6	1	2	3	4	5	6	7

5.圆柱螺旋压缩弹(拉伸)簧设计步骤

设计时,通常根据弹簧的最大工作载荷及其相应的变形、结构尺寸的限制和工作条件等,确定弹簧丝的直径、工作圈数、弹簧中径、螺旋升角和长度等尺寸。

具体的设计方法和步骤如下:

(1) 根据工作条件,选择弹簧材料,并查出其力学性能数据;

(2) 参照刚度要求,选择旋绕比 C,并按式(11-5)计算出曲度系数 K 值;

(3) 根据结构尺寸要求初定弹簧中径 D,根据 C 值估取弹簧丝直径 d,查出许用应力;

(4) 按强度条件确定弹簧丝直径 d;

(5) 按刚度条件确定弹簧工作圈数 n;

(6) 按表 11-7 计算弹簧的其他几何参数,并检查是否符合安装要求等;

(7) 验算弹簧的稳定性;

(8) 进行弹簧的结构设计,如对拉伸弹簧确定其钩环类型等;

(9) 绘制弹簧工作图。

11.4　圆柱螺旋扭转弹簧的结构及设计计算

11.4.1　圆柱螺旋扭转弹簧的结构

扭转弹簧常用作压紧弹簧、储能弹簧、传力(扭矩)弹簧等。其两端带有杆臂或挂钩,以便固定或加载。图 11-10 中,NⅠ型为内壁扭转弹簧,NⅡ型为外臂扭转弹簧,NⅢ型为中心臂扭转弹簧,NⅣ型为双扭簧。螺旋扭转弹簧一般在相邻两圈间留有微小的间距,以免扭转变形时两圈相互摩擦。

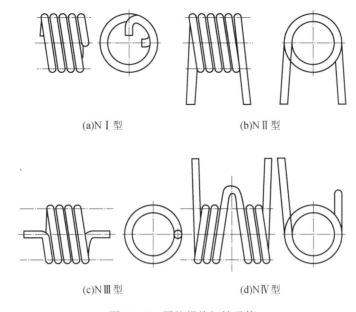

(a)NⅠ型　　　　　　　　(b)NⅡ型

(c)NⅢ型　　　　　　　　(d)NⅣ型

图 11-10　圆柱螺旋扭转弹簧

11.4.2　圆柱螺旋扭转弹簧的设计计算

1. 圆柱螺旋扭转弹簧的特性曲线

扭转弹簧要在其工作应力处于材料的弹性极限范围内才能正常工作,故载荷 T 与扭转角 φ 之间为直线关系,其特性曲线如图 11-11 所示。图中各符号的意义:T_{lim} 为极限工作扭矩,即达到这个载荷时,弹簧丝中的应力已接近其弹性极限;T_{max} 为最大工作扭矩,即对应于弹簧丝的弯曲应力达到许用值时的最大工作扭矩;T_{min} 为最小工作扭矩(安装值),按弹簧的功用选定,一般为 $T_{min} \approx (0.1 \sim 0.5)T_{max}$;$\varphi_{lim}$、$\varphi_{max}$、$\varphi_{min}$ 分别为对应于上述各扭矩的扭转角。

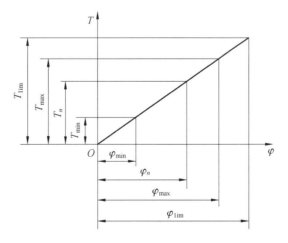

图 11-11　扭转弹簧的特性曲线

扭转弹簧轴向长度的计算,可仿照表 11-7 中拉伸弹簧自由长度 H_0(单位为 mm)的计算公式进行,即

$$H_0 = n(d + \delta_0) + H_h \tag{11-10}$$

式中:δ_0——弹簧相邻两圈间的轴向间距,mm,一般取 $\delta_0 = 0.1\sim0.5\ \text{mm}$;

H_h——挂钩或杆臂沿弹簧轴向的长度,mm。

2. 圆柱螺旋扭转弹簧的强度和刚度计算

图 11-12 所示为一承受扭矩 T 的圆柱螺旋扭转弹簧的载荷分析。取弹簧的任意圆形截面,扭矩 T 对此截面作用的载荷为一引起弯曲应力的力矩 M 及一引起扭转切应力的扭矩 T'。而 $M = T\cos\alpha$,$T' = T\sin\alpha$。因 α 很小,故 T' 的作用可以忽略不计。弹簧材料近似地受到弯曲应力的作用,其最大弯曲应力及强度条件为

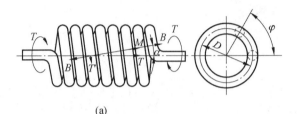

(a)

图 11-12　扭转弹簧的载荷分析

$$\sigma_{\max} = \frac{K_1 M}{W} \approx \frac{K_1 T_{\max}}{0.1d^3} \leqslant [\sigma_b] \tag{11-11}$$

式中:W——弹簧丝的抗弯截面系数,mm^3;

K_1——扭转弹簧的曲度系数,对圆形截面弹簧丝的扭转弹簧,$K_1 = \dfrac{4C-1}{4C-4}$,常用 C 值为 $4\sim16$;

$[\sigma_b]$——弹簧丝的许用弯曲应力,由表 11-3 选取。

弹簧设计中,可根据下式确定弹簧丝的直径为

$$d \geqslant \sqrt[3]{\frac{32K_1 T}{\pi[\sigma_b]}} \tag{11-12}$$

扭转弹簧承受载荷时的变形以其角位移来测定。弹簧受扭矩 T 作用后,因扭转变形而产生的扭转角 φ 可按材料力学中的公式近似计算,即

$$\varphi \approx \frac{180TDn}{EI} \tag{11-13}$$

式中:I——扭转弹簧的轴惯性矩,mm^4,对于圆形截面,$I = \pi d^4/64$;

E——弹簧材料的弹性模量,GPa,见表 11-2。

扭转弹簧的刚度为

$$k_T = \frac{T}{\varphi} = \frac{EI}{180Dn} \tag{11-14}$$

式中:k_T——弹簧的扭转刚度,N·mm/(°)。

11.5　其他弹簧简介

1. 环形弹簧

如图 11-13 所示,环形弹簧由具有圆锥配合的内、外圆环所组成,是一种压缩弹簧。当弹簧受轴向工作压缩载荷 F 时,圆锥接触面上产生很大的法向压力,内环受压而直径缩小,外环

则直径胀大,弹簧由此产生轴向压缩变形。当载荷 F 卸除后,弹簧则因内、外环的弹性内力作用而恢复原来的形状和尺寸。由于圆锥接触面上的法向压力 ,摩擦力很大,故在卸载时弹簧需先克服摩擦力后才能恢复原状。可见,环形弹簧具有很大的阻尼和吸振缓冲能力,宜用于空间尺寸较小而又要求强力缓冲的场合,如大型管道的吊架、机车牵引装置、振动机械的支承等。环形弹簧由多对内、外圆环组成,因此损坏或磨损后,往往只需更换个别圆环即可,维修方便、经济。图 11-14 所示为环形弹簧的应用实例。

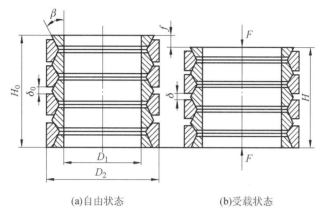

(a)自由状态　　　　(b)受载状态

图 11-13　环形弹簧

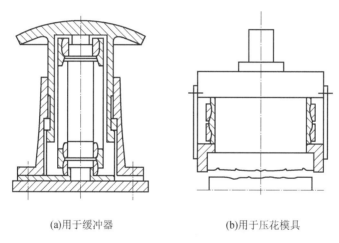

(a)用于缓冲器　　　　(b)用于压花模具

图 11-14　环形弹簧的应用实例

2. 碟形弹簧

碟形弹簧是一种呈碟形的弹簧,简称碟簧,如图 11-15 所示。它是由常用钢带、钢板或锻造坯料加工而成的截锥形弹簧。

碟簧的特点是刚度大,能以小的变形承受大的载荷,适用于轴向尺寸受限制的场合,具有变刚度的特性,采用不同的 h_0/δ(h_0 为碟簧的极限行程,δ 为簧片厚度)值,可得到不同的特性曲线。由图 11-16 可见,比值 h_0/δ 对碟簧特性曲线的影响很大,$h_0/\delta \geqslant 2$ 的碟簧,在初始压缩阶段刚度很大,在随后压缩阶段刚度减小甚至出现负刚度。这种情况容易造成碟簧突然压平、折断或反转现象,为避免出现这种情况,h_0/δ 不宜大于 1.3。对于 $h_0/\delta = \sqrt{2}$ 的碟簧,由图 11-16 可见,会出现一定区间的变形有变化但载荷基本不变的情况,这一特性提供了其能在一定变化范围内保持载荷恒定不变的方法,如在精密仪器中采用碟簧,可在一定温度变化范围

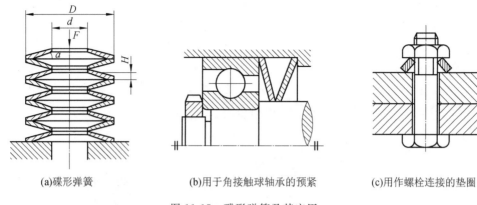

(a)碟形弹簧   (b)用于角接触球轴承的预紧   (c)用作螺栓连接的垫圈

图 11-15 碟形弹簧及其应用

的工况下保持轴承端面的摩擦力矩不变。

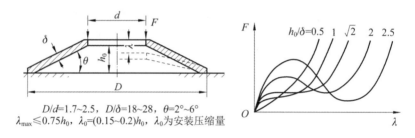

$D/d=1.7\sim2.5$, $D/\delta=18\sim28$, $\theta=2°\sim6°$
$\lambda_{max}\leqslant0.75h_0$, $\lambda_0=(0.15\sim0.2)h_0$, λ_0为安装压缩量

图 11-16 碟形弹簧几何参数及其特性曲线

3. 板弹簧

板弹簧简称板簧,是由不少于 1 片的弹簧钢叠加组合而成的板状弹簧。板弹簧按照形状和传递载荷的方式不同,分为椭圆形、弓形、伸臂弓形、悬臂弓形和直线形等。弓形板弹簧又有对称形和非对称形两种结构。图 11-17 所示为板弹簧的典型结构,由主簧、副簧、主板、副板、弹簧卡、中心螺栓、骑马螺栓等组成。其优点是结构简单、维修方便,缺点是质量和体积较大。

板弹簧主要用于汽车、拖拉机和铁路车辆等的悬架装置,起缓冲和减振的作用。汽车载重量较轻,常用弓形板弹簧;铁路车辆载重量较大,常用椭圆形板弹簧,甚至将几组椭圆形板弹簧并排使用。

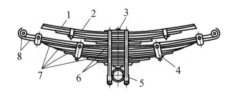

图 11-17 板弹簧的典型结构

1—主簧;2—副簧;3—中心螺栓;4—弹簧卡;5—轴瓦;6—骑马螺栓;7—副板;8—主板

4. 橡胶弹簧

橡胶弹簧是一种非金属弹簧,用天然橡胶或人造橡胶(氯丁橡胶、顺丁橡胶、丁苯橡胶、丁腈橡胶等)制成,在机械、仪表等工业中日益获得广泛的应用,如仪器的底座、发动机的支承、车辆的悬架及机器的减振器等。图 11-18 所示为机械设备中的减振用橡胶弹簧。

与金属弹簧相比,橡胶弹簧的主要优点如下:

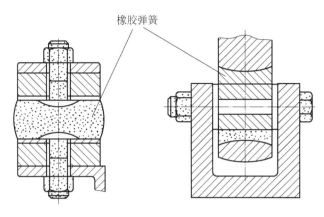

图 11-18　机械设备中的减振用橡胶弹簧

（1）弹性模量小，受载后变形大，容易实现非线性特性；

（2）阻尼高，缓冲减振能力强，隔音效果好；

（3）能受多方向的载荷，有利于隔振系统结构的简化；

（4）容易制成需要的形状以适应不同方向的刚度要求。

（5）结构简单，安装拆卸方便，且无需润滑油，有利于维护和保养。

主要缺点如下：

（1）工作温度一般应为 30～80 ℃，温度过高容易老化，过低则橡胶硬度增高，降低减振作用；

（2）使用寿命受潮湿、强光灯环境影响大，且耐油性能差；

（3）长期受载容易发生蠕变等。

5. 空气弹簧

空气弹簧是在柔性的橡胶囊中充入压力空气，利用空气的可压缩性来实现弹簧作用。它广泛用于压力机、振动运输机、空气锤和铸造机械中。

空气弹簧的优点如下：

（1）与橡胶弹簧一样具有非线性特性，可以使弹性系数与载荷无关，设计出比较理想的载荷与变形的特性曲线；

（2）通过调整气囊内的空气压力获得不同的承载能力，能适应多种载荷的需要，可以同时承受轴向和径向载荷，也可以传递扭矩；

（3）高频振动吸收能力强，隔音效果好；

（4）质量轻，承受剧烈振动载荷时寿命长。

图 11-19 所示囊式空气弹簧的橡胶囊，其主要特点是寿命长，但是刚度大且制造工艺复杂。

囊式空气弹簧应用于车辆减振装置，它所能支承的载荷等于气室和气囊内气压与有效受压面积的乘积。如果行车过程中由于振动，车身与车轴的相对位置发生变化，则可通过自动控制阀控制空气的自动进出，以保持车身高度，而与载荷无关。

图 11-20 所示为约束膜式空气弹簧，其主要特点是刚度小，可以通过改变内筒 3 和外筒 2 的形状来控制其特性曲线，但橡胶囊的工作状况复杂，并且耐久性差。

6. 平面涡卷弹簧

平面涡卷弹簧是将等截面细长材料绕制成平面螺旋形弹簧，工作时一端固定，一端施加

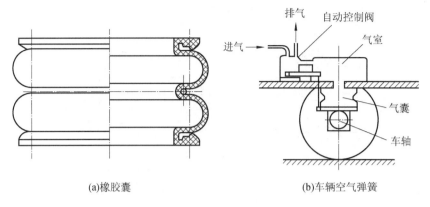

(a)橡胶囊   (b)车辆空气弹簧

图 11-19 囊式空气弹簧

扭矩,把施加外力矩做的功转化成弹簧变形能。弹簧工作时再把变形能逐渐释放,驱动机构运动而做功。这种弹簧分为接触型(特性曲线为线形)和非接触型(特性曲线为非线形),如图 11-21 所示。

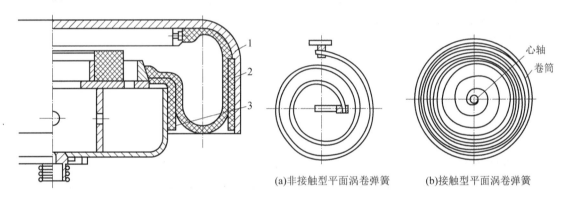

(a)非接触型平面涡卷弹簧   (b)接触型平面涡卷弹簧

图 11-20 约束膜式空气弹簧   图 11-21 平面涡卷弹簧
1—橡胶囊;2—外筒;3—内筒

平面涡卷弹簧圈数多,变形角大,储存能量大,工作可靠,维护简单,一般应用于仪器仪表、医疗器械、日用器械等方面。图 11-22 所示为平面涡卷弹簧的应用实例。

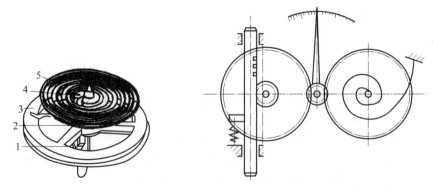

图 11-22 平面涡卷弹簧的应用实例
1—小圆盘;2—摆轮轴;3—摆轮;4—游丝座;5—游丝

本 章 习 题

11-1 弹簧有哪些功能？常见弹簧的类型有哪些？

11-2 圆柱螺旋弹簧的主要参数有哪些？

11-3 何谓圆柱螺旋弹簧的旋绕比 C？它对弹簧性能有何影响？

11-4 设计一圆柱螺旋压缩弹簧。已知安装初始载荷 $F_1 = 1500$ N，最大工作载荷 $F_2 = 3000$ N，工作行程 $h = 100$ mm，弹簧中径 $D = 150$ mm，材料为 60Si2Mn，Ⅱ类弹簧，支撑端部并紧磨平。

11-5 设计一圆柱螺旋扭转弹簧。已知该弹簧用于受力平稳的一般机械中，安装时预加的扭矩 $T_{min} = 2$ N·m，工作扭转变形角 $\varphi = \varphi_{max} - \varphi_{min} = 40°$。

第 12 章　机座和箱体简介

机座和箱体是机器稳固的基础部件。机座和箱体的结构、精度,尤其是刚度直接影响机器工作时的稳定性及工作精度。因此,正确选择机座和箱体等零件的材料,以及正确设计其结构形式、尺寸、精度,是减小机器质量,节省材料,提高机器工作精度,增强机器刚度及耐磨性、稳定性等的重要途径。本章主要介绍机座和箱体的一般类型、材料、制造方法、结构特点,以及基本设计准则。

12.1　概　　述

机座和箱体是机器的基础部件,是机器中底座、机体、床身、箱体及基础平台等零件的统称。

作为基础部件,机器的所有部件最终都安装在机座上或在其导轨上运动。因此机座在机器中既起支撑作用,承受其他部件的质量和工作载荷,又作为整个机器的基准,保证部件之间的相对位置关系。机座和箱体通常在很大程度上影响着机器的工作精度及抗振性能,若兼作运动部件的滑道(导轨)时,还影响着机器的运动精度和耐磨性等。

另外,作为基础部件,机座和箱体支承包容着机器中的其他零部件,相对来说质量和尺寸都要更大一些,通常占一台机器总质量中的很大比例(例如在机床中占总质量的 70%～90%)。

12.2　机座和箱体的一般类型与材料选择

1. 类型

机座(包括机架、基板等)和箱体(包括机壳、机匣等)的形式繁多,分类方法不一。就其一般构造形式而言,可划分为 4 大类(见图 12-1):机座类(见图 12-1(d)(f)(h)(j))、机架类(见图 12-1(a)(e)(g))、基板类(见图 12-1(c))和箱壳类(图 12-1(b)(i))。若按机构分类,可分为整体式和装配式;按制法分类,又可分为铸造的、焊接的和拼焊的等。

2. 材料选择

机座和箱体一般具有较大的尺寸和质量,材料用量大,同时又是机器中的安装基准、工作基准和运动基准,因此机座和箱体的材料选择必须在满足工作能力的前提下,兼顾经济性要求。

常用的机座和箱体材料如下。

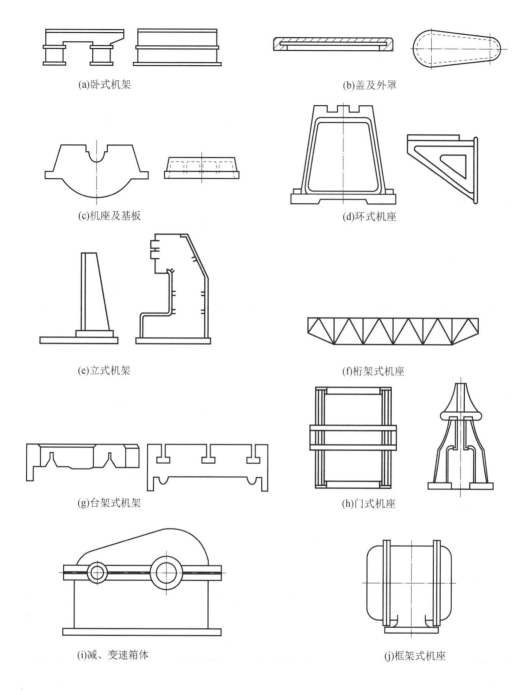

(a)卧式机架　　　　　　　　　　　(b)盖及外罩

(c)机座及基板　　　　　　　　　　(d)环式机座

(e)立式机架　　　　　　　　　　　(f)桁架式机座

(g)台架式机架　　　　　　　　　　(h)门式机座

(i)减、变速箱体　　　　　　　　　(j)框架式机座

图 12-1　机座和箱体的形式

（1）铸铁。机座和箱体中使用最多的一种材料。多用于固定式机器,尤其是固定重型机器等机座和箱体结构复杂、刚度要求高的场合。

（2）铸钢。有较高的综合力学性能,一般用于需要强度高、形状不太复杂的机座的铸造。

（3）铝合金。多用于飞机、汽车等运行式机器的机座和箱体的制造,以尽可能减轻质量。

（4）结构钢。具有良好的综合力学性能,常用于受力大,具有一定振动、冲击载荷要求,可以采用焊接工艺制造的机座和箱体。

（5）花岗岩和陶瓷机座。一般用于精密机械，如激光测长机等设备的机座设计。

12.3　机座和箱体设计概要

1. 设计要求

机座和箱体的设计一般应该满足以下要求。

（1）精度要求。应合理选择和确定机座的加工精度，应能保证机座上或箱体内外零部件的相互位置关系准确。

（2）工作要求。机座和箱体的设计首先要满足刚度，其次要满足强度、抗振性和吸振性、稳定性等方面的要求；当同时用作滑道时，滑道部分还应具有足够的耐磨性。

（3）工艺性要求。机座和箱体体积大，结构复杂，加工工序多。因此，必须考虑毛坯制造、机械加工、热处理、装配、安装固定、搬运等工序的工艺问题。

（4）运输性要求。机座和箱体体积大，重量重，因此设计时应考虑设备在运输过程中起吊、装运、陆路运输桥梁承重、涵洞宽度等限制，尽量不要出现超大尺寸、超大重量的设计。

除此之外，还有人机工程、经济性等方面的要求。

2. 设计概要

机座和箱体的机构形状和尺寸大小，取决于安装在它的内部或外部的零部件的形状和尺寸，以及其相互配置、受力与运动情况等。设计时，应使所装的零部件便于拆卸与操作。

机座和箱体的一些结构尺寸，如壁厚、凸缘宽度、肋板厚度等，对机座和箱体的工作能力、材料消耗、质量和成本，都有重大的影响。但是由于这些部位形状的不规则和应力分布的复杂性，以前大多是按照经验公式、经验数据或比照现有的类似机件进行类比设计，而略去强度和刚度等方面的精确分析与校核。这对那些不太重要的场合虽是可行的，但却带有一定的盲目性。因而对重要的机座和箱体，考虑上述设计方法不可靠，或者资料不够成熟，还需用模型或实物进行实测试验，以便按照测定的数据进一步修改结构及尺寸，从而弥补经验设计的不足。随着科学技术和计算机辅助设计技术的发展，现在已有条件采用精确的数值计算方法（如有限元法）来确定前述一些结构的形状和尺寸。

设计机座和箱体时，为了机器装配、调整、操纵、检修及维护等的方便，应在适当的位置设有大小适宜的孔洞。金属切削机床的机座还应具有便于迅速清除切屑或边角料的功能。各种机座均应有方便、可靠地与地基连接的装置。

箱体零件上必须镗磨的孔数及各孔位置的相关影响应尽量减少。位于同一轴线上的各孔直径最好相同或顺序递减。

对于机座和箱体刚度设计，采用合理的截面形状和合理的肋板布置可以显著提高机座和箱体的刚度。另外，还可以采用尽量减少与其他机件的连接面数，使连接面垂直于作用力，使相连接的各机件间相互连接牢固并靠紧，尽量减小机座和箱体的内应力，以及选用弹性模量较大的材料等措施来增强机座和箱体刚度。

当机座和箱体的质量很大时，应设有起吊装置，如吊装孔、吊钩或吊环等。如需用绳索捆绑时，必须保证捆吊时具有足够的刚度，并考虑在放置平稳后，绳索易于解下或抽出。

另外还需指出，机器工作时会产生振动并发出噪声，对周围的人员、设备、产品质量及自然环境带来损害与污染。因此设计机座和箱体时还须考虑隔振问题，特别是当机器转速或往复运动速度较高以及冲击严重时,必须通过阻尼或缓冲等手段使振动波在传递过程中迅速衰减到允许范围内。最常见的隔振措施是在机座与地基间加装由金属弹簧或橡胶等弹性元件制成的隔振器,它们可根据计算结果的要求从专业工厂的产品中选用,必要时可委托厂家定做。

12.4　机座和箱体的截面形状及肋板布置

1. 截面形状

　　绝大多数的机座和箱体受力情况都很复杂,因而要产生拉伸(压缩)、弯曲、扭转等变形。当机座和箱体受到弯曲或扭转时,截面形状对它们的强度和刚度有着很大的影响。如能正确设计机座和箱体的截面形状,从而在既不增大截面面积,又不增大(甚至减少)零件质量(材料消耗量)的条件下,来增大截面系数及截面的惯性矩,就能提高它们的强度和刚度。表 12-1 中列出了机座和箱体常用的几种截面形状(面积接近相等)的对比。通过它们的相对强度和相对刚度的比较可知:虽然空心矩形截面的弯曲强度不及工字形截面,扭转强度不及圆形截面,但它的扭转刚度却大得多,而且采用空心矩形截面的机座和箱体的内外壁上较易装设其他机件。因此,对于机座和箱体来说,空心矩形截面是结构性能较好的截面形状,也是最常用的截面形状。

表 12-1　机座和箱体常用的几种截面形状的对比

截面		弯曲			扭转			
形状	面积/cm²	许用弯矩/(N·m)	相对强度	相对刚度	许用扭矩/(N·m)	相对强度	单位长度许用扭矩/(N·m)	相对刚度
(矩形实心 29×100)	29.0	$4.83[\sigma_b]$	1.0	1.0	$0.27[\tau_r]$	1.0	$6.6G[\varphi_0]$	1.0
(空心圆 10/100)	28.3	$5.82[\sigma_b]$	1.2	1.15	$11.6[\tau_r]$	43	$58G[\varphi_0]$	8.8
(空心矩形 10/100/75)	29.5	$6.63[\sigma_b]$	1.4	1.6	$10.4[\tau_r]$	38.5	$207G[\varphi_0]$	31.4
(工字形 10/100/100)	29.5	$9.0[\sigma_b]$	1.8	2.0	$1.2[\tau_r]$	4.5	$12.6G[\varphi_0]$	1.9

注　$[\sigma_b]$ 为许用弯曲应力,$[\tau_r]$ 为许用扭转切应力,G 为切变模量,$[\varphi_0]$ 为单位长度许用扭转角。

另外,为了得到最大的弯曲刚度和扭转刚度,同样大小的截面面积,以材料沿截面周边分布的空心薄壁设计最好,见表 12-1。

2. 肋板布置

一般地说,增加壁厚固然可以增大机座和箱体的强度和刚度,但不如加设肋板来得有利。因为加设肋板时,既可增大强度和刚度,又可较增大壁厚时减少质量。

因此加设肋板不仅是较为有利的,而且常常是必要的。肋板布置得正确与否对加设肋板的效果有很大的影响。如果布置不当,不仅不能增大机座和箱体的强度和刚度,而且会浪费工料及增加制造困难。由表 12-2 所列的几种肋板布置情况即可看出:除了第 5、6 号的肋板布置情况外,其他几种布置形式对于弯曲刚度增加得很少,尤其是第 3、4 号的布置情况,与基型相比,它们相对弯曲刚度 C_b 的增加值还小于相对质量 R 的增加值。由此可知:肋板的布置以第 5、6 号所示的斜肋板形式较佳。但若采用斜肋板造成工艺上的困难时,亦可妥善安排若干直肋板。例如,为了便于焊制,桥式起重机箱体主梁的肋板即直肋板。此外,肋板的结构形状也是需要考虑的重要影响因素,并应随具体的应用场合及不同的工艺要求(如铸、铆、焊、胶等)而设计成不同的。

另外,肋板的尺寸应合理确定,与箱体壁厚、开孔尺寸等相适应。如一般肋板的高度一般不超过壁厚的 3~4 倍,超过后对提高刚度无明显效果。

表 12-2 几种肋板布置情况的对比

号码	形状	相对弯曲刚度 C_b	相对扭转刚度 C_r	相对质量 R	$\dfrac{C_b}{R}$	$\dfrac{C_r}{R}$
1 (基型)		1.00	1.00	1.00	1.00	1.00
2(a)		1.10	1.63	1.10	1.00	1.48
2(b)		1.09	1.39	1.05	1.04	1.32
3		1.08	2.04	1.14	0.95	1.79
4		1.17	2.16	1.38	0.85	1.56
5		1.78	3.69	1.49	1.20	2.47
6		1.55	2.94	1.26	1.23	2.34

第13章 减速器和变速器简介

13.1 减 速 器

减速器是原动机和工作机之间的独立的闭式传动装置。用来降低转速和增加扭矩,以满足工作需要。在某些场合也用来增速,称为增速器。

减速器种类很多,按照传动类型可分为齿轮减速器、蜗杆减速器和行星减速器,以及它们相互组合起来的减速器;按照传动级数可分为单级和多级减速器;按照齿轮形状可分为圆柱齿轮减速器、圆锥齿轮减速器、圆锥-圆柱齿轮减速器和蜗杆减速器等;按照传动的布置形式又可分为展开式、分流式和同轴式减速器。

13.1.1 齿轮减速器

1. 圆柱齿轮减速器

齿轮减速器的特点是效率及可靠性高,工作寿命长,维护简便,故应用范围广。图 13-1表示圆柱齿轮减速器的几种主要形式。

图 13-1(a)所示是单级圆柱齿轮减速器,其传动比一般不大于 8,如果传动比过大,大小齿轮的直径相差很大,减速器外廓尺寸和重量也相应增大。当传动比 $i>8$ 时,可选用两级或三级的减速器。

两级或三级圆柱齿轮减速器的传动布置形式有展开式(见图 13-1(b)(f))、分流式(见图13-1(c))、同轴式(见图 13-1(d))、同轴分流式(见图 13-1(e))。

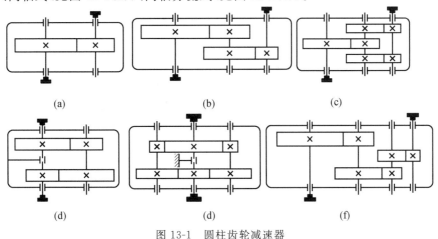

(a)	(b)	(c)
(d)	(d)	(f)

图 13-1 圆柱齿轮减速器

2. 圆锥齿轮减速器

圆锥齿轮减速器用于两轴垂直相交的传动中,也可用于两轴垂直相错的传动中。它由于制造安装复杂、成本高,故仅在传动布置需要时才采用。图 13-2(a)所示为单级圆锥齿轮减速器,图 13-2(b)所示为两级圆锥-圆柱齿轮减速器。

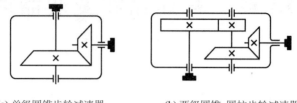

(a) 单级圆锥齿轮减速器   (b) 两级圆锥-圆柱齿轮减速器

图 13-2   圆锥齿轮减速器

13.1.2   蜗杆减速器

蜗杆减速器特点是在外廓尺寸不大的情况下获得大的传动比,工作平稳,噪声较小,但效率较低。其中应用最广的是单级蜗杆减速器,两级蜗杆减速器应用较少。图 13-3 表示了单级蜗杆减速器的几种传动布置形式,有蜗杆下置式(见图 13-3(a))、蜗杆上置式(见图 13-3(b))、蜗杆侧置式(见图 13-3(c))。

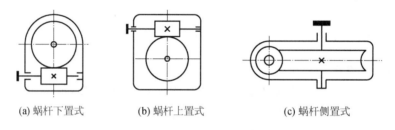

(a) 蜗杆下置式   (b) 蜗杆上置式   (c) 蜗杆侧置式

图 13-3   单级蜗杆减速器

13.1.3   行星齿轮减速器

行星齿轮减速器具有减速比大、体积小、重量轻、效率高等优点,在许多情况下可代替二级、三级的普通齿轮减速器。图 13-4 表示了行星齿轮减速器的几种形式。图 13-4(a)所示为单级行星齿轮减速器,图 13-4(b)所示为两级行星齿轮减速器。

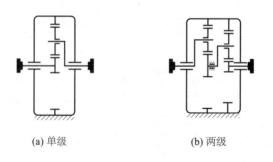

(a) 单级   (b) 两级

图 13-4   行星齿轮减速器

13.1.4　标准减速器选用简介

减速器已经制订了标准系列,使用时只需结合所传递功率、转速、传动比、工作条件和机器的总体布置等具体要求,从产品目录或有关手册中选择合适的标准减速器类型和规格后,外购即可。只有在选不到合适的标准减速器时,才自行设计制造。

以 JB/T 8853—2015《锥齿轮圆柱齿轮减速器》,下面介绍减速器的型式和标记方法,如图13-5 所示。

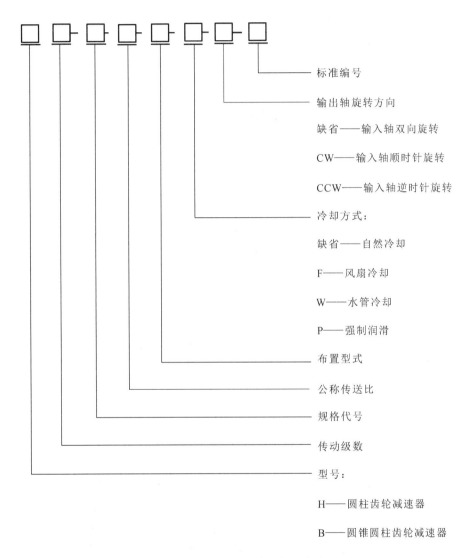

图 13-5　减速器的型式和标记方法

标记示例:符合 JB/T 8853—2015 的规定、两级传动、10 号规格、公称传动比为 11.2、第Ⅰ种布置型式、风扇冷却、输入双向旋转的圆柱齿轮减速器,其标记为

H2-10-11-11.2-Ⅰ-F-JB/T 8853—2015

13.2　变　速　器

变速器就是能随时改变传动比的传动机构。它一般是一台机器整个传动系统的一部分，很少作为独立的传动装置使用，所以也常称其为变速机构。变速器可分为有级变速器（或分级变速器）和无级变速器两大类。前者的传动比只能按既定的设计要求通过操纵机构分级进行改变；后者的传动比可在设计预定的范围内无级地进行改变。

13.2.1　有级变速器

1. 塔轮变速器

如图 13-6(a)所示，两个塔形带轮分别固定在轴Ⅰ、Ⅱ上，传动带可在带轮上移换三个不同位置。由于两个塔形带轮对应各级的直径不同，所以当轴Ⅰ以固定不变的转速旋转时，通过传动带的位置可使轴Ⅱ得到三级不同的转速。其特点是结构简单、传动平稳，但尺寸较大，变速不便。

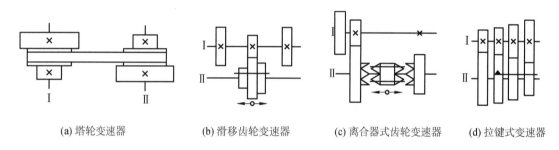

(a) 塔轮变速器　　　(b) 滑移齿轮变速器　　　(c) 离合器式齿轮变速器　　　(d) 拉键式变速器

图 13-6　有级变速器

2. 滑移齿轮变速器

如图 13-6(b)所示，三个齿轮固联在轴Ⅰ上，一个三联齿轮由导向花键连接在轴Ⅱ上。这个三联齿轮可移换左、中、右三个位置，使传动比不同的三对齿轮分别啮合，因而主动轴Ⅰ转速不变时，从动轴Ⅱ可得到三级不同的转速。这种变速器变速方便，结构紧凑，传动效率高，应用广泛。显然，这种变速器中不可使用斜齿轮。

3. 离合器式齿轮变速器

如图 13-6(c)所示，固定在轴Ⅰ上的两个齿轮与空套在轴Ⅱ上的两个齿轮保持经常啮合。轴Ⅱ上装有牙嵌式离合器，轴上两齿轮在靠离合器一侧的端面上有能与离合器牙齿相啮合的齿组，当离合器向左或向右与齿轮接合时，齿轮才通过离合器带动轴Ⅱ同步旋转。因此，当轴Ⅰ以固定的转速旋转时，轴Ⅱ可以得到两种不同的转速。

4. 拉键式变速器

如图 13-6(d)所示，有四个齿轮固定连接在轴Ⅰ上，另外四个齿轮空套在轴Ⅱ上，两组齿轮成对地处于常啮合状态。轴Ⅱ上装有拉键，当拉键沿轴向移动到不同位置时，可使某一齿轮与轴Ⅱ上对应的齿轮传递载荷，从而变换轴Ⅰ、Ⅱ之间传动比，使轴Ⅱ得到不同转速。这种变速器的特点是，结构比较紧凑，但拉键的强度、刚度通常比较低，因此不能传递较大的扭矩。

13.2.2 无级变速器

无级变速的方法有机械的、电气的(如利用变频器使交流电动机的转速连续变化)和液动的(如液动机调速)。

机械无级变速器主要是依靠摩擦轮(或摩擦盘、球、环)传动原理,通过改变主动件和从动件的传动半径,使输出轴的转速无级地变化。由于机械无级变速器绝大部分依靠摩擦传递动力,故其承受过载和冲击的能力差,且不能满足严格的传动比要求。

1. 滚轮平盘式无级变速器

如图 13-7(a)所示,圆盘 2 与滚轮 1 之间依靠弹簧 3 压紧,通过调节滚轮沿轴向的位置,就可以改变从动件圆盘 2 的转速,从而改变了传动比,实现无级变速。

2. 钢球锥轮无级变速器

如图 13-7(b)所示,利用钢球 4 作为中间件,当改变钢球旋转轴 5 的倾角时,就能改变主动锥轮 7 与从动锥轮 6 之间的传动比。

3. 菱锥无级变速器

如图 13-7(c)所示,空套在轴上的菱锥 10 被压紧在主动轮 8 和从动轮 9 之间。通过移动水平支架 12,可改变菱锥的传动半径,从而实现无级变速。

4. 宽 V 带无级变速器

如图 13-7(d)所示,在主动轴 I、从动轴 II 上分别装有锥轮 13、15 和 16、17,其中锥轮 15 和 17 分别固定在轴 I 和轴 II 上,锥轮 13 和 16 可以分别沿轴 I 和轴 II 同步移动,宽 V 带 14 套在两对锥轮之间,工作时如同 V 带传动。调整锥轮之间的距离,可改变 V 带在主、从动锥轮上的位置,从而可调节主、从动轴间的传动比。

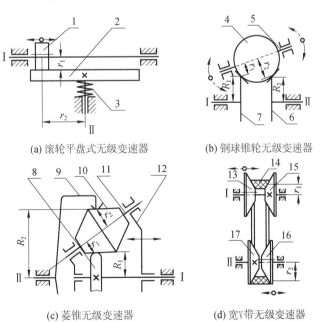

(a) 滚轮平盘式无级变速器　　(b) 钢球锥轮无级变速器

(c) 菱锥无级变速器　　(d) 宽V带无级变速器

图 13-7　机械无级变速器

1—滚轮;2—圆盘;3—弹簧;4—钢球;5—钢球旋转轴;6—从动锥轮;7—主动锥轮;8—主动轮;

9—从动轮;10—菱锥;11—菱锥旋转轴;12—水平支架;13,15,16,17—锥轮;14—宽 V 带

13.3　摩擦轮传动简介

机械无级变速器大多是依靠摩擦轮传动来实现无级变速的。摩擦轮传动不仅在机械无级变速器中被广泛采用,而且在机床、仪表,以及锻压、起重、运输等设备中也常用到。其传递的功率可从很小到数百千瓦,常用的多在 10 kW 左右,传动比可达 15,常用的一般小于 5。

摩擦轮传动的基本形式有圆柱平摩擦轮传动(见图 13-8(a))、圆柱槽摩擦轮传动(见图 13-8(b))和圆锥摩擦轮传动(见图 13-8(c))等。

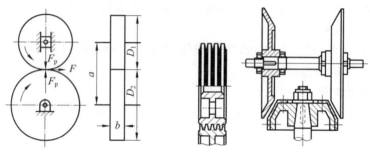

(a) 圆柱平摩擦轮传动　　　(b) 圆柱槽摩擦轮传动　　　(c) 圆锥摩擦轮传动

图 13-8　摩擦轮传动的基本形式

摩擦轮传动主要失效形式是接触疲劳、过度磨损或打滑(为了能起过载保护作用而出现的短暂打滑除外)。因此设计时对摩擦轮传动材料副的选择至关重要。对摩擦轮材料(包括在轮芯上的覆盖材料)的主要要求与目的如下:

(1) 接触疲劳强度高,耐磨性好,以便延长工作寿命;

(2) 弹性模量大,以便减小弹性滑动和功率损耗;

(3) 摩擦系数大,以便在满足所需摩擦力的前提下,降低所需的压紧力,从而减小工作面上的接触应力、磨损量、发热量及轴与轴承上的载荷,避免当压紧力过大时需要附加卸载装置。

本 章 习 题

13-1　简述减速器的用途及分类,举例说明几种常用减速器所属分类及其特点和应用。

13-2　减速器的传动比如何分配? 它对减速器的性能有何影响?

13-3　讨论工业减速器技术的发展及趋势。

13-4　摩擦轮传动的工作原理是什么?

13-5　常见的摩擦轮传动有哪几种形式? 它们各适用于什么场合?

附　　录

附表 1　螺纹、键槽、花键及横孔的有效应力集中系数 K_σ 和 K_τ

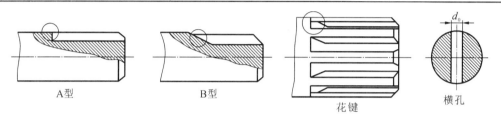

A型　　　B型　　　花键　　　横孔

σ_b /MPa	螺纹 ($K_\tau=1$) K_σ	键槽			花键			横孔			配合					
		K_σ		K_τ	K_σ	K_τ		K_σ		K_τ	H7/r6		H7/k6		H7/h6	
		A型	B型	A、B型		矩形	渐开线型	$\frac{d_0}{d}=$ 0.05~0.15	$\frac{d_0}{d}=$ 0.15~0.25	$\frac{d_0}{d}=$ 0.05~0.25	K_σ	K_τ	K_σ	K_τ	K_σ	K_τ
400	1.45	1.51	1.30	1.20	1.35	2.10	1.40	1.90	1.70	1.70	2.05	1.55	1.55	1.25	1.33	1.14
500	1.78	1.64	1.38	1.37	1.45	2.25	1.43	1.95	1.75	1.75	2.30	1.69	1.72	1.36	1.49	1.23
600	1.96	1.76	1.46	1.54	1.55	2.35	1.46	2.00	1.80	1.80	2.52	1.82	1.89	1.46	1.64	1.31
700	2.20	1.89	1.54	1.71	1.60	2.45	1.49	2.05	1.85	1.80	2.73	1.96	2.05	1.56	1.77	1.40
800	2.32	2.01	1.62	1.88	1.65	2.55	1.52	2.10	1.90	1.85	2.96	2.09	2.22	1.65	1.92	1.49
900	2.47	2.14	1.69	2.05	1.70	2.65	1.55	2.15	1.95	1.90	3.18	2.22	2.39	1.76	2.08	1.57
1000	2.61	2.26	1.77	2.22	1.72	2.70	1.58	2.20	2.00	1.90	3.41	2.36	2.56	1.86	2.22	1.66
1200	2.90	2.50	1.92	2.39	1.75	2.80	1.60	2.30	2.10	2.00	3.87	2.62	2.90	2.05	2.50	1.83

注　(1) 滚动轴承与轴的配合按 H7/r6 配合选择系数。

　　(2) 蜗杆螺旋根部有效应力集中系数可取 $K_\sigma=2.3\sim2.5$，$K_\tau=1.7\sim1.9$。

附表 2　圆角处的有效应力集中系数

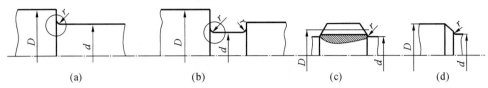

(a)　　　　　　　(b)　　　　　　　(c)　　　　　　　(d)

$(D-d)/r$	r/d	K_σ								K_τ							
		σ_b/MPa															
		400	500	600	700	800	900	1000	1200	400	500	600	700	800	900	1000	1200
2	0.01	1.34	1.36	1.38	1.40	1.41	1.43	1.45	1.49	1.26	1.28	1.29	1.29	1.30	1.30	1.31	1.32
	0.02	1.41	1.44	1.47	1.49	1.52	1.54	1.57	1.62	1.33	1.35	1.36	1.37	1.37	1.38	1.39	1.42
	0.03	1.59	1.63	1.67	1.71	1.76	1.80	1.84	1.92	1.39	1.40	1.42	1.44	1.45	1.47	1.48	1.52
	0.05	1.54	1.59	1.64	1.69	1.73	1.78	1.83	1.93	1.42	1.43	1.44	1.46	1.47	1.50	1.51	1.54
	0.10	1.38	1.44	1.50	1.55	1.61	1.66	1.72	1.83	1.37	1.38	1.39	1.42	1.43	1.45	1.46	1.50
4	0.01	1.51	1.54	1.57	1.59	1.62	1.64	1.67	1.72	1.37	1.39	1.40	1.42	1.43	1.44	1.46	1.47
	0.02	1.76	1.81	1.86	1.91	1.96	2.01	2.06	2.16	1.53	1.55	1.58	1.59	1.61	1.62	1.65	1.68
	0.03	1.76	1.82	1.88	1.94	1.99	2.05	2.11	2.23	1.52	1.54	1.57	1.59	1.61	1.64	1.66	1.71
	0.05	1.70	1.76	1.82	1.88	1.95	2.01	2.07	2.19	1.50	1.53	1.57	1.59	1.62	1.65	1.68	1.74
6	0.01	1.86	1.90	1.94	1.99	2.03	2.08	2.12	2.21	1.54	1.57	1.59	1.61	1.64	1.66	1.68	1.73
	0.02	1.90	1.96	2.02	2.08	2.13	2.19	2.25	2.37	1.59	1.62	1.66	1.69	1.72	1.75	1.79	1.86
	0.03	1.89	1.96	2.03	2.10	2.16	2.23	2.30	2.44	1.61	1.65	1.68	1.72	1.74	1.77	1.81	1.88
10	0.01	2.07	2.12	2.17	2.23	2.28	2.34	2.39	2.50	2.12	2.18	2.24	2.30	2.37	2.42	2.48	2.60
	0.02	2.09	2.23	2.23	2.30	2.38	2.45	2.52	2.66	2.03	2.08	2.12	2.17	2.22	2.26	2.31	2.40

附表3　环槽处的有效应力集中系数

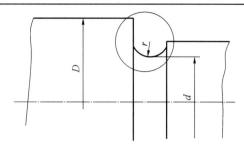

系数	$(D-d)/r$	r/d	σ_b/MPa							
			400	500	600	700	800	900	1000	1200
K_σ	1	0.01	1.88	1.93	1.98	2.04	2.09	2.15	2.20	2.31
		0.02	1.79	1.84	1.89	1.95	2.00	2.06	2.11	2.22
		0.03	1.72	1.77	1.82	1.87	1.92	1.97	2.02	2.12
		0.05	1.61	1.66	1.71	1.77	1.82	1.88	1.93	2.04
		0.10	1.44	1.48	1.52	1.55	1.59	1.62	1.66	1.73
	2	0.01	2.09	2.15	2.21	2.27	2.37	2.39	2.45	2.57
		0.02	1.99	2.05	2.11	2.17	2.23	2.28	2.35	2.49
		0.03	1.91	1.97	2.03	2.08	2.14	2.19	2.25	2.36
		0.05	1.79	1.85	1.91	1.97	2.03	2.09	2.15	2.27
	4	0.01	2.29	2.36	2.43	2.50	2.56	2.63	2.70	2.84
		0.02	2.18	2.25	2.32	2.38	2.45	2.51	2.58	2.71
		0.03	2.10	2.16	2.22	2.28	2.35	2.41	2.47	2.59
	6	0.01	2.38	2.47	2.56	2.64	2.73	2.81	2.90	3.07
		0.02	2.28	2.35	2.42	2.49	2.56	2.63	2.70	2.84
K_τ	任何比值	0.01	1.60	1.70	1.80	1.90	2.00	2.10	2.20	2.40
		0.02	1.51	1.60	1.69	1.77	1.86	1.94	2.03	2.20
		0.03	1.44	1.52	1.60	1.67	1.75	1.82	1.90	2.05
		0.05	1.34	1.40	1.46	1.52	1.57	1.63	1.69	1.81
		0.10	1.17	1.20	1.23	1.26	1.28	1.31	1.34	1.40

附表 4 钢的平均应力折算系数 φ_σ 和 φ_τ 值

应力种类	系数	表面状态				
		抛光	磨光	车削	热轧	锻造
弯曲	φ_σ	0.5	0.43	0.34	0.215	0.14
拉压	φ_σ	0.41	0.36	0.30	0.18	0.10
扭转	φ_τ	0.33	0.29	0.21	0.11	

附表 5 绝对尺寸影响系数 ε_σ 和 ε_τ

直径 d/mm		>20 ~30	>30~ 40	>40~ 50	>50~ 60	>60~ 70	>70~ 80	>80~ 100	>100~ 120	>120~ 150	>150~ 500
ε_σ	碳钢	0.91	0.88	0.84	0.81	0.78	0.75	0.73	0.70	0.68	0.60
	合金钢	0.83	0.77	0.73	0.70	0.68	0.66	0.64	0.62	0.60	0.54
ε_τ	各种钢	0.89	0.81	0.78	0.76	0.74	0.73	0.72	0.70	0.68	0.60

附表 6 各种强化方法的表面质量系数 β

强化方式	心部强度 /MPa	σ_b/MPa		
		光轴	低应力集中的轴 $k_\sigma \leqslant 1.5$	高应力集中的轴 $k_\sigma \geqslant 1.8 \sim 2$
高频淬火	600~800 800~1000	1.5~1.7 1.3~1.5	1.6~1.7	2.4~2.8
氮化	900~1200	1.1~1.25	1.5~1.7	1.7~2.1
渗氮	400~600 700~800 1000~1200	1.8~2.0 1.4~1.5 1.2~1.3	3 2.3 2	2.5 2.7 2.3
喷丸硬化	600~1500	1.1~1.25	1.5~1.6	1.7~2.1
滚子滚压	600~1500	1.1~1.3	1.3~1.5	1.6~2.0

附表 7 不同表面粗糙度的表面质量系数 β

方法	表面粗糙度 Ra /μm	σ_b/MPa		
		400	800	1200
磨削	0.4~0.2	1	1	1
车削	3.2~0.8	0.95	0.90	0.80
粗车	25~6.3	0.85	0.80	0.65
未加工的表面		0.75	0.65	0.45

附表 8　抗弯截面系数 W 和抗扭截面系数 W_T 的计算公式

截面图	截面系数	截面图	截面系数
	$W=\dfrac{\pi}{32}d^3\approx0.1d^3$ $W_T=\dfrac{\pi}{16}d^3\approx0.2d^2$		矩形花键 $W=\dfrac{\pi d^4+bz(D-d)(D+d)^2}{32D}$ $W_T=\pi d^4+\dfrac{bz(D-d)(D+d)^2}{16D}$ z——花键齿数
	$W=\dfrac{\pi}{32}d^3(1-r^4)$ $W_T=\dfrac{\pi}{16}d^3(1-r^3)$ $r=\dfrac{d_1}{d}$		$W=\dfrac{\pi}{32}d^3(1-1.54\dfrac{d_0}{d})$ $W_T=\dfrac{\pi}{16}d^3(1-\dfrac{d_0}{d})$
	$W=\dfrac{\pi}{32}d^3-\dfrac{bt(d-t)^2}{2d}$ $W_T=\dfrac{\pi}{16}d^3-\dfrac{bt(d-t)^2}{2d}$		渐开线花键轴 $W\approx\dfrac{\pi}{32}d^3$ $W_T\approx\dfrac{\pi}{16}d^3$
	$W=\dfrac{\pi}{32}d^3-\dfrac{bt(d-t)^2}{d}$ $W_T=\dfrac{\pi}{16}d^2-\dfrac{bt(d-t)^2}{d}$		

附表 9　应力幅及平均应力计算公式

循环特性	应力名称	弯曲应力	扭转应力
对称循环	应力幅	$\sigma_a=\sigma_{max}=\dfrac{M}{Z}$	$\tau_a=\tau_{max}=\dfrac{T}{Z_p}$
	平均应力	$\sigma_M=0$	$\tau_M=0$
脉动循环	应力幅	$\sigma_a=\dfrac{\sigma_{max}}{2}=\dfrac{M}{2Z}$	$\tau_a=\dfrac{\tau_{max}}{2}=\dfrac{T}{2Z_p}$
	平均应力	$\sigma_m=\sigma_a$	$\tau_m=\tau_a$
说明	M,T——轴危险截面上的弯矩和扭矩，N·m； Z,Z_p——轴危险截面的抗弯和抗扭的截面系数，cm³		

参 考 文 献

[1] 成大先.机械设计手册[M].6 版.北京:化学工业出版社,2016.

[2] 于惠力.机械设计与材料选择及分析[M].北京:机械工业出版社,2019.

[3] 吴宗泽.机械设计禁忌 1000 例[M].北京:机械工业出版社,2011.

[4] 冯仁余,张丽杰.机械设计典型应用图例[M].北京:化学工业出版社,2016.

[5] 闻邦椿.机械设计手册[M].6 版.北京:机械工业出版社,2018.

[6] 邓茂云.机械设计基础[M].成都:西南交通大学出版社,2011.

[7] 濮良贵,陈国定,吴立言.机械设计[M].9 版.北京:高等教育出版社,2013.

[8] 于惠力.机械设计[M].2 版.北京:科学出版社,2018.

[9] 沈萌红.机械设计[M].武汉:华中科技大学出版社,2012.

[10] 王德伦,马雅丽.机械设计[M].北京:机械工业出版社,2015.

[11] 宗望远,顾林.机械设计[M].武汉:华中科技大学出版社,2015.

[12] 濮良贵,纪名刚.机械设计[M].8 版.北京:高等教育出版社,2006.

[13] 刘品,张也晗.机械精度设计与检测基础[M].9 版.哈尔滨:哈尔滨工业大学出版社,2016.

[14] 陈福生,杜立杰.机械设计习题集[M].北京:机械工业出版社,1993.

[15] 魏冰阳,徐恺.机械设计[M].成都:电子科技大学出版社,2017.

[16] 陈秀宁.机械设计基础[M].杭州:浙江大学出版社,2007.

[17] 王颖娴,宗一尼.机械设计基础[M].北京:北京理工大学出版社,2010.